封面摄影：宋美福

靖边波浪谷，位于陕西省靖边县龙洲镇，与 20 世纪 80 年代就闻名遐迩的美国波浪谷齐名。波浪谷属于丹霞地貌景观，谷中主要为红砂岩，外观上呈现出一层一层蜿蜒的纹路，如同层层重叠的波纹和连绵起伏的海浪，看上去非常壮观，让人不由得“对这土地爱得深沉……”

大数据地理信息系统

原理、技术与应用

钟耳顺　宋关福　汤国安　等著

清华大学出版社
北 京

内 容 简 介

本书共5部分10章，从宏观角度介绍大数据GIS的理论认知、技术研究、产品形态、部署实践、行业应用到未来发展趋势，以图文并茂、深入浅出的方式来介绍大数据GIS的基础技术、核心技术以及跨行业应用，书中包含7个大数据GIS行业应用和近年获得中国地理信息工程金银奖的相关项目，具有非常强的可读性、参考性和可复制性。

尤其值得一提的是，本书在介绍核心技术时，从技术先进性、架构设计和核心原理进行深度剖析，首次详细介绍了如何将底层GIS技术与开源分布式技术深入融合。另外，作者基于二十多年的丰富经验，率先梳理出GIS技术、产业和应用发展的现状，勾画出GIS与人工智能以及物联网相融合的蓝图。

本书结合理论与实践，产品到应用，既可以满足理论和学术参考的需求，又可以满足技术与实践的项目应用需求，对上百万GIS从业人员和空间技术从业人员具有非常高的参考价值和指导意义。

图书在版编目（CIP）数据

大数据地理信息系统：原理、技术与应用 / 钟耳顺，宋关福，汤国安等著 . 北京：清华大学出版社，2020.1(2025.2重印)

ISBN 978-7-302-54245-2

Ⅰ . ①大…　Ⅱ . ①钟…　②宋…　③汤…　Ⅲ . ①地理信息系统　Ⅳ . ①P208.2

中国版本图书馆CIP数据核字(2019)第258118号

责任编辑： 文开琪
装帧设计： 李　坤
责任校对： 周剑云
责任印制： 刘海龙
出版发行： 清华大学出版社
网　　址： https://www.tup.com.cn, https://www.wqxuetang.com
地　　址： 北京清华大学学研大厦A座　　**邮　　编：** 100084
社 总 机： 010-83470000　　**邮　　购：** 010-62786544
投稿与读者服务： 010-62776969, c-service@tup.tsinghua.edu.cn
质量反馈： 010-62772015, zhiliang@tup.tsinghua.edu.cn
印 装 者 三河市君旺印务有限公司
经　　销： 全国新华书店
开　　本： 185mm×210mm　　**印　张：** 13.8　　**字　数：** 276千字
版　　次： 2020年1月第1版　　**印　次：** 2025年2月第7次印刷
定　　价： 69.80元

产品编号：085276-01

前 言

信息技术的每一次变革，都给 GIS 的发展注入新的动力。在信息技术领域，以云计算 (Cloud Computing)、大数据 (Big Data)、物联网 (IoT)、增强现实 / 虚拟现实 (AR/VR)、人工智能 (AI) 和智能自动化 (Intelligent Automation) 等为代表的先进技术，正在促进 GIS 的技术形态变革和应用模式更新。

伴随着互联网、移动互联网和物联网等技术的快速发展，由移动终端、传感器、可穿戴设备和社交媒体等多源媒介产生的数据集合构成了大数据，具有海量规模、快速流转、多样性和价值密度低等特征。传统数据库软件工具难以满足对大数据的存储、管理、分析计算与可视化的需求。大数据隐含着人类活动的痕迹，可以反映社会活动的某些规律，蕴藏着巨大的应用潜力和能量，在社会经济中发挥着日益重要的作用。可以说，大数据是 IT 产业继云计算之后的又一次重大技术变革。

大数据也是当下地理信息技术发展最为重要的驱动力之一。一方面，具有或隐含空间位置信息的空间大数据，蕴含着地理空间特征和空间模式，为 GIS 提供了新的数据源，驱动了 GIS 理论、方法和技术的发展，赋予了 GIS 新的生命力。另一方面，GIS 为空间大数据的存储、管理、分析挖掘和可视化等提供了强有力的技术支撑，空间大数据与传统基础地理信息数据结合，可以更好地反映地理要素的分布模式、趋势和相互关系，进而动态揭示人口迁移、商业活动及社会活动规律，助力决策支持，提升地理智慧。

近年来，空间大数据和大数据 GIS 已经成为地理空间信息领域的一个热门课题。国内外学术界和产业界都对空间大数据做了大量研究，取得了丰富成果，为空间大数据应用提供了众多范例。如何有效地存储、挖掘和展示空间大数据，并使其成为 GIS 基础软件的重要组成，为相关应用提供利器，是我们从事 GIS 技术研究及产业化工作者的重要任务。

本书是近年来我们对大数据 GIS 技术研究、开发和应用所做的总结，介绍了空间大数据的基础概念，探讨了空间大数据的分布式存储、计算和可视化等核心技术，解析如何实现 GIS 与 IT 大数据技术的深度融合，同时还介绍了大数据 GIS 基础软件的产品形态和技术特征，并以 SuperMap GIS 为例，为读者详细阐述如何构建一个满足不同应用场景的大数据地理信息系统应用基础框架。

我们的初衷是为读者提供一本大数据地理信息系统技术与实践的参考书，期望为更多 GIS 相关从业人员在大数据 GIS 的行业应用建设中提供指导和帮助。本书也可以作为高等学校本科生和研究生的教学用书。

本书共包含五部分 10 章。

第Ⅰ部分“原理”，包括第 1 章和第 2 章，主要介绍空间大数据的基础概念和典型类型，阐述空间大数据时代传统 GIS 面临的挑战，结合 GIS 软件的技术成熟度研究，推出大数据时代的 GIS 技术体系，创新性地提出当前大数据 GIS 技术包括空间大数据技术和经典空间数据技术的分布式重构两个技术发展思路，并简单介绍了各个发展思路的相关内容和技术支撑。

第Ⅱ部分“技术”，包括第 3 章、第 4 章和第 5 章，从大数据 GIS 支撑技术和大数据 GIS 核心技术两个维度，在技术层面上解析了整个大数据 GIS 技术体系。其中，第 3 章讲解大数据 GIS 支撑技术（主要包括 IT 大数据技术、跨平台 GIS 技术以及云 - 边 - 端一体化 GIS 技术）如何为大数据 GIS 核心技术的实现提供技术支撑。第 4 章和第 5 章分别针对空间大数据技术和经典空间数据技术的分布式重构两个技术发展思路，讲解如何实现 GIS 各个核心环节与 IT 大数据技术的深度融合，并介绍当前已经实现的技术成果。

第Ⅲ部分“产品与应用”，包括第 6 章和第 7 章，从组件底层开始，介绍了大数据 GIS 技术原理和技术实现路线，同时介绍了 GIS 服务器、GIS 运维管理器、GIS 门户、GIS 边缘服务器、GIS 端等各个产品的大数据技术特点和技术优势。第 7 章根据前几章的介绍，读者已经对大数据 GIS 有了非常直观的认识。本章主要结合典型的行业，介绍如何基于大数据 GIS 技术为相关行业应用提供技术支持，为新型智慧城市、自然资源、公安、交通、商业等领域的应用建设需求，提供行业应用解决方案，并分享典型应用场景和相关功能，以供读者参考。

第Ⅳ部分“人工智能与 GIS”，包括第 8 章，主要分析了 GIS 软件技术的几个发展方向，重点对大数据 GIS 和人工智能的结合与未来应用进行了展望。

第Ⅴ部分“大数据 GIS 部署与开发实战”，包括第 9 章和第 10 章，详细介绍了如何基于 SuperMap GIS 9D (2019) 构建面向不同应用场景的大数据 GIS 应用部署方案，从面向零基础读者的快速入门，到面向生产项目应用的复杂分布式环境构建，为读者呈现“Step by Step”的部署参考和实践验证，并提供了空间大数据基础组件的开发指导。

本书主创团队包括钟耳顺、宋关福、汤国安、李绍俊、李少华、蔡文文、曾志明、李闻昊、赵英琨、卢浩、云惟英、张永利、胡中南、肖睿、李艳丽和徐芳。编辑校对团队有刘宏恺、王丹、吴晓燕和王静静。在本书的编写过程中，我们得到了中国科学院地理科学与资源研究所鲁学军老师的大力帮助，在此表示感谢。

大数据 GIS 技术还在不断发展之中，同时由于作者水平所限，书中难免存在不足和疏漏之处，恳请读者批评指正。

目　　录

第1部分　原　　理

01 空间大数据 | 3

1.1 大数据时代来临 | 3

1.2 什么是空间大数据 | 6

1.3 空间大数据类型 | 10

1.4 空间大数据价值 | 12

1.5 本章小结 | 14

02 大数据 GIS 概述 | 17

2.1 大数据时代 GIS 面临的挑战 | 17

2.2 大数据 GIS 技术体系 | 19

2.3 空间大数据技术 | 21

2.4 经典空间数据技术的分布式重构 | 27

2.5 大数据 GIS 支撑技术 | 31

2.6 大数据 GIS 应用与发展 | 34

2.7 本章小结 | 35

第 II 部分 技 术

03 大数据 GIS 支撑技术 | 39

3.1 概述 | 39

3.2 IT 大数据技术 | 40

3.3 跨平台 GIS 技术 | 65

3.4 云-边-端一体化 GIS 技术 | 67

3.5 本章小结 | 69

04 空间大数据技术 | 71

4.1 概述 | 71

4.2 空间大数据存储 | 72

4.3 空间大数据计算 | 76

4.4 流数据处理方案 | 88

4.5 空间大数据可视化 | 92

4.6 本章小结 | 102

05 经典空间数据技术的分布式重构 | 105

5.1 概述 | 105

5.2 经典空间数据的分布式存储 | 107

5.3 经典空间数据的分布式处理与分析 | 112

5.4 经典空间数据的分布式可视化 | 119
5.5 本章小结 | 121

第 III 部分 产品与应用

06 大数据 GIS 基础软件 | 125
6.1 概述 | 125
6.2 SuperMap GIS 技术发展历程 | 125
6.3 SuperMap 大数据 GIS 基础软件 | 128
6.4 本章小结 | 147

07 大数据地理信息系统应用 | 149
7.1 概述 | 149
7.2 船舶大数据监控系统简介 | 149
7.3 测绘部门大数据业务系统简介 | 156
7.4 地图慧大数据选址平台简介 | 162
7.5 大数据 GIS 在其他领域中的应用 | 169
7.6 本章小结 | 175

第 IV 部分 人工智能与 GIS

08 地理信息系统发展展望 | 179
8.1 概述 | 179
8.2 人工智能浪潮 | 181

8.3 人工智能 GIS 研究 | 183
8.4 人工智能 GIS 基础软件发展方向 | 188
8.5 本章小结 | 190

第 V 部分 大数据 GIS 部署与开发实战

09 • 大数据 GIS 应用快速入门 | 195
9.1 概述 | 195
9.2 存档数据应用 | 195
9.2 流数据应用 | 207
9.3 经典空间数据应用 | 216
9.4 本章小结 | 220

10 • 大数据 GIS 应用进阶 | 221
10.1 HDFS 分布式存储管理 | 221
10.2 SuperMap 内置 Apache Spark 集群的应用 | 238
10.3 SuperMap 嵌入独立 Apache Spark 集群的应用 | 244
10.4 SuperMap iObjects for Spark 组件定制开发 | 250
10.5 本章小结 | 264

第Ⅰ部分　原　　理

第 1 章 空间大数据

1.1 大数据时代来临

随着互联网、物联网和云计算等技术的快速发展与普及，在过去 20 年里，全球数据呈指数级增长，各式各样的数据如洪水般涌来，冲击着社会发展的方方面面。我们正在迎来大数据时代。

国际数据公司 (International Data Corporation，IDC) 的研究报告显示，全球每 18 个月新增的数据量是人类有史以来全部数据量的总和。到 2025 年，全球每年新增数据将达到 175 ZB① (图 1–1) [1]。在我国，百度、阿里巴巴和腾讯等大型互联网企业的数据存量已经超过 EB 量级，其他诸如搜索引擎、地图、社交媒体和影视娱乐等企业也都拥有 PB 量级的数据储备。我国主要通信运营商拥有的数据，包括上网记录、通话、短信、地理位置等，总量都在 10 PB 以上。物联网涉及的数据更加广泛，以公共安全领域为例，北京市 1080P 高清监控摄像头每天采集的视频约 3 PB，一年累积量达上千 PB；在电力领域，国家电网的电能计量自动化系统，每年在全国采集和保存下来的非视频数据总量也在 10 PB 左右。

① 一种计量单位，通常用于表示计算存储容量，即数据量的大小，常见换算关系有 1 ZB = 1024 EB，1 EB = 1024 PB，1 PB = 1024 TB，1 TB = 1024 GB，1 GB = 1024 MB。

在全球数据爆炸式增长的背景下，大数据迅速成为科学、产业和商业的新技术潮流，并深刻影响着人类活动的各个方面。而云计算、泛在网络和人工智能等新技术，为大数据的采集、存储、处理和可视化的全过程提供了自动化处理平台 [2]。学习和研究大数据基本概念和演进，有利于理解其所具有的深刻的社会、经济和技术内涵。

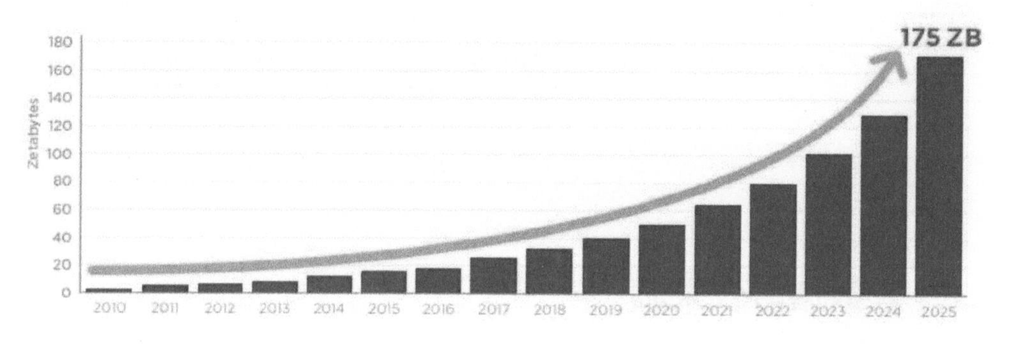

来自 IDC 报告

图 1–1　全球数据总量增长情况（2010—2025）

一般来讲，大数据的规模远超传统数据，在可容忍的时间内、传统软硬件无法有效处理，并且还具有一些其他的特性。目前，尽管大数据的重要性已得到普遍认可，但人们对其定义却有着不同的看法。众多学者对大数据的概念和特点作过总结 [2–5]，下面进行简单介绍，有助于我们更好地理解大数据。

早在 2001 年，麦塔集团（现为高德纳集团）的分析师道格·莱尼 (Doug Laney) 在一份研究报告中为大数据定义了 3V 模型来阐述大数据的特征，即体量 (Volume，数据规模)，速度 (Velocity，数据输入输出的速度）和多样性 (Variety)[6]。在后来的十年中，高德纳以及 IBM 和微软等企业广泛使用这个 3V 模型。

IDC 将大数据技术描述为采用高速获取、发现和分析的方法，有效地从各式各样的大数据中提取价值。根据这个概念，大数据的特点被总结为 4V，即大量 (great volume，大数据量)、高速 (rapid generation，快速生成)、多变 (various modalities，各种各样的数据形式）和价值性 (huge value but very low density，高价值而低密度)。4V 特征被广泛接受，它强调了大数据的意义和必要性 [4]。

2016 年，IBM 提出大数据应具有 5V 特征，增加了准确性 (veracity)，强调了数据的准确度和可信赖度，即数据质量 [7]。

全球性咨询机构麦肯锡将大数据作为下一个创新、竞争和生产的前沿领域，并认为大数据指那些不能被通用计算机硬件和软件获取、存储和管理的数据集 [1]。这个概念有两点值得注意：一是大数据的数据量标准正在发生变化，它们或随着时间的推移而增长，或随着技术的进步而增长；二是对不同应用领域而言，大数据的数据量标准也不尽相同。

大数据还给我们带来了发现新价值的新机会，为我们提供了巨大的潜在价值。在维克托・迈尔－舍恩伯格 (Viktor Mayer–Schönberger) 和肯尼斯・库克耶 (Kenneth Cukier) 合著的《大数据时代》一书 [8] 中，作者介绍了大数据时代的思维变革、商业变革和管理变革的思想。特别值得一提的是，大数据时代最大的转变就是：弱化对因果关系的渴求，更关注相关关系。也就是说，只要知道“是什么”，而不需要知道“为什么”。这在很大程度上颠覆了千百年来人类的思维惯例，对人类的认知和与世界交流的方式提出了新的途径。同时，大数据也带来了新的挑战，如何在技术上有效地组织、管理和利用超大数据集，使其发挥应有的价值，已经成为技术领域的新课题。

大数据是挖掘信息和知识的宝藏，引起了学术界、产业界和政府部门的高度重视。国际知名杂志《自然》(*Nature*，https://www.nature.com/) 和《科学》(*Science*，http://www.sciencemag.org/) 分别于 2008 年和 2011 年出版了 Big Data 与 Dealing with Data 专辑 [9–10] 探讨大数据的起源和资源，并明确指出大数据时代已经到来。2012 年 3 月，美国政府宣布发布“大数据研究和发展倡议”[11]，正式启动大数据战略计划，该计划的意义堪比 20 世纪的“信息高速公路”计划。我国政府也在 2015 年发布了《促进大数据发展行动纲要》[12]，系统地部署了大数据发展工作，从具体任务和政策机制等方面保证大数据的发展和应用。近年来，我国涌现出大批大数据相关企业，大数据应用层出不穷，展示了大数据技术和产业快速发展的态势和蓬勃的生命力。

据有关资料显示 [13–14]，人类生活中所产生的数据有 80% 和空间位置有关，可以说大部分的大数据都与空间位置有关。大数据极大地丰富了地理信息系统 (Geographic Information System，GIS) 的内容，大数据空间分析是增加位置信息能力的有效途径 [15]，给地理信息技术和产业带来了前所未有的机遇和挑战。GIS 已经进入大数据时代，大数据将改写全球 GIS 发展格局 [16]。

1.2 什么是空间大数据

空间大数据 (Geospatial Big Data) 是指具有或者隐含地理位置信息的大数据。相对于经典空间数据，空间大数据的数据量要大得多，数据的处理与分析更为复杂和耗时。伊万斯（M. Evans）将空间大数据定义为至少具有大数据 3V 特征之一的地理数据集 [19]，同时与前面提及的其他 V 也相关。

国际上也有学者认为，地理空间数据本身就是大数据 [17–18]。《大数据时代》一书列举了气象和交通等地理数据，还详细介绍了 19 世纪中叶美国海军军官莫里 (M. F. Maury) 编制新导航图的故事，认为这是大数据的最早实践之一[①]。与之对应的现代社会普遍应用的地理空间数据库，也可以被认为是空间大数据的早期实践。这些来自于测绘、遥感获取的矢量数据、栅格数据、地图瓦片数据和遥感影像数据，以及来自自然资源、环境、水利、统计等部门的业务数据，数据规模非常大。

① 《大数据时代》描述了美国海军莫里 1839 年利用数据绘制全新的航海图。

然而，霍尔特 (Ian Holt) 则认为，这些大型的空间数据库和数据集不足以成为我们现在定义的“大数据”[20]。因为空间大数据的“大”，不仅仅指体量大，更强调数据的高速性和多样性，需要新的处理技术。经典空间数据虽然可以采用分布式存储、分布式计算等 IT 大数据技术去管理、处理和分析，但这些不会改变其本质，不会给它们关联新的 V。也就是说，不符合伊万斯对空间大数据的定义。

空间大数据必须具有两大特征：一是具有或者隐含空间位置信息，即地理位置信息属性 (Location)；二是具有大数据的特点。根据被广泛接受的大数据定义，因此可以用 L+5V 来表示空间大数据的特征 (图 1–2)。下面简单讨论空间大数据的 L+5V 特征。

(1) 位置

位置 (Location) 具有地点、场所、方位、地址和所在地等含义。位置是一个比地理位置更加宽泛的概念。地理位置一般用来描述在特定参照系中，地球表面上各种事物和现象的空间位置，经纬度就是一种典型的表示空间位置的方法。进一步来讲，地理位置可以描述事物之间的空间关系。

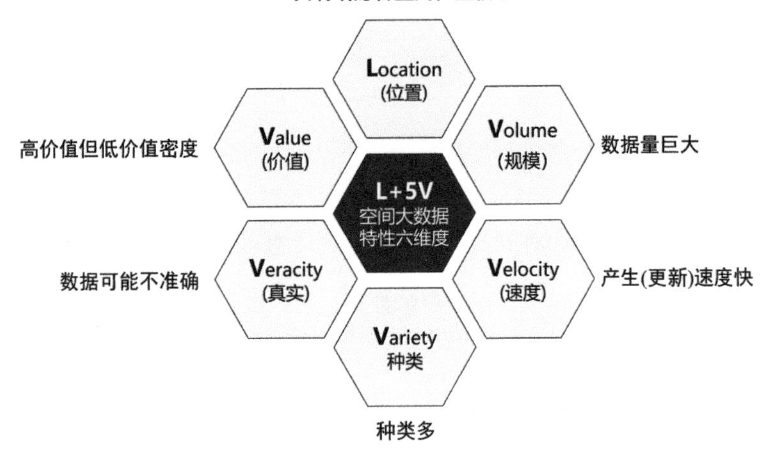

图 1-2　空间大数据的特征

相比之下，位置的表示方法要更加丰富，不仅包含经纬度这类通过坐标系进行的直接表示方法，也包括在互联网、移动互联网和物联网上各种用于推断的、非精确位置信息的表示方法，如互联网协议 (Internet Protocol，IP) 地址、媒体访问控制 (Media Access Control Address，MAC) 地址、射频 (Radio Frequency，RF) 系统、可交换图像文件格式 (Exchangeable Image File Format，EXIT) 以及无线定位系统等。最新的研究表明，网络文本等非结构化数据也成为了推断位置信息的一种新方法。

(2) 规模

空间大数据具有数据规模 (Volume) 大的特点。随着互联网、移动互联网和物联网的快速发展，数据规模已经从 TB 级跃升至 PB 级甚至更高的数据量级。空间数据的规模随着时间、技术和应用需求的发展不断增加，经典空间数据的管理、处理和可视化方式已难以应对，需要依赖新型技术架构的发展。

(3) 速度

空间大数据的速度 (Velocity) 性主要体现在两个方面：一是数据产生的速度很快，互联网、移动互联网、物联网无时无刻不在产生数据，包括网络监控数据、电子地图位置数据、环境监测数据和交通监测数据等，几乎都是实时数据，而且具有流式数据的特征；二是数据处理的速度要求很快，通常要在很短的时间内给出数据分析的结果，当然，数据处理的响应时间有赖于应用的需求，可以是实时响应，也可以是秒级、分钟级，甚至更长的响应时间。

(4) 多样

经典空间数据本身具有矢量、栅格等多种类型，而由互联网、移动互联网、物联网所产生的空间大数据，其数据类型呈现出多样性 (Variety)。空间大数据的类型至少包括以下六种。

- 互联网上的电商交易记录、搜索引擎数据、网页数据、社交媒体数据等。
- 手机信令数据、手机和平板电脑上安装的各种 App 产生的数据，包括电子地图的位置数据、微信等社交媒体数据、外卖数据、购物数据、点评类数据等。
- 传感器产生的交通工具如车、船、飞机等的位置数据、(人或物的) 轨迹数据、传感器状态数据、环境监测数据、气象监测数据、水文监测数据、大气监测数据、视频监控数据和可穿戴设备数据等。
- 志愿者地理信息 (Volunteered Geographic Information，VGI)，通过网络在交互媒体上载的各种地理标注和位置信息。
- 利用全球导航卫星系统 (Global Navigation Satellite System，GNSS) 提供的各种位置信息，如全球的飞机和轮船的位置信息等。
- 各种类型的新技术测量数据，包括倾斜摄影原始照片、激光点云原始数据和视频遥感卫星原始数据等测绘大数据。

数据种类的多样性，难以采用统一的数据模型和数据结构去描述，也难以进行统一的管理，这就凸显了空间大数据对新技术的迫切需求。

(5) 真实

真实 (Veracity) 表示的是数据的精确程度、可利用程度。空间大数据允许存在不准确性，事实上，空间大数据中经常存在错误数据和“脏数据”，存在误差、噪音、数据异常或不一致、数据冗余等情况。

不准确的特征给空间大数据应用带来了很大挑战。数据的波动性有时并不可控，如社交媒体数据，其话题和情绪频繁变化，较难预测和跟踪。“脏数据”在系统中不断积累，有可能会降低数据分析的准确性。

当然，如果能充分利用纷繁多样的数据，就能允许不准确性的存在 [8]。在充分利用多源数据的问题上，现有技术水平仍然有待提升和改进 [22]。因此开发数据清洗技术，对后续的空间大数据分析与可视化十分重要。

(6) 价值

空间大数据所具有的价值 (Value) 是不言而喻的，其应用面极其广泛，需求巨大。但是应该注意到，数据价值密度低是空间大数据的重要特征，单位体量的数据能提炼出来的信息相对较少，像提炼贫矿一样，需要更先进的“提炼技术”。

根据数据的价值公式，只要数据体量足够大，再采用新的“提炼技术”降低分析的成本，那么即便价值密度很低，大数据也能够以较低的成本产生难以想象的价值。

$$\text{数据价值} = \text{数据体量} \times \text{价值密度} - \text{分析利用的成本}$$

从以上公式也可以看出，研究和开发针对空间大数据的分析利用技术，降低分析和利用的成本，是发挥大数据价值的关键所在。

根据空间大数据的特征，未经处理、数据量巨大且不断更新的原始遥感影像数据，以及倾斜摄影原始图片数据，也属于空间大数据的范畴，这类数据具有数据量大、冗余、中心与边缘分辨率差异大、颜色差异较大、价值密度较低等特性。

而与之相对的，数字正射影像图 (Digital Orthophoto Map，DOM)、数字高程模型 (Digital Elevation Model，DEM)、数字栅格地图 (Digital Raster Graphic，DRG) 和数字线划地图 (Digital Line Graphic，DLG) 等测绘 4D 产品以及倾斜摄影测量建模的数字表面模型 (Digital Surface Model，DSM) 三维数据产品等，就不再归类为空间大数据，因为经过航测、遥感和倾斜摄影三维建模等软件处理后，这类数据的价值密度和准确性都得以大幅提高，数据量和冗余都大幅减少。

1.3 空间大数据类型

经典空间数据是以离散的形式来表达连续的地理实体和事件 [19]。经典空间数据包括地图、遥感影像、地理标记的文本等，数据格式有矢量、栅格和三维模型等，数据结构分为结构化、非结构化和半结构化。经典空间数据的采集和生产对技术要求较高，主要由专业人员采用高精度、高价格的复杂设备进行。

空间大数据的出现改变了传统的模式，极大地提高了空间信息能力，除了新型测绘仪器的广泛使用之外，其最大的特点是依赖于互联网、移动互联网和物联网的发展以及志愿者地理信息 (VGI) 等公众参与，地理传感网络也会产生大量数据。地理数据也从数据稀疏到数据密集模式转变。

根据空间大数据产生的方式，可以简单地将其分为四大类，如图 1–3 所示。空间大数据多由互联网、移动互联网和物联网等新技术产生。与此同时，新型测绘技术手段的发展也在不断促进新型测绘大数据的产生。因此，空间大数据可以分为互联网大数据、移动互联网大数据、物联网大数据和新型测绘大数据。

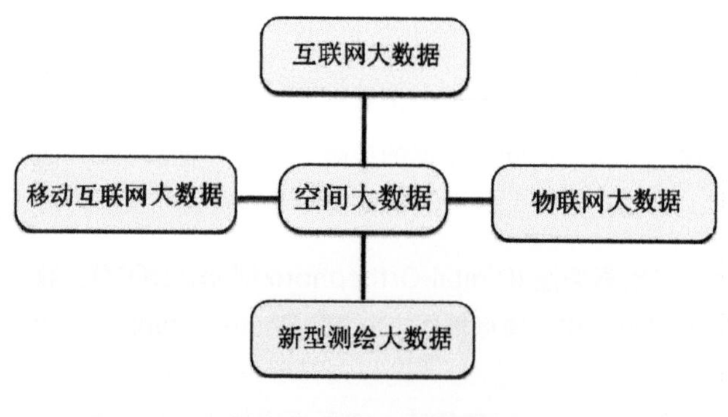

图 1–3 空间大数据类型

(1) 互联网大数据

互联网大数据包含隐含位置特征的电商交易记录、搜索引擎关键词、社交媒体等数据。例如，用户通过互联网电商平台搜索商品时，后台服务器可以判断出用户的位置。在使用搜索引擎搜索关键词时，后台根据 IP 地址也能判断出该关键词请求发生的大致位置。互联网大数据种类非常丰富，涉及人类生活的方方面面。通过对这类数据进行空间分析和可视化，可以反映出社会和经济活动的空间分布特征及演变。

(2) 移动互联网大数据

以手机为代表的智能移动设备已经深入我们的生活，随之产生了大量与位置相关的大数据，其中最为典型的是 GNSS 监测的交通数据和通信运营商的手机信令数据。另外，安装在手机、平板电脑上的各种应用软件，其产生的数据也是移动互联网大数据的主要来源，包括微信等社交媒体数据、移动设备产生的导航数据等。通过对这类数据进行空间分析和可视化，可以找出人口的空间分布、变化趋势和出行模式等，用于改善城市公共资源配置、应急事件监控预警和传播性疾病风险防控等方面的问题。

(3) 物联网大数据

物联网大数据也是空间大数据的重要组成部分。主要指的是广泛部署的 RFID 射频识别设备、红外传感器、激光扫描器、地理传感器网络等信息感知设备，按照约定的协议，提供全天候和全空间的感知数据。车辆、船舶、飞机等交通工具上安装的采集数据的传感器，也在实时记录这些对象的行驶轨迹、位置、方位、运行速度、油耗等数据。环境监测、气象监测、视频监控、体感设备、可穿戴设备等也在源源不断地产生流式数据。这类数据可广泛应用于城市、电力、航空、医疗等领域的智能化应用。

(4) 新型测绘大数据

近十年来，新型测绘技术包括倾斜摄影测量技术、激光扫描测量技术、卫星视频遥感技术等快速发展，由此获得倾斜摄影原始照片、高密度原始点云、街景原始照片等大量数据，形成了一类非常重要的空间大数据——新型测绘大数据。

互联网大数据、移动互联网大数据、物联网大数据和新型测绘大数据是空间大数据的重要组成。空间大数据的发展极大地提升了地理信息的内容，为地理信息相关学科的发展提供了新的数据资源和计算模式，将进一步拓展 GIS 的应用。但是，空间大数据并非每个单位都能拥有，往往涉及跨部门、跨地域的协同以及数据的安全和隐私等问题，共享难度大。

不过，随着通信运营商、电商和互联网等企业对自身数据的开放以及大数据获取手段的提升，得到大数据的途径越来越多，再加上空间大数据相关软件产品和技术工具的发展，空间大数据的应用会更加便利。

1.4 空间大数据价值

对于空间大数据，分析和利用其价值是关键核心问题。脸书 (Facebook) 全球工程和基础架构负责人杰伊・帕里克 (Jay Parikh) 认为：“如果你不使用所收集的数据，那你仅仅是拥有一大堆数据，而不是大数据。”实际上，我们需要的不仅是大数据，更是大价值。高效、准确、科学地进行空间大数据分析，获取大数据所蕴含的价值，才是空间大数据应用的主要任务。

麦肯锡全球研究院 (McKinsey Global Institution，MGI) 针对大数据在五个核心经济领域——基于定位的服务、美国零售业、制造业、欧盟公共部门和美国健康医疗——创造价值的潜力进行了持续观察，结果表明，大数据及大数据分析在 2011—2016 年间，已经实现 2011 年预测的潜在价值的 10% ~ 60%。其中，基于定位的服务发展最为迅速，利用位置数据使消费者获得的经济盈余约 3500 ~ 4200 亿美元，公共领域和医疗健康领域发展最为缓慢，只实现了 10% ~ 20% 的预测潜在价值，但也使相应的政府行政管理和医疗卫生成本每年降低了数百亿美元 [23]。虽然大数据在不同领域的发展并不平衡，但也充分证明了大数据的潜在价值。

MGI 认为，大数据在不同领域的非平衡发展，其主要的障碍在于大数据分析技术和相关人才的匮乏，以及数据处理、整合、共享等方面还未消除的阻碍。因此，空间大数据价值发现过程的实现，亟需创新发展新的 GIS 技术和应用模式。

空间大数据本质是一堆由 0 和 1 组成的二进制码，如何有效发现其中的价值，可以从数据的信息化体系角度进行剖析。数据的信息化体系，一般也称之为“DIKW 体系”，是关于数据 (Data)、信息 (Information)、知识 (Knowledge) 及智慧 (Wisdom) 的体系，当中每一层比下一层赋予某些更深层次的特质 (图 1-4)。

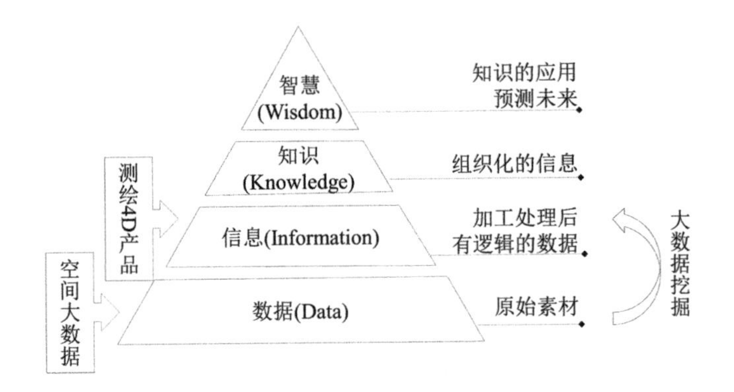

图 1-4 数据-信息-知识-智慧体系

根据 DIKW 体系，空间大数据是位于最底层的数据，是对现实的原始记录。通过软件加工处理之后，会形成有逻辑、有组织的信息。以遥感图像为例，其原始数据经过处理后形成的正射影像，或者经过分类后提取的地类或其他目标，则变为信息。我们可以从众多原始数据中得到人群、城市、轨迹、资源等能够被我们理解和判读的信息。

我们还可以对数据总体进行相互关系的分析，形成有组织化的信息则成为知识，比如找出不同人群的出行模式与学校、医院、公园、便利店等社会资源之间的空间分布关系。

把知识加以应用，可以用于决策或预测未来，则成为智慧，比如在知道了出行模式与社会资源的关系后，就可以对社会资源进行优化配置。

空间大数据从 DIKW 体系中层层向上提升的过程，其实质就是发现和提取空间大数据的价值并加以利用的过程。

目前，多领域数据的交叉融合已经成为一种趋势，由此需要发展出新的空间大数据分析与利用的方法。我们认为，与传统认知不同的是，简单方法在面对大数据时也许比复杂方法更加有效，仅仅采用轨迹重建、缓冲区分析、地理围栏等方法，就能够从超大规模的数据中发现我们不曾意识到的价值。正如《大数据时代》指出的，采用“样本 = 总体”的全数据模式，充分利用数据的混杂性（即尽可能地利用所能获得的所有数据），来寻找数据中的相关关系，让数据为自己“发声”，可以极大地提高分析与决策的能力与水平。

但即便再简单的算法，与大数据组合之后，也将变成一项复杂的工作，因为其背后涉及数据的获取、处理、存储、分析、计算和可视化等一系列的复杂过程，涉及不同学科领域的交叉融合，需要云计算、大数据、人工智能和地理信息系统等多个领域的基础理论和关键技术作为支撑。

1.5 本章小结

今天，我们正处于一个重大的科学与技术革新的时代。从来没有哪一次技术变革，像大数据一样，在短短的数年时间，从科研领域迅速转变为全球诸多领域的实践，继而上升为国家的发展战略，形成一股不容忽视、无法回避的技术乃至历史潮流。毫无疑问，空间大数据正在形成一个大的产业，有着巨大的社会需求和市场潜力，为空间信息产业带来了新的机遇和挑战。

大数据正在成为撼动世界发展的主要力量。地理信息领域一向重视对数据的积累，空间大数据也将作为一项重要的数据资产被利用起来。但我们认为，空间大数据的潜在价值，只有充分利用才能实现。在空间大数据的发展过程中，其相关的基础理论、技术体系、应用方案将进一步完善，相应的 GIS 技术和软件产品也会随之不断发展，并推动应用模式的创新，对行业发展产生重大影响。

参考文献

[1] Gantz J, and E. Reinsel D. (2011). Extracting Value from chaos. IDC iView, pp.1-12.

[2] Yuri Demchenko, Canh Ngo, Peter Membrey. (2013). Architecture Framework and Components for the Big Data Ecosystem Draft Version 0.2, System and Network Engineering Group, UvA.

[3] Min Chen, Shiwen Mao, Yunhao Liu. (2014). Big Data: A Survey, Mobile NetwAppl (2014) 19:171–209, DOI 10.1007/s11036-013-0489-0.

[4] Mayer-Schönberger, V. and K. Cukier. (2013). Big Data: A Revolution That will Transform How We Live, Work, and Think. Eamon Dolan/Houghton Mifflin Harcourt.

[5] The Big Data Long Tail. Blog post by Jason Bloomberg on January 17, 2013. [online] http://www.devx.com/blog/the-big-data-long-tail.html.

[6] Laney D. (2001). 3-d data management: controlling data volume, velocity and variety. META Group Research Note, 6th February.

[7] Healthcare Data Analytics: The 5 Vs of Big Data Written by Anil Jain. September 17, 2016. https://www.ibm.com/blogs/watson-health/the-5-vs-of-big-data/.

[8] 维克托•迈尔-舍恩伯格，等.大数据时代[M].盛杨燕，周涛，译.杭州：浙江人民出版社，2013：8.

[9] Big Data. *Nature*, 2008. http://www.nature.com/news/specials/bigdata/index.html.

[10] Special online collection: Dealing with big dat. *Science* [J/OL]. (2011). http://www.sciencemag.org/site/special/data.

[11] https://obamawhitehouse.archives.gov/blog/2016/05/23/administration-issues-strategic-plan-big-data-research-and-development.

[12] http://www.gov.cn/zhengce/content/2015-09/05/content_10137.htm.

[13] Encyclopedia of GIS (Springer Reference), 2nd ed. 2017 Edition by Shashi Shekhar, Hui Xiong, Xun Zhou.

[14] Stefan Hahmann, Dirk Burghardt and Beatrix Weber, 2016, “80% of All Information is Geospatially Referenced” Towards a Research Framework: Using the Semantic Web for (In)Validating this Famous Geo Assertion, https://www.researchgate.net/publication.

[15] G. Percivall, The Power of Location, http://www.opengeospatial.org/blog/1817, Apr. 2013, Open Geospatial Consortium.

[16] 徐冠华.大数据将改写全球 GIS 发展格局.超图通讯.2017-10-25.

[17] Jae-Gil Lee, Minseo Kand, Geospatial Big Data: Challenges and Opportunities, Big Data Research 2 (2015) pp.74-81.

[18] Songnian Li, Suzana Dragicevic, Francesc Antón Castro, Monika Sester, Stephan Winter, Arzu Coltekin, Christopher Pettitg, Bin Jiang, James Haworth, Alfred Stein, Tao Cheng, 2016, Geospatial big data handling theory and methods: A review and research challenges, ISPRS Journal of Photogrammetry and Remote Sensing, Volume 115, May 2016, pp.119-133.

[19] Michael R. Evans, Dev Oliver, Xun Zhou and Shashi Shekhar. (2014). Spatial Big Data: Case Studies on Volume, Velocity, and Variety, In: Karimi, H.A. (Ed.), *Big Data: Techniques and Technologies in Geoinformatics*, CRC Press, pp. 149-176.

[20] Ian Holt, Geospatial Big Data, GIM Magazine, 26/06/2017, https://www.gim-international.com/content/article/geospatial-big-data-2.

[21] 徐冠华 . 创新驱动，中国 GIS 软件发展的必由之路 [J]. 地理信息世界，2017，24 (5)：1-7.

[22] 王树良，丁刚毅，钟鸣 . 大数据下的空间数据挖掘思考 [J]. 中国电子科学研究院学报，2013，8(1)：8-17.

[23] Henke N., Bughin J., Chui M., et al., The Age of Analytics: Competing in a Data Driven World, McKinsey Global Institute, 2016: pp.1-28.

第 2 章 大数据 GIS 概述

2.1 大数据时代 GIS 面临的挑战

大数据不仅使世界认识到数据的重要性，更引发了社会各个行业领域的技术变革 [1]。大数据时代 GIS 的发展，主要体现在两个方面。

一方面，空间大数据的出现，要求 GIS 变革现有技术体系。一直以来，GIS 以处理和分析精确的、位置相对固定的经典空间数据为目标，并不擅长处理具有 L+5V 特征的空间大数据，尤其不擅长处理其中模糊、实时、海量、异构的泛化地理信息 [2]。对空间大数据的存储、管理、分析、计算和可视化，是 GIS 亟待提升的方向。

另一方面，GIS 擅长处理的，包括矢量和栅格等在内的经典空间数据，呈现出数据体量不断增长、时空尺度不断精细化的发展趋势。对这类数据的处理与分析，也要求 GIS 在性能上有数量级的提升。

2.1.1 空间大数据带来的挑战

由于空间大数据的海量异构和实时等特征，GIS 在空间大数据的处理、存储、管理、空间分析与可视化方面，将面临以下挑战 [3]。

首先，传统的数据存储与管理方式能力不足。建立在空间数据库之上的空间数据引擎在数据的集中存储和统一管理时代发挥了巨大的作用。但这种模式在应对数据格式不一致、数据内容不一致和时空尺度不一致等情况时 [4]，存在适应性低、可扩展性差、高并发处理能力弱、数据互操作能力有限等问题。

第二，GIS 的计算能力严重不足。过去，采用多线程、多进程技术的任务划分和并行计算机制，以及建立在 CUDA、OpenCL 等显卡技术上的并行计算引擎 [5]，能够在同等数量级上提升数据的处理能力。但这类技术在处理空间大数据时，其计算能力出现了明显的性能瓶颈。

第三，流数据处理能力缺乏。当前，地理信息正在从以静态数据为主的应用逐渐转变为以流数据为主的应用。前者通常具有较长的时间延迟，对处理的时效性具有较大的容忍度，但若用于流数据应用，则无法支持连续的数据接入、动态的数据更新，也无法提供持续的数据处理分析与服务 [6]。

第四，空间大数据分析方法缺乏。专门针对矢量、栅格等经典空间数据设计的分析算法，如地统计分析，在应用于空间大数据时，存在效率低、适应性不足等问题 [7]。空间大数据的典型特征之一是数据价值密度低，类似“贫矿”，对“提炼技术”要求较高，需要发展新的空间大数据分析与挖掘技术。

另外，空间大数据中存在数据冗余、错误、缺失等问题，降低了数据的质量，需要预先进行数据的清洗和加工，以便于后续的分析和应用。

2.1.2 经典空间数据带来的挑战

随着数据获取技术的发展，经典空间数据的时空分辨率、数据精度不断提高，单位面积的数据量急剧增长。同时，决策尺度大幅增加，从局部区域扩展到了全省、全国乃至全球。这些变化，大幅增加了 GIS 处理性能压力，成为 GIS 亟待解决的新问题。

首先，关系型数据库作为经典空间数据存储的首选手段，随着数据量的增长，其性能呈指数级降低。这是因为关系数据库严格遵循 ACID 特性[①]，难以支持超高并发操作，也难以实现横向扩展。大数据时代，动辄千万级、上亿级记录的“大表”，采用关系数据库进行存储和维护的难度急剧增加，各个表间关联等操作受到极大限制 [8-9]。

① ACID 特性，是指数据库管理系统（DBMS）在写入或更新资料的过程中，为保证事务的正确可靠而必须具备的四个特性：原子性（Atomicity，或称不可分割性）、一致性（Consistency）、隔离性（Isolation，又称独立性）及持久性（Durability）。

其次，决策尺度的增大，使 GIS 要处理和管理的时空范围、要处理的地理对象都大幅增加，但性能却难以为继。在对大型城市级别的栅格和影像数据、超过上亿条记录的矢量数据进行管理和分析时，往往需要耗费大量的处理时间，无法满足快速决策的需求 [10]。

围绕空间大数据和经典空间数据在数据处理、分析、可视化和应用的整个环节所面临的挑战，需要发展新一代的 GIS 技术体系和软件产品，为空间大数据与各行业的业务流程和应用需求的深度融合提供解决方案，实现对空间大数据的深度加工和深度应用，将原始数据变为可持续盈利的数据资产，从而服务于国民经济和信息化建设的方方面面。大数据 GIS 技术就是在这样的背景下发展起来的。

2.2 大数据 GIS 技术体系

当下是发展大数据 GIS 技术体系的最佳时机 [11]。虽然大数据 GIS 在光环曲线上已经进入低谷期，但低谷期并不意味着技术落后（图 2–1）。对光环曲线上技术发展阶段的研究表明，在学术领域，应尽早开始研究与探索新技术，而生产实践领域，则需要审时度势选择介入的时机。萌芽期和过热期都不是最佳选择，尤其不应在过热期的顶峰因时髦而介入。彼时过度的概念炒作使人们期望过高，但技术尚不成熟，很大可能会发生投入巨大却无法带来预期产出的情况 [12]。等到了低谷期，也别因过时而错过，这一阶段往往预示着触底反弹的机会。低谷期的出现，标志着介入空间大数据和大数据 GIS 技术发展与应用的最佳时机已经到来 [13]。

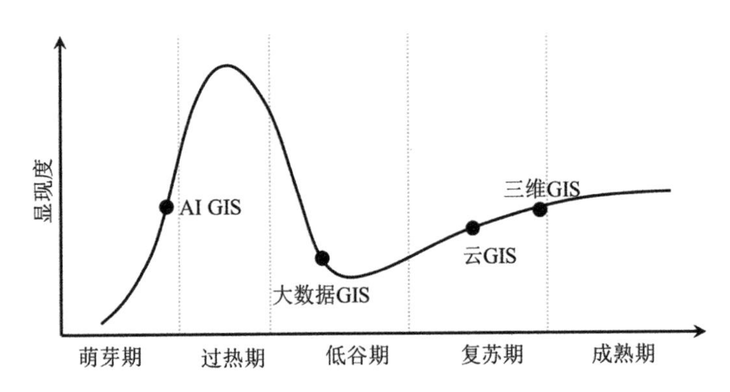

图 2–1　2019 年 GIS 软件技术光环曲线

科学界和产业界的责任是推动大数据 GIS 技术快速走出低谷期，走向复苏期和成熟期。这必须通过提出系统和完整的大数据 GIS 技术体系，并深度升级改造现有的大型 GIS 基础软件来实现。

大数据 GIS 技术体系是对空间大数据进行包括存储、索引、管理、分析和可视化在内的一系列技术的总称，而不是单纯解决某个环节的具体问题。该技术体系着重解决两类问题：新兴的空间大数据的存储、处理、分析与可视化问题，以及经典空间数据的计算性能问题。因此，大数据 GIS 技术体系架构就包含两个非常重要的组成部分，如图 2-2 所示。

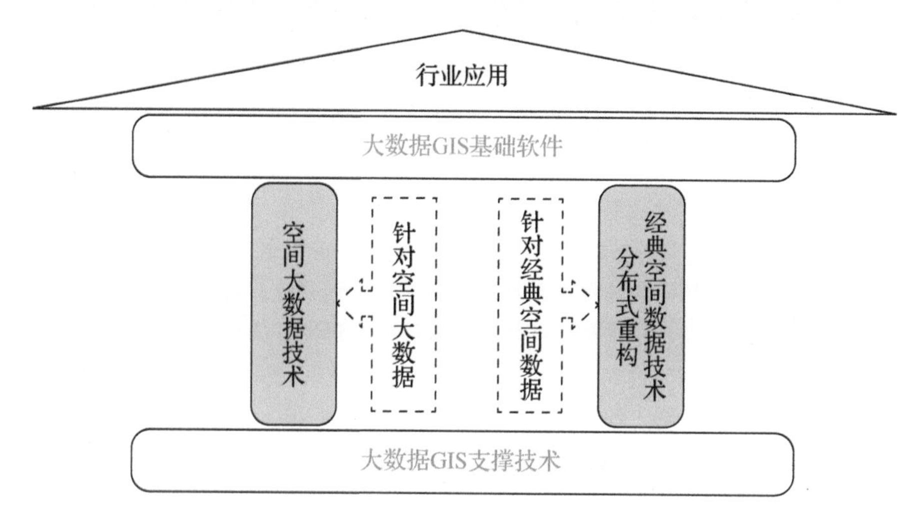

图 2-2　大数据 GIS 技术体系

这两个组成部分，一部分是空间大数据技术，专门针对空间大数据的处理、分析与可视化（这部分内容将在 2.3 节和第 4 章进行更加详细的阐述），另一部分是经典空间数据技术的分布式重构，专门针对经典空间数据的管理、处理和计算性能进行提升（这部分内容将在 2.4 节和第 5 章进行详细阐述）。将这两部分集成起来的大数据 GIS 基础软件，其具体内容将在第 6 章予以介绍。

大数据 GIS 基础软件是从 GIS 内核级别深度结合 IT 大数据技术实现的。这些 IT 大数据技术包括分布式存储、分布式计算和流数据处理技术等。在 GIS 内核级别，构建针对空间大数据的高效的存储、索引、管理、分析与可视化能力 [14]；同时在软件中，利用 IT 的分布式存储和分布式计算技术，重构经典空间数据的处理和分析方法，实现矢量和栅格等经典空间数据的处理性能数量级的提升。

如要更好地发挥大数据 GIS 技术的效能，还需要大数据 GIS 的支撑技术（这部分内容将在 2.5 节和第 3 章进行详细阐述）。

建立大数据 GIS 技术体系的目标是为企事业单位降低分析和利用大数据的技术门槛，让更多的行业和应用可以在大数据领域掘金，通过大数据 GIS 基础软件和相关工具，为客户提供管理和分析空间大数据的能力，提供丰富、直观的可视化能力，帮助客户简化操作流程，降低分析成本，让大数据发挥更大的价值。

2.3 空间大数据技术

空间大数据技术是大数据 GIS 技术体系中非常重要的组成部分，如图 2-3 所示。它深度结合了 IT 大数据的分布式存储、流数据处理、分布式计算、大数据可视化等相关技术，解决空间大数据带来的挑战。

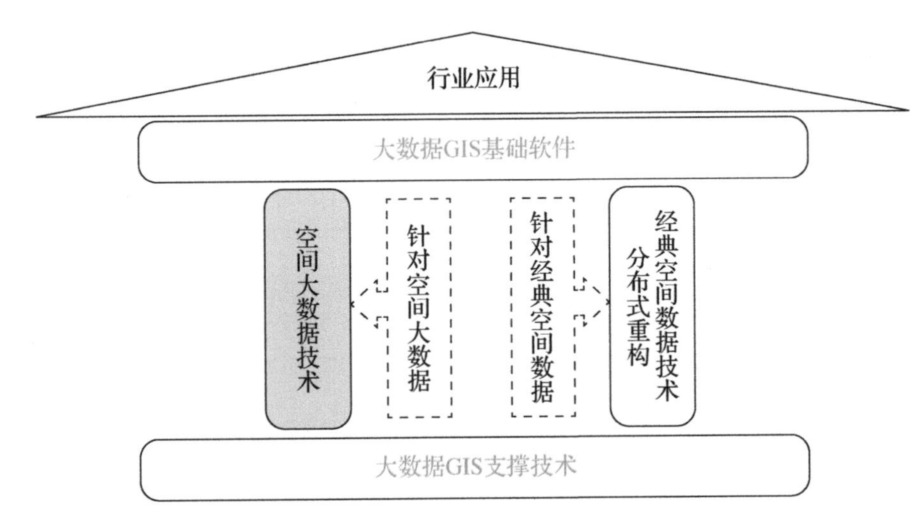

图 2-3 大数据 GIS 技术体系（空间大数据技术）

2.3.1 空间大数据技术概述

空间大数据技术是以地理空间乃至地球空间科学的理论与方法为指导，以 IT 大数据技术为手段，实现对带有空间位置的大数据进行存储、索引、管理、分析和可视化的技术。空间大数据技术降低了大数据分析利用的难度，从而帮助更多机构和个人实现对空间大数据的管理和应用。

空间大数据技术包括空间大数据存储和管理、空间大数据分析以及空间大数据可视化（图 2–4）。它充分利用了 Apache Hadoop HDFS、MongoDB、Elasticsearch 与 Apache HBase 的分布式存储能力，结合分布式计算框架 Apache Spark 构建数据汇总、模式分析、数据筛选和流式计算等核心算法，并采用多种可视化方式来展示分析挖掘的结果，表达空间大数据所隐藏的信息。

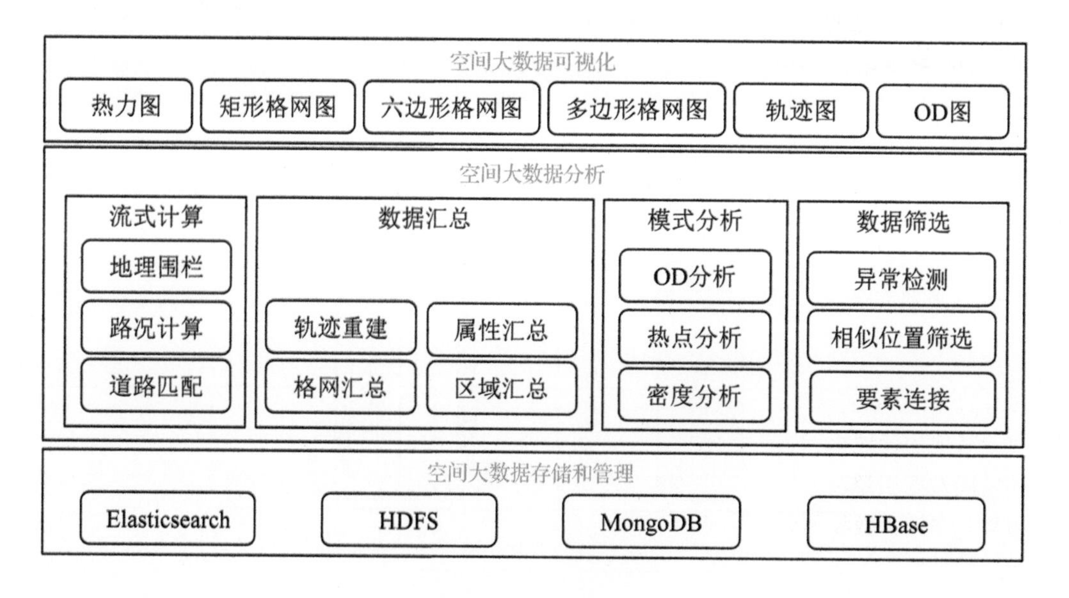

图 2–4　空间大数据技术

2.3.2 空间大数据存储

适用于空间大数据的分布式存储系统有HDFS、MongoDB、Elasticsearch和HBase等[15]。其中，HDFS是分布式文件系统，它采用简单一致性模型，保证了高容错性和高吞吐量特性，支持大文件和流数据的获取，并且能够部署于低成本的硬件平台，打破了传统磁盘阵列价格昂贵的制约。

MongoDB是非关系型数据库，它遵循CAP理论①和BASE原则②，保证了分布式系统的可用性、分区容错性和读写效率。对于数据的管理和查询，它不依赖表间的关联关系，而是依赖键-值(Key-Value)存储结构和对应的查询命令，支持复杂查询，处理性能高，并且通过分片技术(sharding)保证高可用性。

① CAP原则又称CAP定理，指的是在一个分布式系统中，Consistency（一致性）、Availability（可用性）和Partition tolerance（分区容错性），三者不可兼得。

② BASE原则是为了解决关系数据库强一致性问题导致可用性降低而提出的解决方案。由基本可用（Basically available），软状态（Soft state）和最终一致（Eventually consistent）构成。

Elasticsearch是基于Lucene的分布式全文检索引擎，其核心是高效的I/O和索引机制，适合管理空间大数据，尤其对空间点状数据的聚合查询有非常突出的性能优势。Elasticsearch被设计用于云计算场景，具有稳定、可靠等特点，可以用于海量、实时、小记录频繁更新的数据的存储和处理，并且能够达到实时响应。Elasticsearch能够实现对大规模数据的聚类切分，并且通过空间分片索引，提升查询效率。

HBase是建立在HDFS之上的一个高可靠、高性能、可伸缩的分布式列存储系统。它不包含事务操作,而是通过索引机制,提供对超大表的快速查找和随机存取,具有较强的查询能力。

上述分布式存储系统，可以很好地实现对不同类型的空间大数据的存储。但是，我们仍然需要有效的管理机制来对空间大数据进行统一的管理。过去，基于文件和关系数据库设计的空间数据引擎和Web数据引擎，实现了经典空间数据的无缝集成。虽然这些技术无法适用于空间大数据的管理，但可以参考其技术思路，在各种分布式系统之上，建立空间大数据引擎，如图2-5所示。空间大数据引擎，可以用来实现对不同存储系统中的空间大数据的统一流转和管理。

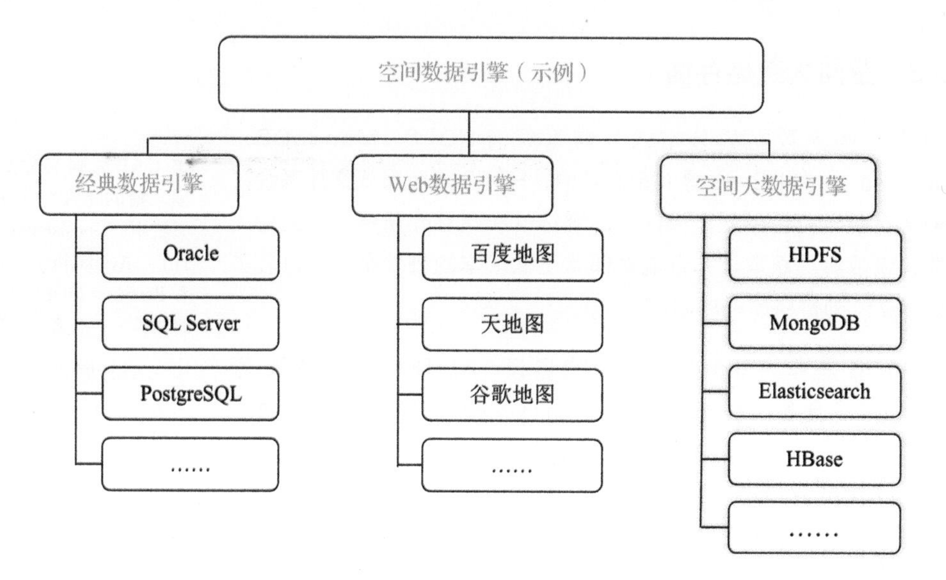

图 2-5　空间大数据引擎

2.3.3　空间大数据分析

空间大数据分析是大数据 GIS 的核心功能，是大数据 GIS 的“灵魂”。采用 IT 分布式计算技术，实现的对超大体量空间数据的分布式空间计算、空间统计和空间分析技术，就是空间大数据分析技术。该技术可以研究大数据的空间位置、空间分布、空间关系、空间行为和空间过程等 [7]，从而发现数据中隐含的信息和价值。

空间大数据分析算子可以分为数据汇总、数据筛选、模式分析和流式计算四类，如表 2-1 所示。其中，数据汇总类包括轨迹重建、属性汇总、格网汇总和区域汇总。数据汇总的目的是将空间大数据按照指定的特征进行分组，再对各组数据进行操作，进而得到每组数据的汇总结果。

数据筛选类可以进行异常检测、相似位置筛选和要素连接，分别用于从大量观测数据中筛选出异常部分、查找模式相似的位置和根据时空特征计算关联关系。

表 2-1 空间大数据分析算子

类别	名称	类别	名称
数据汇总类	轨迹重建	数据筛选类	异常检测
	属性汇总		相似位置筛选
	格网汇总		要素连接
	区域汇总		
模式分析类	OD 分析	流式计算类	地理围栏
	密度分析		路况计算
	热点分析		道路匹配

模式分析类包括 OD 分析、热点分析和密度分析等。OD 分析可以计算起点和终点之间的交通流量；热点分析可以得出统计学上令人感兴趣的异常区域；密度分析则是在考虑周边影响的情况下，得到要素的空间分布密度。模式分析的目的是从空间大数据中分析出事物的运行规律或分布模式，用于辅助决策。

流式计算类则是对实时或动态目标进行计算，包括用于判断目标在给定区域内 / 外的地理围栏算子，根据车辆位置信息计算道路拥堵情况的路况计算算子，以及将交通工具的位置点数据关联到地图上的道路匹配算子等。

本书第 4 章给出了这些算子的详细介绍。未来，空间大数据分析算子还将不断扩展。

2.3.4 流数据处理

流数据处理是空间大数据技术的重要组成部分。在一些应用场景中，如系统服务器运维、路况监测等，都需要实现对流数据的处理。流数据处理的响应时间依据应用场景而定，有些要求秒级、毫秒级甚至微秒级的结果反馈，有些则可以在分钟级。不管哪种应用场景，流数据处理要考虑的核心问题，都是如何在数据不断加入的数据集上，实现连续的数据接入、分析处理和结果输出。

流数据的显著特点就是数据像流水一样，顺序、快速、大量、持续到达，要用可以持续计算的工具来处理。流数据的处理架构可以参考图 2-6，在流数据计算框架的基础上，封装对流数据的持续处理能力，一边持续流入数据，另一边持续输出分析结果。

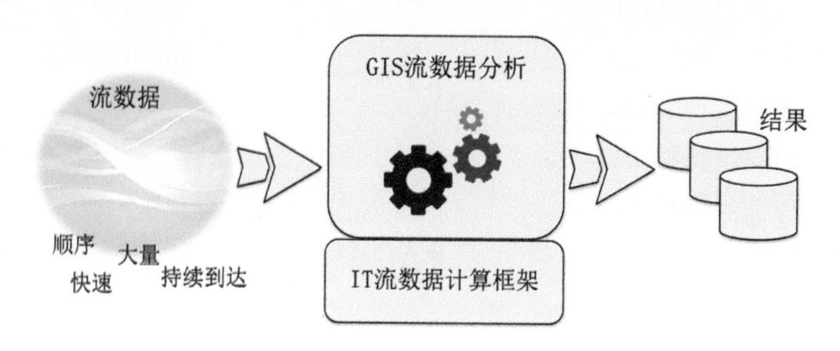

图 2-6 流数据处理架构

典型的流数据处理算法有地图匹配、路况计算和地理围栏。其中，地理围栏可以实时判断有哪些目标落入围栏，还可以标记目标在进入、保持和离开围栏时的细化状态。实时路况计算是另一种常用的流数据处理的算法，通过接入浮动车等的位置流数据，自动计算路况，其响应时间在分钟级即可满足基本的应用要求。5G 出现后，毫秒级反馈将更有利于实现对交通情况的调节。

2.3.5 空间大数据可视化

空间大数据可视化也是空间大数据技术非常重要的内容。它以非常友好直观的方式来展示数据的价值，增强数据的表达效果，发现数据中隐藏的信息。空间大数据可视化技术是将计算机可视化技术、二维 GIS 可视化技术、三维 GIS 可视化技术等相结合，实现对多源、异构、海量、动态数据的可视化表达。

空间大数据可视化技术可以分为图表可视化和图形可视化两种方式（图 2-7)。

在图表可视化方面，有线形图、直方图、圆形直方图、柱状图、饼图、折线图、矩形树图、曲面图、散点图、平行坐标图和雷达图等。

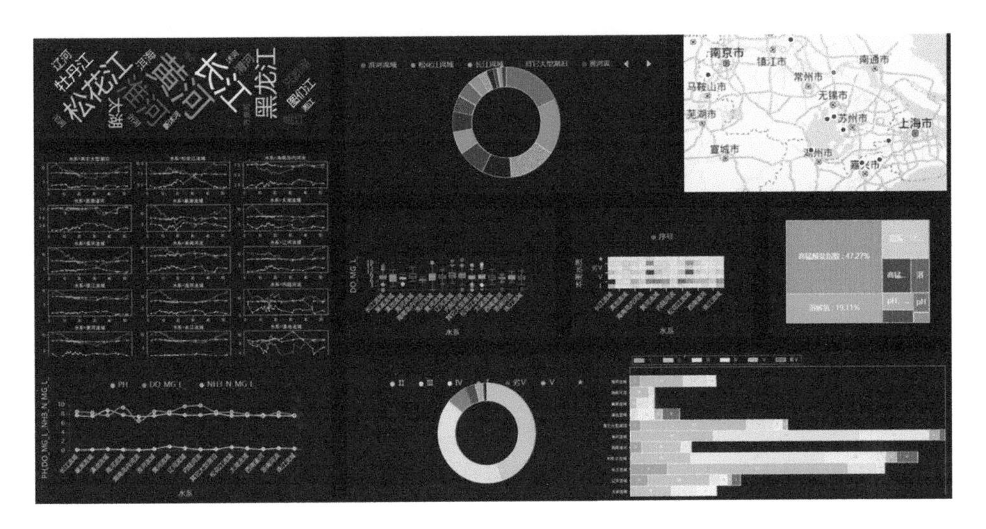

图 2-7　空间大数据可视化

在图形可视化方面，有密度图、热力图、矢量矩形格网图、矢量六边形格网图、连线图和矢量多边形专题图等表达方式。

空间大数据可视化技术，不仅可以通过静态的方式展示，也可以通过动态的方式展示，不仅可以通过二维的方式展示，也可以通过三维的方式展示。

空间大数据可视化技术的作用，一方面能够有效地表达数据本身的统计信息或数学信息，另一方面，能够有效地表达空间大数据分析的结果。对于同一数据集，采用不同的可视化方法，表达出的效果不尽相同。由此可能会使人们产生不同的解读。若出现这种情况，可以同时采用几种不同的可视化方法去表达同一数据集，使解读更全面。对于分析结果，同样可以采用一种或多种不同的图表或图形去表达。

2.4　经典空间数据技术的分布式重构

为应对经典空间数据体量急剧增长、决策尺度大幅增加带来的挑战，有必要进行经典空间数据技术的分布式重构（图 2-8）。重构所采用的分布式存储和分布式计算技术，都是在大数据处理过程中发展起来的。

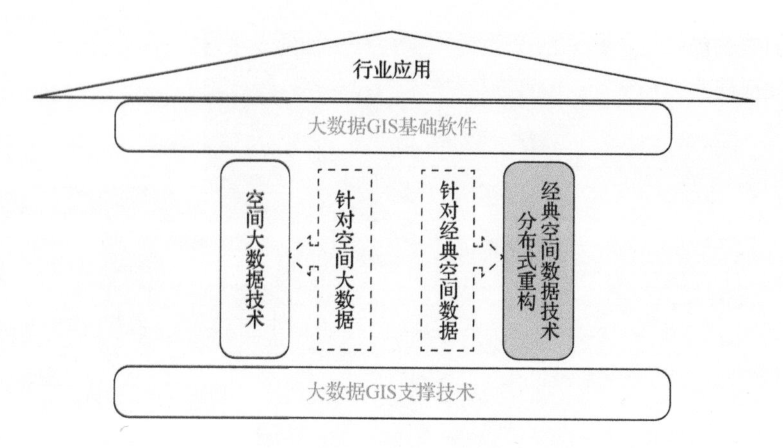

图 2-8 大数据 GIS 技术体系（经典空间数据技术的分布式重构）

经典空间数据技术的分布式重构主要包括经典空间数据的分布式存储，矢量和栅格数据的分布式分析，以及分布式可视化三个方面，如图 2-9 所示。

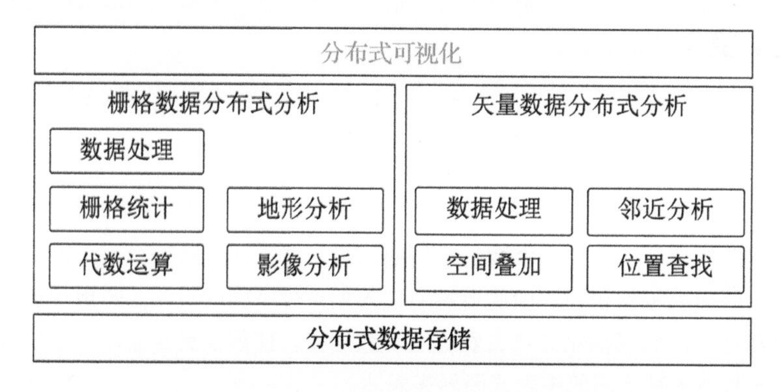

图 2-9 经典空间数据技术的分布式重构

2.4.1 经典空间数据分布式存储

适用于经典空间数据的分布式存储技术有 HDFS、HBase 和 Postgres-XL 等。分布式存储技术的查询能力和分布式计算能力往往不可兼得，如图 2-10 所示。Postgres-XL 支持复杂的 SQL 查询，查询能力最强。HBase 采用列存储，对于非结构化数据和结构化数据都有较强的查询能力。HDFS 是文件系统，查询能力最弱。HBase 建立在 HDFS 之上，其核心存储模型建立在 Google BigTable 上，可以查询和管理超大表。

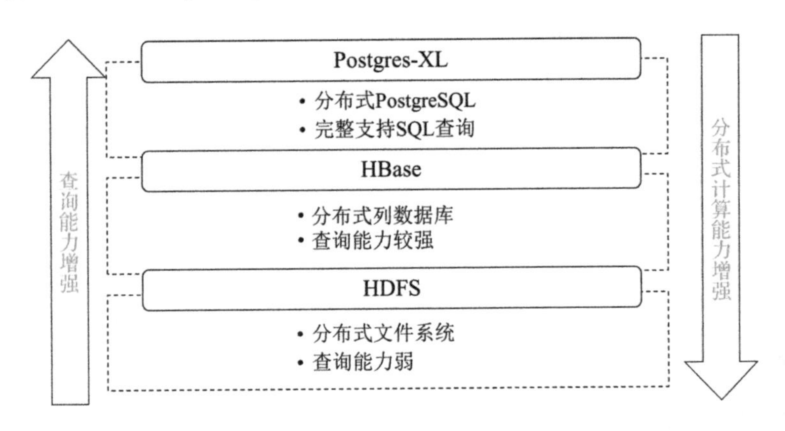

图 2-10 适用于经典空间数据的分布式存储技术

2.4.2 经典空间数据分布式分析

经典空间数据技术发展出了很多针对经典空间数据的处理和分析算法，并且得到了广泛的应用。但在应对大规模、大尺度数据处理时存在性能瓶颈。为解决这一问题，我们利用大数据计算框架，对这些数据处理与分析算法进行分布式重构，实现数量级的性能提升，这就是经典空间数据的分布式分析技术。借助大数据技术的力量，经典空间数据的分布式分析技术实现了算法性能的跃迁式提升。

针对矢量数据，其分布式分析算法包含创建索引、复制数据集、数据集裁剪、数据融合和拓扑检查等数据处理类算法，邻近汇总和缓冲区分析等邻近分析类算法，空间连接和叠加分析等空间叠加类算法，以及空间查询等位置查找类算法，如图 2-11 所示。

针对栅格数据，其分布式算法包括数据处理、代数运算、栅格统计、地形分析、影像分析五类，如图 2-12 所示。其中，数据处理包括重采样、重分级、投影转换、数据集裁剪、像素格式转换。代数运算包括运算符、算数函数、指数函数、三角函数和条件函数。栅格统计方法有基本统计、邻域统计、分带统计。地形分析则包括坡度分析、坡向分析和三维晕渲图。影像分析可用于计算植被指数和水体指数。

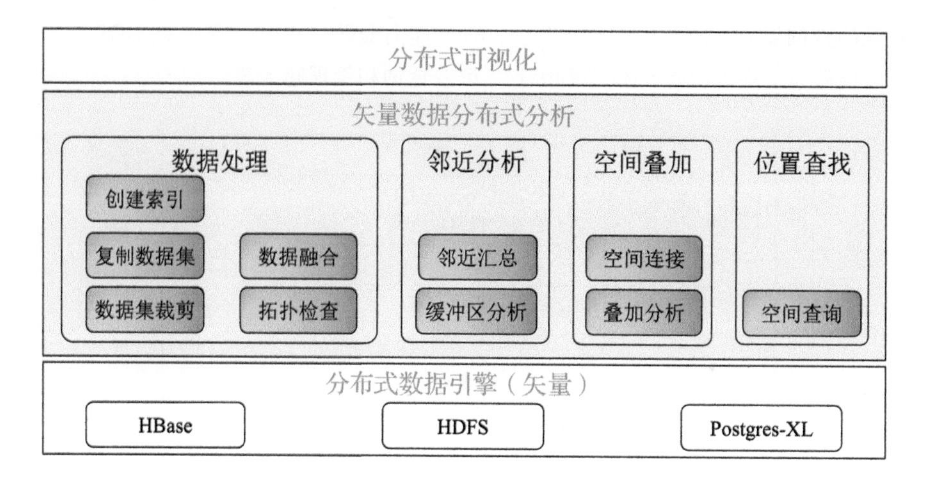

图 2-11　矢量数据的分布式分析

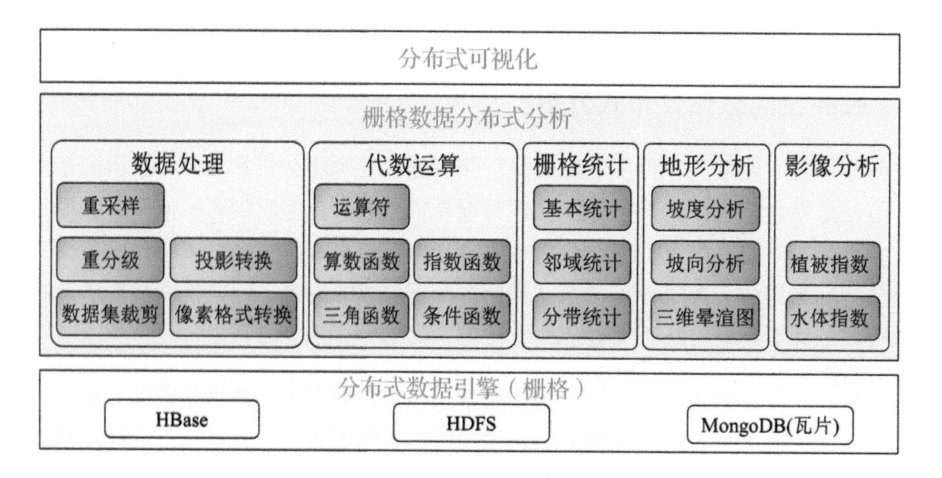

图 2-12　栅格数据的分布式分析

2.4.3　经典空间数据分布式可视化

随着经典空间数据量的增长、数据分辨率的提高以及决策空间尺度的增大，系统中需要承载的数据规模急剧上升。这不仅造成了系统存储与处理上的性能瓶颈，在可视化方面，也难以实现高效的渲染。

在分布式可视化技术出现之前，往往采用预渲染构建的缓存切片来解决，但该方式存在两种问题：一是缓存切片数据的更新运算量大、时间长；二是缓存切片一般采用栅格形式，难以实现客户端自定义可视化风格。

大数据技术中的分布式存储和分布式计算，为海量空间数据高性能可视化提供了新的可能，以实现免切片可视化效果。在此过程中，数据读取和渲染是两个非常重要的环节，是提升性能的关键。数据读取改用分布式存储环境。若数据总量很大、显示内容也是海量的场景，还要对渲染环节进行分布式改造，单纯使用分布式存储结合传统的单节点渲染不能满足要求。

对渲染进行分布式改造，是指将一个数据集分成多个部分，将每部分在不同的机器或者不同的进程上分别渲染，再将多个渲染结果合并为一张图像并输出到显示设备。

通过借助分布式计算技术，改造传统的单节点渲染方式，形成分布式渲染技术，显著提升了经典空间数据的可视化性能。

2.5 大数据 GIS 支撑技术

大数据 GIS 技术除了需要 IT 大数据技术之外，也需要 GIS 的关键技术作为支撑。大数据 GIS 的支撑技术包括跨平台 GIS 技术和云–边–端一体化 GIS 技术。

跨平台 GIS 技术让大数据 GIS 能够运行于 Linux 和 UNIX 操作系统，使得大数据 GIS 的性能得以充分发挥。

云–边–端一体化 GIS 为大数据 GIS 提供了弹性可扩展的计算和存储资源，支持高效能的流数据处理、实时分析和价值发现等任务。

2.5.1 跨平台 GIS 技术

跨平台指的是同一软件或其开发的应用，其运行不依赖于特定的硬件设备或操作系统。硬件设备包括具有不同 CPU 类型的服务器、桌面电脑和移动设备等 [17]。操作系统包括服务器和桌面设备采用的基于 x86 或 ARM 等 CPU 架构的 Windows 系列、Linux 系列操作系统，以及移动设备采用的 Android 和 iOS 等操作系统。

跨平台 GIS 技术是指基于同一套 GIS 内核，同时支持上述多种硬件设备和操作系统，如图 2-13 所示。该技术从 GIS 内核级别，屏蔽不同硬件设备和操作系统的不同处理器架构、不同 CPU 指令集和不同应用程序接口之间的差异，提供统一的数据结构、统一的分析算法、统一的可视化展示、统一的访问和开发接口，以及统一的用户操作方式，在多种终端包括移动设备甚至专业设备上都能够一致地执行大数据的处理和分析，还可以友好地接入上下游的大数据和大数据环境。

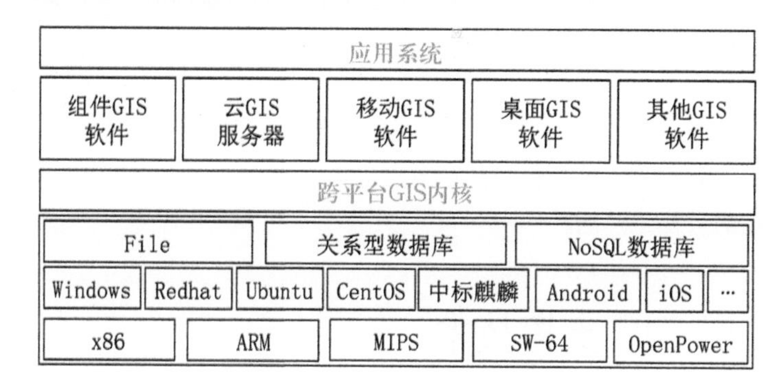

图 2-13 跨平台 GIS 技术示意图

大数据 GIS 技术需要跨平台 GIS 作为支撑。因为 IT 大数据相关的技术如 Spark、HDFS、MongoDB 等都原生于 Linux，而且与 Windows 相比，Linux 在性能和可靠性方面更有优势。虽然在 Windows 上也可以部署一些大数据环境，但大多只适合用于学习和研究。所以，大数据 GIS 基础软件要想高性能运行于 Linux 操作系统中，就需要跨平台 GIS 技术的支撑。

跨平台 GIS 技术还支持从内核级别与机器学习、大数据智能分析等方法的结合，从底层原生扩展对新 IT 技术的融合，实现自身技术的演进，与主流 IT 技术同步发展。

2.5.2 云-边-端一体化 GIS 技术

在地理信息科学领域，空间大数据的分析算法和处理模型非常复杂，要求高性能的计算环境。此外，多源异构数据存储、流数据处理、大数据实时分析也都需要大量的、弹性的存储和计算资源。

云计算是通过网络集中计算资源并按需使用，达到节约和经济地利用计算资源的一种技术，可以方便地实现更大规模的计算。云–边–端一体化 GIS 技术将 GIS 与云计算深度结合，为大数据 GIS 提供可动态伸缩的存储与大规模的空间计算能力 [17]。

当前，建立在微服务架构、容器化技术和自动化编排技术上的云原生 GIS，支持从云中心、边缘节点以及多种终端之间的协同，为大数据 GIS 提供了丰富和强劲的计算环境，如图 2–14 所示。在云上，微服务架构让大数据 GIS 相关的服务以更加细粒度的微服务方式运行；以 Docker 为代表的容器化技术，支持微服务的高效率部署、高性能运行与低资源占用；以 Kubernetes 为代表的容器编排技术，则帮助实现海量微服务资源的动态调度和自动化编排。

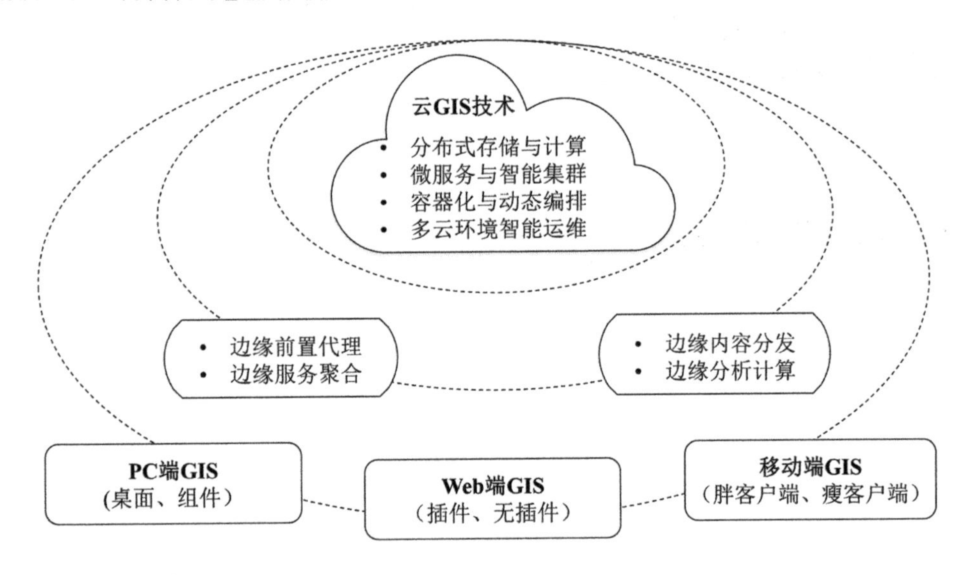

图 2–14　云–边–端一体化 GIS 技术发展现状

边缘计算则支持部分内容从边缘获取，部分数据在边缘处理，部分分析在边缘进行，大幅降低云中心服务器的压力，也减轻云中心出口带宽的压力，降低网络不稳定带来的风险，提高大数据处理的性能、稳定性与可靠性。

在终端，利用云–边–端一体化协同技术，支持各种终端 GIS，包括桌面和组件 GIS、Web GIS(插件 / 无插件版本) 和移动 GIS(胖 / 瘦客户端)，与云 GIS 中心或边缘 GIS 服务器的无缝集成，构成大数据 GIS 多终端应用的基础，如图 2–14 所示。云–边–端协同技术通过统一的服务接口，利用云 GIS 门户的跨组织在线协同，云 GIS 应用服务器的服务聚合和云 GIS 边缘计算软件的服务代理与边缘计算能力，实现多端互联、协同共享的大数据 GIS 应用模式。

2.6 大数据 GIS 应用与发展

当前，空间大数据应用层出不穷。大数据 GIS 通过提供强大的空间数据存储、管理、分析和可视化能力，支持对数据的深入挖掘，推动国民经济各行业地理智慧的更大提升。大数据 GIS 将提升空间大数据从存储、分析计算、可视化到资源门户、运维管理等多方面的价值，同时也为经典空间数据处理的性能提升提供保障。

随着互联网、移动互联网、物联网等信息技术在 GIS 领域的应用，通信、国土、城市规划、交通、公安、医疗等各行业领域，都在持续产生和积累大数据，亟待利用大数据 GIS 解决行业在当前空间信息化建设方面的潜在问题，并创造潜在需求。

在通信行业，借助大数据 GIS 技术，将手机信令大数据从以 0 和 1 为本质的巨量、非结构化的不可视信息，变成了直接反映人类生产和生活等活动的时空分布图，变成了城市时空结构、交通运行状态等可视特征。

在自然资源行业，自然资源所管辖的数据的时空尺度趋于精细化，新型测绘大数据不断产生，给现有业务系统带来性能和功能的双重挑战。大数据 GIS 作为专业工具，不仅将业务计算的时间数量级缩短，更重要的是能够帮助业务部门建立起一整套从自然资源大数据存储、处理、分析、可视化，到服务发布的全流程业务系统，推动自然资源的动态监测、资源监管、公共服务等业务的高效运转，支持自然资源更有效的管理与决策。

大数据 GIS 仍然在不断演进当中。随着人工智能 (Artificial Intelligence，AI) 的发展，大数据 GIS 将与 AI 深度融合，实现大数据处理与价值发现的自动化与智能化。作为人工智能的重要内涵，机器学习和深度学习已经发展出了包括 Pytorch 和 TensorFlow 在内的很多开源技术框架。通过与这些开源框架进行深度集成，大数据 GIS 有望逐步发展成为地理空间人工智能系统 (Geospatial AI System)，进而颠覆现有的应用模式。地理空间人工智能领域将引起越来越多的关注，引发新一轮的研究和应用热潮。

2.7 本章小结

针对空间大数据和经典空间数据带来的挑战，大数据 GIS 技术发展出了空间大数据技术，并对经典空间数据技术进行了分布式重构。空间大数据技术从 GIS 内核级别实现了大数据的分布式存储管理、空间大数据分析、流数据处理和空间大数据可视化。经典空间数据技术的分布式重构则对经典空间数据的处理实现了数量级的性能提升。

大数据 GIS 技术为各行业空间大数据的价值发现提供了高效的 GIS 技术，降低了空间大数据分析和利用的难度，也降低了挖掘成本，提高了大数据的效能。

大数据 GIS 技术的战略意义不在于拥有大数据，而在于拥有时空大数据或者与空间位置相关联的大数据的处理与分析能力。如果有大数据 GIS 技术，即使非公开的大数据也可以用来创造价值。大数据 GIS 技术的出现，将帮助全行业分享空间大数据应用的“饕餮盛宴”。

参考文献

[1] 李清泉，李德仁 . 大数据 GIS[J]. 武汉大学学报 (信息科学版)，2014，39(6)：641-644.

[2] 陆锋，张恒才 . 大数据与广义 GIS[J]. 武汉大学学报 (信息科学版)，2014，39(6)：645-654.

[3] Lee J. G, Kang M. Geospatial Big Data: Challenges and Opportunities [J]. Big Data Research, 2015, 2(2): 74-81.

[4] 李德仁，邵振峰 . 论新地理信息时代 [J]. 中国科学 (F 辑：信息科学)，2009，30(6)：579-587.

[5] Natalija Stojanovic and Dragan Stojanovic. High-performance Computing in GIS: Techniques and Applications[J]. Int. J. Reasoning-based Intelligent Systems, 2013, 5(1): 42-48.

[6] Kambatla K, Kollias G, Kumar V, et al. Trends in Big Data Analytics [J]. Journal of Parallel & Distributed Computing, 2014, 74(7): 2561-2573.

[7] 张晓祥 . 大数据时代的空间分析 [J]. 武汉大学学报・信息科学版，2014，39(6)：655-659.

[8] You S, Zhang J, and Gruenwald L. Large-scale Spatial Join Query Processing in Cloud[C]// The 31st IEEE International Conference on Data Engineering Workshops (ICDEW), Seoul, South Korea. 2015, 34-41.

[9] Chang F, Dean J, Ghemawat S, et al., Bigtable: A Distributed Storage System for Structured Data[J]. ACM Transactions on Computer Systems (TOCS), 2008, 26(2): 4-9.

[10] 龚健雅，王国良 . 从数字城市到智慧城市：地理信息技术面临的新挑战 [J]. 测绘地理信息，2013，38(2)：1-6.

[11] 王尔琪，王少华 . 未来 GIS 发展的技术趋势展望 [J]. 测绘通报，2015，s1：66-69.

[12] 宋关福，钟耳顺，李绍俊，等 . 大数据时代的 GIS 软件技术发展 [J]. 测绘地理信息，2018(1)：1-7.

[13] 吴志峰，柴彦威，党安荣，等 . 地理学碰上“大数据”：热反应与冷思考 [J]. 地理研究，2015，34(12)：2207-2221.

[14] Ahmed Eldawy and Mohamed F Mokbel. The Era of Big Spatial Data: a Survey [J]. DBSJ Journal, 2015, 13(1): 1-12.

[15] Li S., Yang H. Huang Y., et al. Geo-spatial Big Data Storage Based on NoSQL Database[J]. Geomatics & Information Science of Wuhan University, 2017, 42(2): 163-169.

[16] 龚健雅，贾文珏，陈玉敏，等 . 从平台 GIS 到跨平台互操作 GIS 的发展 [J]. 武汉大学学报（信息科学版），2004，29(11)：985-989.

[17] Yang C, Huang Q, Li Z, et al. Big Data and Cloud Computing: Innovation Opportunities and Challenges[J]. International Journal of Digital Earth, 2017, 10(1): 31-53.

第 II 部分　技　　术

第 3 章　大数据 GIS 支撑技术

3.1　概述

大数据 GIS 技术的效能与价值的发挥，需要一系列相关技术的支撑，特别需要 IT 大数据技术与 GIS 领域相关技术的深度融合，如图 3-1 所示。

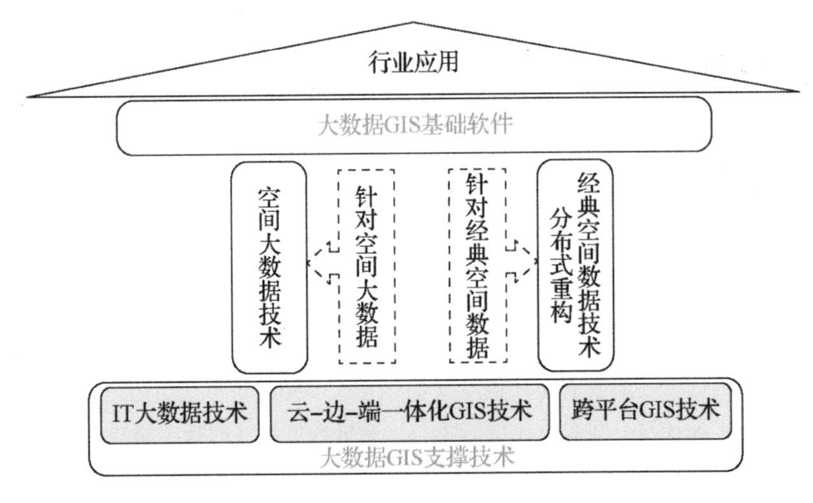

图 3-1　大数据 GIS 支撑技术

IT 大数据技术为大数据 GIS 技术提供分布式存储、分布式计算、流数据处理和大数据可视化等相关能力。GIS 领域相关技术包括跨平台 GIS 技术、云-边-端一体化 GIS 技术，可为大数据 GIS 技术提供跨软硬件平台的运行能力、丰富的数据资源与计算资源，以及多维度的空间分析与制图表达能力。只有将 IT 大数据技术、云–边–端一体化 GIS 技术和跨平台 GIS 技术等多种技术有机结合，才能为最终构建大数据 GIS 提供完整的技术支撑。本章将从这三个方面详细阐述各项支撑技术及其在大数据 GIS 建设中所发挥的重要作用。

3.2 IT 大数据技术

大数据 GIS 的发展目标有两个：面向空间大数据的地理分析与价值发现；提升 GIS 面对经典空间数据处理时的性能需求。分布式存储、分布式计算、流数据处理和大数据可视化等多项 IT 大数据技术，为大数据 GIS 提供了高性能的分析、处理与可视化能力 (图 3–2)。

大数据 GIS 既需要应对大数据庞大的数据量，也需要应对其多源异构的数据特征。这些大数据，无论来自传统数据库、数据采集终端，还是来自互联网、移动互联网和物联网，无论是静态数据还是动态流数据，都可以通过数据汇聚技术聚集成一个体量庞大且多维度的数据集合。

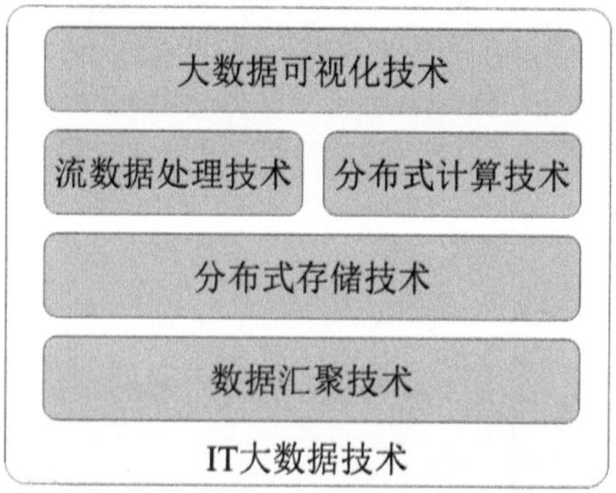

传统数据库大多基于关系型数据库技术，但关系型数据库难以满足大数据存储管理的需求。利用分布式存储技术，可以突破大数据存储管理的性能瓶颈。

为满足超大规模数据的处理与分析，需要诸如 Spark 和 MapReduce 等分布式计算框架作为技术支撑，来构建分布式的处理与分析算法。

大数据可视化技术
流数据处理技术
分布式计算技术
分布式存储技术
数据汇聚技术
IT大数据技术

图 3–2　IT 大数据技术结构图

大数据 GIS 还需要提供对流数据的高性能处理能力。各种实时采集、实时获取的流数据，对系统实时处理的计算性能要求非常高。以 Spark Streaming 和 Storm 等分布式流数据处理框架为手段，扩展实时空间数据处理的能力，是极具可行性的技术路线。

空间大数据的可视化需要更加丰富的表现形式，要求可视化效果直观生动、动态、多维。传统的地图表现方式难以满足其需求。这就需要利用大数据可视化技术来解决。

3.2.1 数据汇聚技术

数据种类的多样性是空间大数据的重要特征之一。数据来源广泛，存储方式和数据格式多种多样。这些数据有的源自多年积累的海量存档数据——主要存储在关系数据库或一般文件系统，有的来自外部应用系统——通过数据交换方式获得，更多则是来自互联网、移动互联网、物联网等非结构化和半结构化的数据。为了能够统一管理、融合和应用这些数据，为后期的数据分析与处理提供规范化的数据成果，我们需要利用数据汇聚技术将多源异构的数据进行聚合。

在诸多的数据汇聚技术中，数据抽取技术(Data Extraction，Transformation and Loading，ETL)、网络数据爬取技术和消息中间件技术是其中的典型代表。ETL 技术能够将数据从各种数据库中批量地抽取、转换和加载到分布式存储系统。网络数据爬取技术能够从互联网公开发布的信息中连续自动化提取出有价值的数据。消息中间件技术则提供对流数据的汇聚和快速分发能力。

3.2.1.1 大数据 ETL 技术

ETL 技术将分散的、异构数据源中的数据抽取到临时中间层进行清洗、转换和集成后，再加载到数据仓库，为联机分析处理、数据挖掘提供决策支持。

随着 IT 大数据技术的发展，分布式存储技术逐步替代数据仓库技术成为业界主流，ETL 技术作为一项成熟的数据集成技术，也被分布式存储技术所采用。不同的是，数据仓库技术是将 ETL 技术作为数据进入数据仓库的入口，而分布式存储技术则是将 ETL 技术作为大数据集成的工具。我们将前者称为传统 ETL 技术，将后者称为大数据 ETL 技术。

大数据 ETL 技术对于大数据 GIS 非常有必要。在当下的实际应用中，Oracle、SQL Server 等关系型数据库不仅用来存储和管理经典空间数据，也用来存储和管理空间大数据，其 I/O 性能容易成为系统的瓶颈。大数据 ETL 技术可以自动化地将这些数据从关系型数据库集成到分布式存储系统，便于后续的大数据分布式分析与处理。

目前，大数据 ETL 工具有很多，比较流行的有 IT 大数据领域的 Apache Sqoop、Kettle 以及在 GIS 领域应用十分广泛的要素操作引擎(Feature Manipulate Engine，FME)。Sqoop 能够在 Hadoop 和结构化数据存储系统（如关系数据库）之间高效地批量传输数据。Kettle

提供了一套工具集，允许用户管理来自不同数据库的数据，还提供了可交互操作的图形界面。FME 作为空间数据转换处理系统，提供了完整的空间数据 ETL 解决方案，支持超过 250 种不同空间数据格式或模型之间的转换。

以 Sqoop 软件为例，大数据 ETL 技术的关键过程如图 3-3 所示。Sqoop 是专为 Hadoop 技术体系提供的大数据 ETL 工具。它通过 Java 数据库连接 API(Java Database Connectivity，JDBC) 与关系型数据库进行交互。Sqoop 可以在 MySQL、Oracle 等关系型数据库与 HDFS、HBase 等分布式系统之间进行数据的传输。Sqoop 工具是 Hadoop 技术生态的子项目，整合了 Hadoop 的 Hive 和 HBase 等，抽取的数据可以直接传到 Hive 或 HBase，不再需要复杂的开发工作。

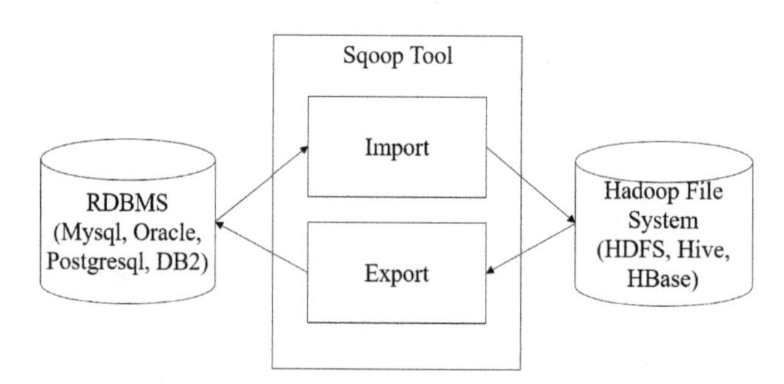

图 3-3 Sqoop 数据处理过程示意图

3.2.1.2 网络数据爬取技术

互联网中存在大量带有或隐含带有空间位置的大数据，网络数据爬取技术为获取互联网空间大数据提供了快速、低成本的数据收集方法。该技术通过将网站所包含的直接或间接的 Web 请求地址进行解析，并对这些地址进行反复迭代请求来获取数据，再通过解析、过滤等手段，最终将目标网站中有价值的数据爬取下来。

(1) 互联网空间大数据爬取流程

网络数据爬取技术主要分为两种：通用爬取与聚焦爬取。通用爬取技术是不加筛选地对网页信息进行爬取，搜索引擎就是利用该技术获取网页信息。聚焦爬取技术则是针对特定的网站或网络服务，聚焦某一主题进行爬取。通过互联网获取相关的空间数据通常使用聚焦爬取技术。

聚焦爬取技术通过发布空间信息的网站提供的标准 Web API 或者公开访问的服务接口，来获取特定格式的空间数据，包括车辆轨迹数据、飞机 GNSS 数据、AQI[①]环境质量监测数据等。这些数据一般数据质量高，数据结构标准，可以通过开发和部署持续爬取的程序，连续获取大量数据用于学习和研究。

① AQI：空气污染指数，就是根据环境空气质量标准和各项污染物对人体健康、生态、环境的影响，将常规监测的几种空气污染物浓度简化成为单一的概念性指数值形式。它将空气污染程度和空气质量状况分级表示，适合于表示城市的短期空气质量状况和变化趋势。

互联网空间大数据爬取的主要流程如图 3-4 所示。首先，获取数据 URL，向服务器发送请求。服务器接收到请求后，返回 HTTP 应答包头信息。然后，客户端判断服务器响应信息，若服务器有响应，客户端会根据返回的内容读取数据。根据数据的关键字段解析出数据后，将其进行结构化处理并批量写入数据库。整个流程结束后，设置下次开始爬取的时间，重复上述流程，获取新一批的数据。

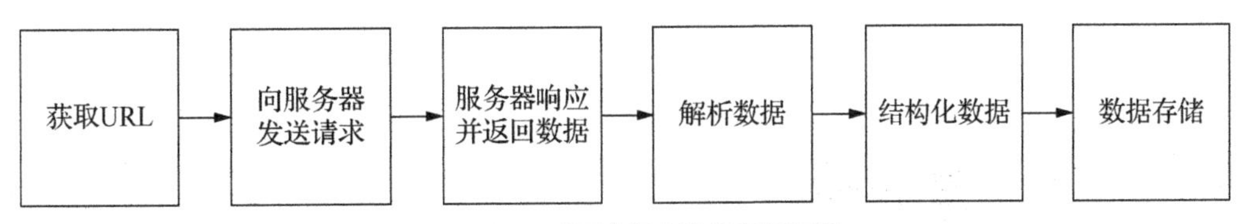

图 3-4　互联网空间大数据爬取流程

(2)　互联网空间大数据爬取程序

爬取互联网空间大数据，通常通过编写爬取程序来实现。爬取程序的编写有两种方式，一种是采用开发框架 / 开发工具，另一种是采用开发语言自定义编程。这两种方式在数据爬取效率上差异不大，关键要结合后期数据分析与处理的业务需求，整体考虑选择适合的开发工具或开发语言。

- **开发工具**　目前有很多与网络数据爬取相关的工具，好的工具可以提升数据爬取程序的运行效率与可靠性。例如，URL 获取工具主要用来捕捉 HTTP 协议的 Web 请求，常用软件有 Fiddler 以及浏览器 IE、Chrome、Firefox 自带的开发者工具等。
- **开发语言**　脚本语言是用于编写数据爬取程序的常用语言，其中又以 Python 使用最为广泛，业界有不少相关类库和开发框架，包括 Scrapy、Beautiful Soup、

PyQuery 和 Mechanize 等。此外，Java、C++ 和 Go 等语言也可以用于开发数据爬取程序。

在进行互联网空间大数据爬取时，获取的数据一般具备实时、海量、高并发的特点，一般采用 MongoDB 或者 Redis 实现高效的存储管理。

分布式数据爬取技术将是一个重点方向，将爬取任务分发到分布式架构下的多个节点上运行，实现多节点之间的任务调度、并行爬取数据的能力，进而能够更加高效地获取互联网空间大数据。

3.2.1.3 消息中间件技术

各种数据采集系统会把通过传感器、监控设备采集到的空间大数据，通过网络传输汇聚到服务器，进行统一的存储、管理或分析处理。消息中间件技术可以对被采集的数据持续进行接入、处理和分发。

大数据 GIS 经常需要处理多种类型的流数据，如环境监测动态数据、车辆位置监控数据、船舶位置数据等。消息中间件技术要解决的关键问题，是实现对持续获取的流数据的获取、传输和分发。而流数据采集终端数量庞大，时效性要求高，对消息中间件传输数据的吞吐量、处理效率和并发能力提出了较高的要求。

为此，消息中间件根据不同架构和应用场景，设计了“点对点”和“发布 / 订阅”两种数据传递模型。“点对点”模型用于消息生产者和消息消费者之间点到点的通信，消息生产者将消息发送到由某个名字标识的特定的消息消费者。“发布 / 订阅”模型则支持主题频道的配置管理，数据生产者将数据以特定主题和频道发布，数据消费者订阅了这个主题就可以接收该主题和其子主题发布的所有消息。

符合这种设计的消息中间件技术有很多软件项目，在大数据生产环境中，使用较多的有 Kafka、RabbitMQ、ActiveMQ 和 ZeroMQ 等。

Kafka 是一种高吞吐量的分布式发布 / 订阅消息系统，具有高性能和高吞吐的特点，支持动态横向扩展。Kafka 提供了持久化机制，能够保证数据的可靠性。Kafka 与 Spark、Hadoop、ElasticStack 等大数据技术结合比较多，形成了系统的技术栈。

RabbitMQ 是使用 Erlang 语言开发的一款开源消息队列系统。RabbitMQ 是高级消息队列

协议 (Advanced Message Queuing Protocol，AMQP) 的标准实现，支持的协议还包括可扩展消息与存在协议 (Extensible Messaging and Presence Protocol，XMPP)、简单邮件传输协议 (Simple Mail Transfer Protocol，SMTP) 和简单（流）文本定向消息协议 (Simple or Streaming Text Orientated Messaging Protocol，STOMP)。它提供持久化机制，支持多种语言的开发 SDK。由于 Erlang 语言的特性，消息队列的性能较好，管理界面相对丰富。

消息中间件技术，保证了空间大数据的流畅传输，它提供的开放接口、标准化协议，使其能够与 Spark Streaming 等各种大数据流计算框架无缝集成。消息中间件技术所具备的实时性、扩展性、容错性和灵活性特征，实现了流数据的高效获取与分发。

3.2.2 分布式存储技术

在传统 GIS 应用中，存储系统通常采用集中式存储服务器实现，而服务器的存取性能很容易成为系统整体性能的瓶颈，成为影响系统可靠性和稳定性的关键。随着 GIS 应用的发展，空间数据不断累积，这种集中式存储系统已经越来越难以满足超大规模数据的存储需求。

分布式存储系统采用可扩展架构，利用多存储节点分担读写负载，不但提高了系统的可靠性、稳定性和存取效率，还易于水平扩展，能够解决超大规模数据带来的存储性能问题。典型的分布式存储系统有 HDFS、MongoDB、Postgres-XL 以及 Elasticsearch 等。

以 Postgres-XL 为代表的数据库可以直接使用自带的空间扩展模块，便捷高效地进行空间数据存储。Elasticsearch 和 MongoDB 具备原生空间对象类型和空间索引等基础能力，可以直接使用，也可以扩展封装后使用。HDFS 自身并不具备空间存储能力，可以针对其存储模式、索引类型、分片策略等技术，通过自定义扩展方式实现空间对象和空间索引，来支持超大规模空间数据的分布式存储需要。

本节将主要介绍这些可以为大数据 GIS 所用的存储系统及其特点，在后续章节将阐述它们如何用于空间数据的分布式存储。

3.2.2.1 Hadoop HDFS

HDFS 是一个可以运行于通用 x86 服务器上的分布式文件系统。与其他分布式文件系统相比，它具有独特的技术优势：高度容错能力；可以部署在低成本的硬件上；提供对应用程序数据的高吞吐量访问；适用于拥有大规模数据集的应用程序；支持对文件数据的流式访问等；适当放宽了 POSIX 限制。POSIX 表示可移植操作系统接口（Portable Operating System Interface of UNIX，缩写为 POSIX），POSIX 标准定义了操作系统应该为应用程序提供的接口标准，是 IEEE 为要在各种 UNIX 操作系统上运行的软件而定义的一系列 API 标准的总称，其正式称呼为 IEEE 1003，国际标准名称为 ISO/IEC 9945。

(1)HDFS 的设计原则

有以下四大原则。

- **容错原则** 大型分布式系统中，硬件故障会经常发生而不是偶尔出现。一个 HDFS 实例可能由成百上千台服务器节点组成，每个服务器实现文件系统的分片存储。实际运行时，需要假定 HDFS 的某些组件总是会出现故障而失效。因此，故障检测和快速自动恢复是 HDFS 的核心设计目标之一。
- **一次写入、多次读取原则** HDFS 被设计为面向批处理，而非交互式场景，因此其重点考虑的是保证数据多次读取访问的高吞吐量，而非数据并发写入的低延迟。
- **支持大型数据集原则** HDFS 需要支持大型文件集合，典型的数据量是从 GB 级到 TB 级。它可以为集群中的数百个节点提供高带宽的数据聚合能力，也可以支持单个实例中的数千万个文件。
- **简单一致性原则** HDFS 支持将新增内容追加到文件的末尾，但不能在文件任意位置进行更新。这种设计可以简化数据的一致性问题，并支持高吞吐量的数据访问。

(2) HDFS 的体系结构

HDFS 使用主从体系结构，如图 3–5 所示。一个 HDFS 集群通常包含一个 NameNode 和多达成百上千的 DataNode。NameNode 是一个管理文件系统命名空间的主服务节点，同时管理客户端对文件的访问。DataNode 用于管理其上存储的文件块，通常集群中的一个节点对应一个 DataNode。生产环境会包含多个 NameNode 实现负载均衡和防止单点故障。

在系统内部，大型文件被分成一个或多个文件块，这些文件块被存储在一组 DataNode 中。NameNode 负责文件系统命名空间的操作，包括打开、关闭和重命名文件及目录，同时负责文件块到 DataNode 的映射。DataNode 负责客户端的读写请求，还负责执行文件块的创建、删除等操作。

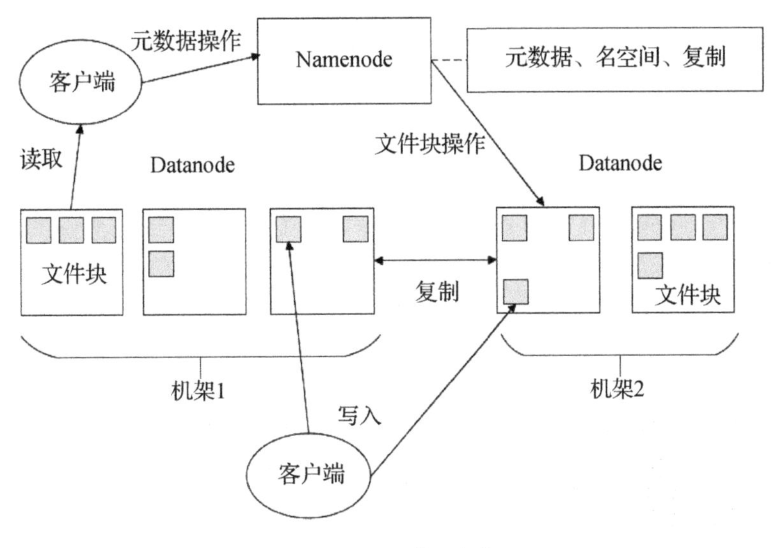

图 3–5 HDFS 体系架构

3.2.2.2 MongoDB

MongoDB 是一个开源的文档型数据库，它具有高性能、高可用和易扩展的特点。与关系型数据库相比，MongoDB 不再有“行”(Row) 的概念，而是更为灵活的“文档”(Document) 模型。通过在文档中嵌入文档和数组，面向文档的方法能够仅使用一条记录来表现复杂的层次关系。MongoDB 没有预定义模式 (Predefined Schema)，文档的键 (Key) 和值 (Value) 没有固定的类型和大小。由于没有固定的模式，因此能够很容易地根据需要添加或删除字段。由于能够快速迭代，开发进程得以加快，更容易进行实验。

MongoDB 的设计采用横向扩展，面向文档的数据模型使它能很容易地在多台服务器之间进行数据分割。MongoDB 能自动处理跨集群的数据和负载，自动重新分配文档，以及将对数据的请求路由到正确的机器上。这让开发者能够更加专注编写应用程序，不需要考虑如何扩展的问题。如果一个集群需要更大的容量，只需要向集群添加新服务器，MongoDB 会自动进行数据迁移，将数据传送向新服务器。

MongoDB 作为一款通用型数据库，除了能够创建、读取、更新和删除数据之外，还提供了一系列不断扩展的独特功能，包括索引、聚合、特殊的集合类型和文件存储等。

3.2.2.3 Postgres-XL

Postgres-XL 是 PostgreSQL 集群开源实现中比较成功的项目之一。PostgreSQL 是由加州大学伯克利分校计算机系开发的对象关系型数据库管理系统。

Postgres-XL 并不独立于 PostgreSQL，而是在 PostgreSQL 源代码的基础上增加新功能实现的，其结构如图 3-6 所示。简单来说，Postgres-XL 将 PostgreSQL 的 SQL 解析层的工作和数据存取层的工作分离到不同的两种节点上，分别称为 Coordinator 节点和 DataNode 节点，每种节点可以配置多个，共同协调完成原本由单个 PostgreSQL 实例完成的工作。此外，为保证分布模式下事务的正确执行，Postgres-XL 增加了一个全局事务管理器 (Gloable Transaction Manager，GTM) 节点。Postgres-XL 中为避免单点故障，可为所有节点配置 Slave 节点。

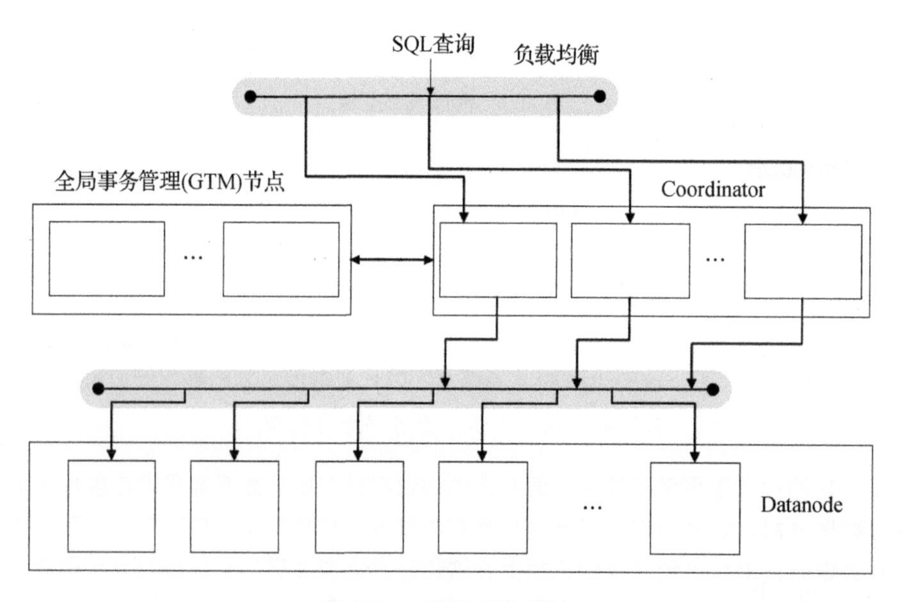

图 3-6 Postgres-XL 结构

Postgres-XL 的 Coordinator 节点是整个集群的数据访问入口，通过 Nginx 等工具实现负载均衡。Coordinator 节点维护数据的存储信息，但不存储数据本身。在接收到一条 SQL 语句后，Coordinator 解析 SQL，制定执行计划，分发任务到相关 DataNode，DataNode

返回执行结果到 Coordinator，Coordinator 整合各个 DataNode 返回的结果并返回到客户端。

Postgres-XL 的 DataNode 节点负责实际存取数据，数据在多个 DataNode 上的分布有两种方式：复制模式和分片模式。在复制模式下，一个表的数据在指定的节点上存在多个副本。在分片模式下，一个表的数据按照指定的规则分布在多个数据节点上，这些节点共同保存一份完整的表。

3.2.2.4 Elasticsearch

Elasticsearch 是一个开源的搜索引擎，建立在全文搜索引擎库 Apache Lucene 基础之上。它通过提供一套简单的 RESTful API，使全文检索变得简单。Elasticsearch 也可以作为分布式的实时文档存储，每个字段可以被索引与搜索，实现了一个分布式实时搜索引擎。它能胜任上百个服务节点的横向扩展，并支持 PB 级的结构化和非结构化数据。

更为重要的是 Elasticsearch 具备随时可用和按需扩容的分布式集群能力。Elasticsearch 真正的扩容能力来自水平扩容，即通过为集群添加更多的节点，并将负载压力和稳定性分散给这些节点来实现。与大多数数据库通常需要对应用程序进行非常大的改动才能利用横向扩容的新增资源相反，Elasticsearch 通过管理多节点来提高扩容性和可用性，开发者只需关注应用本身，不必去关注其他问题。

Elasticsearch 利用分片将数据分发到集群内各处。分片是数据的容器，文档被保存在分片内，分片又被分配到集群的各个节点。当集群规模扩大或缩小时，Elasticsearch 会自动在各节点中迁移分片，保持数据在集群中的均匀分布。一个分片可以是主分片，也可以是副本分片。索引内任意一个文档都归属于一个主分片，因此主分片的数目决定着索引能够保存的最大数据量。一个副本分片只是一个主分片的拷贝。副本分片作为硬件故障时保护数据不丢失的冗余备份存在，并且为搜索和返回文档等操作提供服务。

向 Elasticsearch 添加数据时需要索引支持，如图 3-7 所示。索引实际上指向一个或者多个物理分片的逻辑命名空间。一个分片对应一个底层的工作单元，是一个 Lucene 的实例，它仅保存了全部数据的一部分。文档虽然被存储和索引到分片内，但应用程序是直接与索引而不是与分片进行交互。

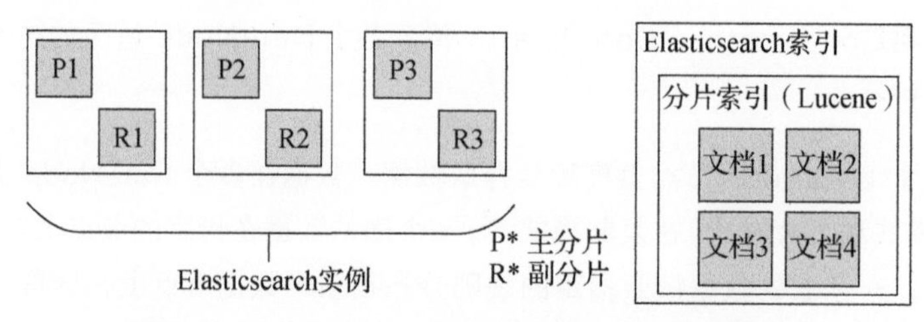

图 3-7　Elasticsearch 索引与分片索引之间的逻辑关系

3.2.3　分布式计算框架

分布式计算既是一种处理大规模计算问题的策略，也是一门计算机科学。它主要研究如何将一个需要非常巨大计算能力才能解决的问题，划分成多个小的子问题，如何将这些子问题分配给各计算节点独立处理，并将独立计算结果汇总得到最终结果的过程 [1]。分布式计算技术往往需要依赖分布式存储技术，与分布式存储系统的深度结合，使计算过程尽可能做到本地化，减少节点间不必要的数据传输和交换。

GIS 作为一种数据密集型和计算密集型并重的技术，迫切需要与分布式计算技术融合，一方面可以大幅提升计算性能，另一方面可以方便地进行水平扩展，支撑不断激增的超大规模数据的高效处理。

典型的分布式计算框架有 Hadoop 和 Spark。GIS 要想利用其分布式计算能力，就必须进行两个方面的创新：一方面要将原有基于 C 和 C++ 语言实现的空间算子进行梳理，通过提供原子级接口，供计算框架使用；另一方面，要根据计算框架提供的 API，将各种 GIS 空间分析算法进行重构，利用计算框架的 API 重新进行算法组织和开发实现。

本节主要介绍在大数据应用中使用较多的 Hadoop 和 Spark 框架，后续章节中再对上述两个方面的扩展方式进行阐述。

3.2.3.1　Apache Hadoop

“分而治之”是处理大规模数据的常用思路，是对相互间不具有计算依赖关系的大数据，通过分布式实现并行处理，提高处理效率。

传统的并行计算方法如消息传递接口 (Message Passing Interface，MPI)，缺少统一的计算框架，在使用时需要考虑数据的存储、划分、分发、结果收集、错误恢复等诸多细节，开发复杂，维护不易。

Hadoop 是一个由 Apache 基金会所开发的分布式系统基础架构，包括 HDFS 分布式存储技术和 MapReduce 分布式计算框架。

MapReduce 合并了两种经典函数，Map 过程和 Reduce 过程，如图 3-8 所示。Mapping 是对集合中的每个目标应用同一个操作。例如，若要将表单中每个单元格的数值乘以 2，则 Mapping 操作就是将该乘法函数单独应用于每个单元格中的数值。Reducing 是遍历集合中的元素来返回一个综合的结果。例如，输出表单里一列数字的和。

MapReduce 提供以下五大主要功能。

- **任务调度** 每次提交的一个计算作业 (Job) 将被划分为多个计算任务 (Task) 执行。任务调度就负责为划分后的计算任务分配和调度计算节点，即 Map 节点或 Reduce 节点，同时负责监控节点的执行状态，并负责 Map 节点执行的同步控制。任务调度也负责进行计算性能的优化处理，如对最慢的计算任务采用多备份执行，选择最快完成者作为结果等。

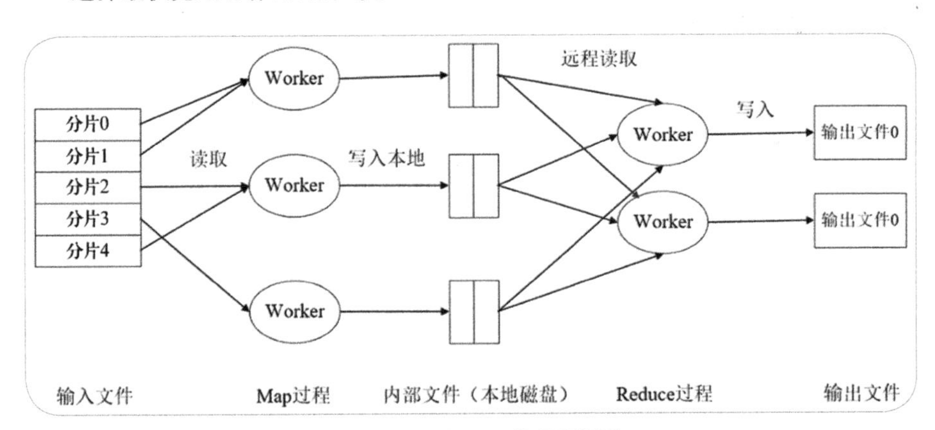

图 3-8 MapReduce 执行流程图

- **数据 / 代码互定位** 为减少数据通信，有一个基本原则是本地化数据处理，即一个计算节点尽可能处理其本地磁盘上所存储的数据 (代码向数据迁移)。当无法进行本地化数据处理时，再寻找其他可用节点并将数据通过网络传送给该节点 (数据向代码迁移），但将尽可能从数据所在的本地机架上寻找可用节点以减少通信延迟。

- **故障容错** 在低端商用服务器构成的大规模 MapReduce 计算集群中，节点硬件包括主机、磁盘、内存等存在问题和软件缺陷是常态。因此，MapReduce 要能检测并隔离出错节点，调度分配新节点，接管问题节点的计算任务。
- **分布式数据存储与文件管理** 海量数据处理需要良好的分布式数据存储和文件管理系统。该文件系统能够把海量数据分布式地存储在各个节点的本地磁盘上，并且保持整个数据在逻辑上成为一个完整的数据文件。为提供数据存储容错机制，该文件系统还要提供数据块的多备份存储管理能力。
- **合并和划分** 为减少数据通信开销，中间结果进入 Reduce 节点前需要进行合并处理，把具有同样主键的数据合并到一起避免重复传送。一个 Reduce 节点所处理的数据可能会来自多个 Map 节点，因此，Map 节点输出的中间结果需要使用一定的策略进行适当划分，保证相关数据发送到同一个 Reduce 节点。

3.2.3.2 Apache Spark

Spark 是加州大学伯克利分校 AMP 实验室 (Algorithm、Machines and People Lab，AMP) 开发的通用大数据处理框架，是一个快速的通用集群计算系统，如图 3-9 所示。它提供 Java、Scala、Python 和 R 语言的高级 API，以及一个经过优化的支持通用性执行流程图的引擎。它还包含一组丰富的高级工具，包括用于 SQL 和结构化数据处理的 Spark SQL、用于机器学习的 MLlib、用于图计算的 GraphX 和用于流数据计算的 Spark Streaming。

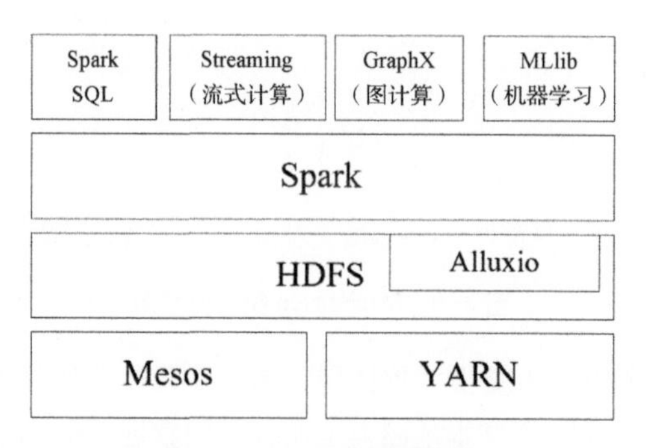

图 3-9 Spark 生态结构图

Spark 具备以下非常显著的技术特征。

- **原生支持 HDFS** Spark 使用 Hadoop 客户端类库对接 HDFS 和 YARN，在构建 Spark 的产品包时会指定一些常用的 Hadoop 版本。可以指定自己的 Apache Hadoop 版本，而不使用 Apache Spark 包预定义的 Apache Hadoop 版本。
- **多软硬件环境支持** Spark 主要是由 Scala 语言开发，在执行时既支持集群环境，又通过 Local 模式支持单机环境，方便进行小数据测试和单机调试。
- **支持 REPL 与编译** 除了可以通过自带的 Spark-Shell 进行交互式执行，Spark 也支持编译程序。推荐使用 Maven 来编译程序和管理依赖关系。但初始阶段的工作可能全部用读取 - 求值 - 输出 - 循环 (Read-Eval-Print-Loop，REPL) 完成。REPL 可以加快原型开发，使迭代更快，快速得到结果。随着程序的增大，在一个文件中维护大量代码多有不便，解释 Scala 程序也要消耗更多时间，如果数据量巨大，经常会出现一个操作导致 Spark 应用崩溃。采用混合模式可以避免上述问题，即前面的开发工作在 REPL 中完成，随着代码逐渐成熟，再移到编译库。可以在 Spark-shell 中引用已编译好的 JAR 包，只要给 Spark-shell 设置 jars 参数即可。如果使用得当，就无需频繁重新编译 JAR。JAR 是一种软件包文件格式，通常用于聚合大量的 Java 类文件、相关的元数据和资源（文本和图片等）文件到一个文件，以便开发 Java 平台应用软件或库。
- **通过分布式内存计算框架显著提升性能** Spark 的分布式计算框架参考了 MapReduce 的技术思想，在具体实现上进行了升级与扩展。首先，它摒弃了 MapReduce 严格的先 Map 再 Reduce 的方式，可以执行更通用的有向无环图 (Directed Acyclic Graph，DAG)，避免了 MapReduce 中需要将中间结果写入分布式文件系统的操作，能将中间结果直接传到流水作业线的下一步。

Spark 实现了分布式内存计算框架，其抽象的弹性分布式数据集 (Resilient Distributed Datasets，RDD) 使流水作业线上的任何点都能物化在跨越集群节点的内存中。后续步骤如果需要相同数据集时，不必重新计算或从磁盘加载。这使得 Spark 非常适合运行涉及大量迭代的算法，适合于运行时需要扫描大量内存数据并快速响应用户查询的反应式应用。

RDD 以分区的形式分布在集群中多个机器上，每个分区代表了数据集的一个子集。分区定义了 Spark 中数据的并行单位。Spark 框架并行处理多个分区，并对分区内的数据对象进行顺序处理。创建 RDD 最简单的方法是在本地对象集合上调用 SparkContext 的 Parallelize 方法。

```
val rdd = sc.parallelize(Array(1, 2, 2, 4), 4)
...
rdd: org.apache.spark.rdd.RDD[Int] = ...
```

第一个参数代表待并行化的对象集合，第二个参数代表分区的个数。当要对一个分区内的对象进行计算时，Spark 从驱动程序进程中获取对象集合的一个子集。要在分布式文件系统如 HDFS 上的文件或目录上创建 RDD，可以给 textFile 方法传入文件或目录的名称。

```
val rdd2 = sc.textFile("hdfs:///some/NYTaxi.csv")
...
rdd2: org.apache.spark.rdd.RDD[String] = ...
```

如果 Spark 运行在本地模式，可以用 textFile 方法访问本地文件系统上的路径。如果输入是目录而不是单个文件，Spark 会把该目录下所有文件作为 RDD 的输入。得到 String 类型的 RDD 后，可以使用 Map 函数对 String 进行解析，得到需要的空间点坐标，构建出空间要素类型的 RDD。值得注意的是，当需要对分区内的对象进行计算时，Spark 才会读入输入文件的某个部分（也称“切片”），然后应用其他 RDD 定义的后续转换操作（过滤和汇总等）。

3.2.4 流数据处理技术

流数据可以理解为持续产生且随着时间变化的数据，具有时效性、连续性、超大规模等特点。典型的流数据有监控摄像头采集的视频数据、GNSS 设备发送的位置数据、水文记录仪采集的水文监测数据等。

结合流数据的特点，流数据处理系统通常采用分布式架构，采用从接收、处理到输出、存储的持续的计算模式。针对流数据处理，Apache 项目已发展出了 Storm、Flink 和 Spark Streaming 等计算框架。这些框架的处理流程，大都可以包含到图 3-10 所示的三个环节，只是在编程模型、容错性、吞吐量和集群等方面各具特色。这里主要从编程模型与数据流转过程的角度，简要介绍这三个开源项目，后续章节会进一步阐述如何将流数据处理框架用于空间数据的处理。

图 3-10 流数据处理流程

3.2.4.1 Apache Storm

Storm 是一个分布式、可靠、容错的流数据处理系统，图 3-11 展示了它的处理拓扑图。Storm 系统的输入流由 Spout 组件管理，Spout 是整个处理拓扑图中的数据源。Spout 把数据传递给 Bolt 处理节点。Bolt 的作用是把数据保存到存储器，或者把数据传递给其他 Bolt。一个 Storm 集群就是在一连串的 Bolt 之间转换，以及处理 Spout 传过来的数据。

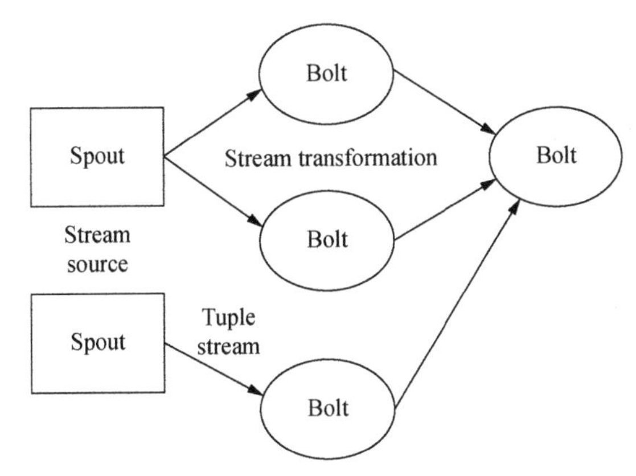

图 3-11 Storm 处理流程

以词频统计为例，传入的文本数据流被 Spout 接收，Spout 将其传递给实现 Map 操作的 Bolt。完成计算后，被该 Bolt 传递给执行 Reduce 的 Bolt。执行 reduce 的 Bolt 再将结果传递给 Save Bolt 完成数据输出，如图 3-12 所示。

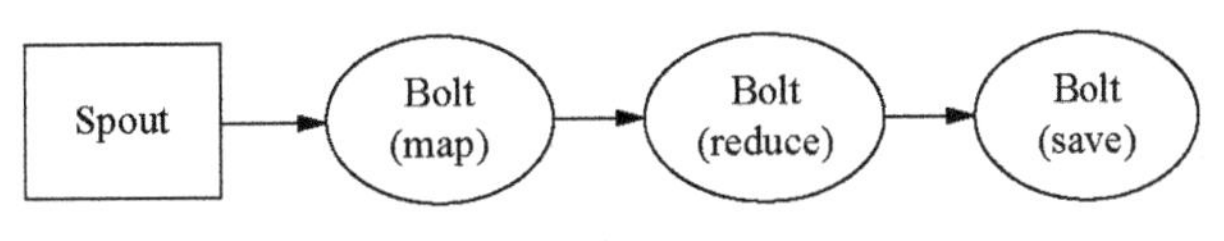

图 3-12 Storm 计算流程（以词频统计为例）

3.2.4.2 Apache Flink

Flink 是一个分布式数据处理引擎，以 Java 语言实现，其发展主要依靠开源社区的贡献。Flink 处理的主要场景是流数据，也处理作为流数据特例的批量数据。其中，DataStream API 提供流数据处理流程的编程接口，DataSet API 提供批量数据处理流程的编程接口，并在数据集内部调用 DataStream API 实现。

一个 Flink 程序由数据源、转化和接收器三部分组成，如图 3–13 所示。数据源指输入数据，转化指 Flink 对数据进行处理的步骤，接收器则是 Flink 将处理之后的数据发送的地点。

图 3–13 Flink 处理流程

Flink 上运行的程序会被映射成 Streaming dataflows，如图 3–14 所示。后者包含 Stream 和 Transformations operator。每个 Dataflow 以一个或多个 Source 开始，以一个或多个 Sink 结束。Dataflow 类似于常规的有向无环图。

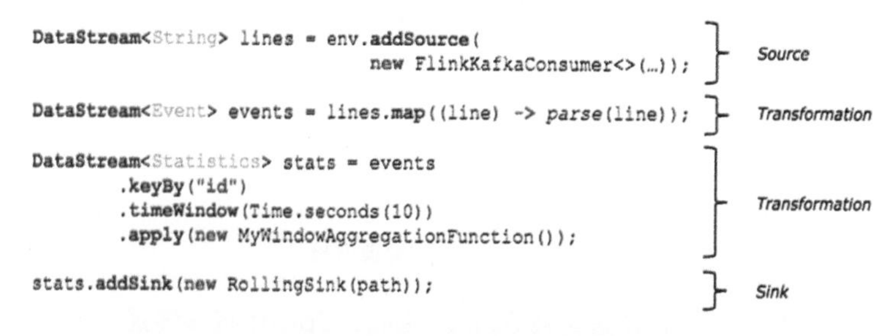

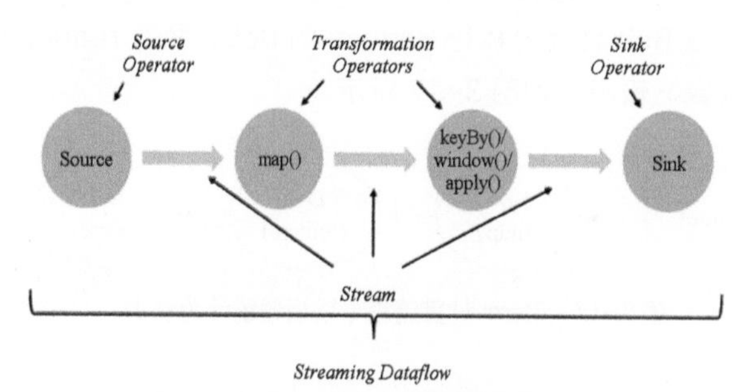

图 3–14 Flink 运行流转图

3.2.4.3 Apache Spark Streaming

Spark Streaming 是 Spark 核心 API 的扩展，支持高吞吐量、具备容错机制的流数据处理。它能从多种数据源获取数据，包括 Kafka、Flume、Twitter、ZeroMQ、Kinesis 以及 TCP Sockets。在从数据源获取数据后，它可以使用诸如 Map、Reduce、Join 和 Window 等高级函数进行复杂算法的处理，还可将处理结果存储到文件系统、数据库和现场仪表盘。

Spark Streaming 基于 one stack to rule them all(在一套软件栈内完成前述各种大数据分析任务，这是 AMPLab 在介绍以 Spark 为核心的 BDAS 时常说的一句话)，可以使用 Spark 的其他子框架，如集群学习和图计算等对流数据进行处理。Spark Streaming 整体的处理流程见图 3-15 所示。

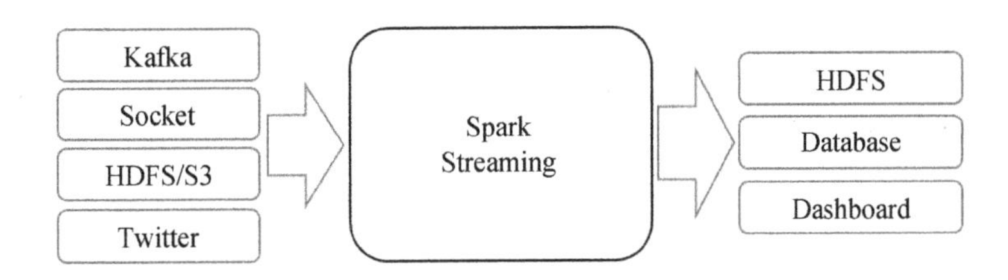

图 3-15 Spark Streaming 处理流程图

Spark Streaming 在内部的处理机制是接收流数据并根据一定时间间隔拆分成分批数据，然后通过 Spark Engine 分批处理这些数据，最后得到处理后的结果数据，如图 3-16 所示。

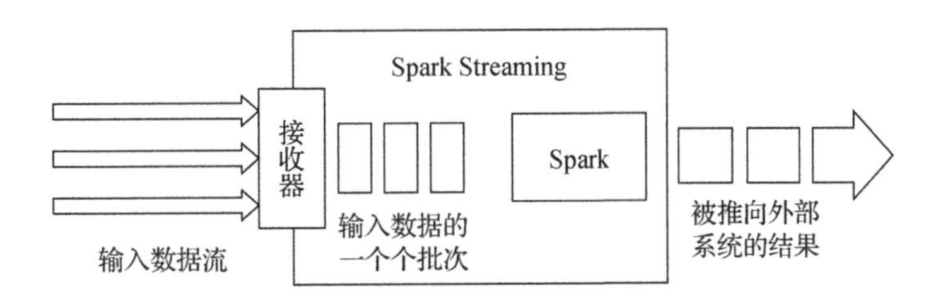

图 3-16 Spark Streaming 处理流程

综上所述，Apache 项目下的三个流数据处理框架 Storm、Flink 和 Spark Streaming，在编程模型上都有着 MapReduce 的影子，都能够满足常规的流数据处理要求，并提供横向扩展、断点恢复的机制，满足高吞吐、低延迟、7×24 小时可靠运行的应用要求。

这些IT流数据处理技术，具有广泛的通用性，适用于地理信息领域。对于需要实现地图匹配、地理围栏等场景的流数据处理系统，可以在GIS能力基础上，融合分布式IT流数据处理技术，实现高吞吐、高可靠、持续的流数据处理能力。

3.2.5 大数据可视化技术

可视化是关于数据视觉表达形式的科学与技术。数据可视化是利用计算机图像处理技术，将数据转换为图表、图形或图像显示到屏幕上，并进行交互处理的理论、方法和技术。它涉及计算机视觉、图像处理、计算机辅助设计、计算机图形学等多个领域，是一项研究数据表示、数据处理、决策分析等问题的综合技术 [2]。

大数据时代，数据以爆炸式的速度增长，其复杂性也越来越高，随之产生了越来越多的可视化需求。但人类的认知能力受到传统的可视化形式的限制，难以挖掘隐藏在大数据背后的价值。技术的快速发展和不断变化的认知框架为人类打开了新的视野，促使艺术与技术结合，并产生新的适用于大数据的可视化形式。

在地理信息领域，我们可以借助大数据可视化技术，从错综复杂的空间数据中发现有价值的信息，再以可视化的方式展示出来，使数据中隐含的空间分布模式、趋势、相关性和统计信息等一目了然。后续章节将进一步探讨空间大数据可视化技术。

3.2.5.1 大数据可视化表达方法

大数据可视化的表达方式丰富多样，提供的框架种类繁多，因此，针对数据的特点选择适合的可视化表达方法尤为关键。著名的可视化专家安德鲁·阿伯拉 (Andrew Abela) 对当前常用的数据可视化图表进行了归纳和区分，根据展示的目的，将其用途分为比较、分布、构成和联系四个方面，为选择合适的数据可视化方法提供了参考 [3]，如图 3-17 所示。

本·施奈德曼 (Ben Shneiderman) 提出可以按照数据类型对可视化方法进行归类，将待可视化的数据分为一维数据、二维数据、三维数据、多维数据、时态数据、层次数据和网络数据，由此对应不同的可视化方法。大数据可视化方法一般包括多维数据可视化方法、时态数据可视化方法、层次数据可视化方法和网络数据可视化方法。

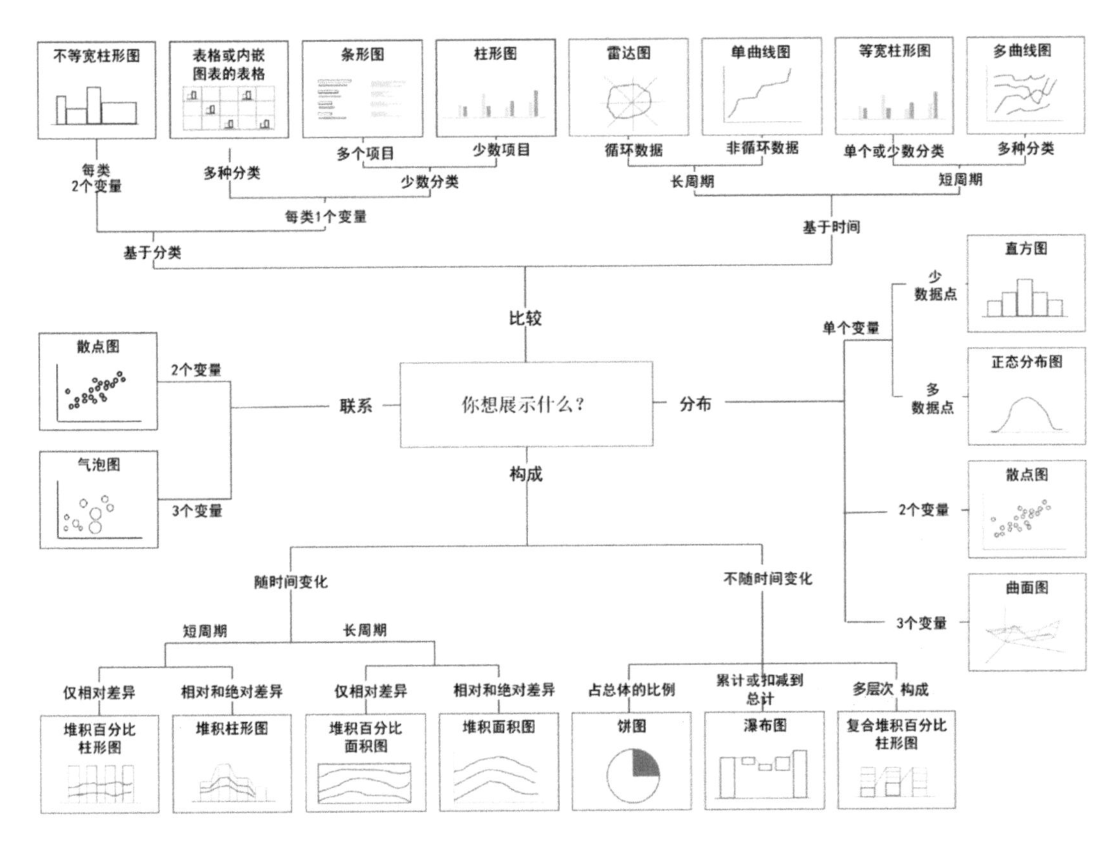

图 3–17 数据可视化的图表选择指南

(1) 多维数据可视化方法

多维数据目前已经成为了计算机领域的研究热点。多维数据中的每一项数据拥有多个属性，可以表示为高维空间的一个点。对该类数据的可视化需求多涉及寻找特征或变量之间的相关性、差距、聚类与离群值等。对多维数据进行有效的可视化，其目标是在低维空间（通常是二维或三维空间内）显示多维数据，通常采用三种方法：空间映射、图标法和基于像素的可视化方法 [4]。

采用空间映射法对多维数据进行可视化时，降维是十分重要的步骤。降维是当数据维度非常高时，通过线性或非线性变换，将多维数据投影或嵌入至低维空间，并在低维空间中保持数据在多维空间中的关系或特征。空间映射可视化方法有散点图及散点图矩阵、平行坐标和表格透镜三种图表类型，如图 3-18 所示。

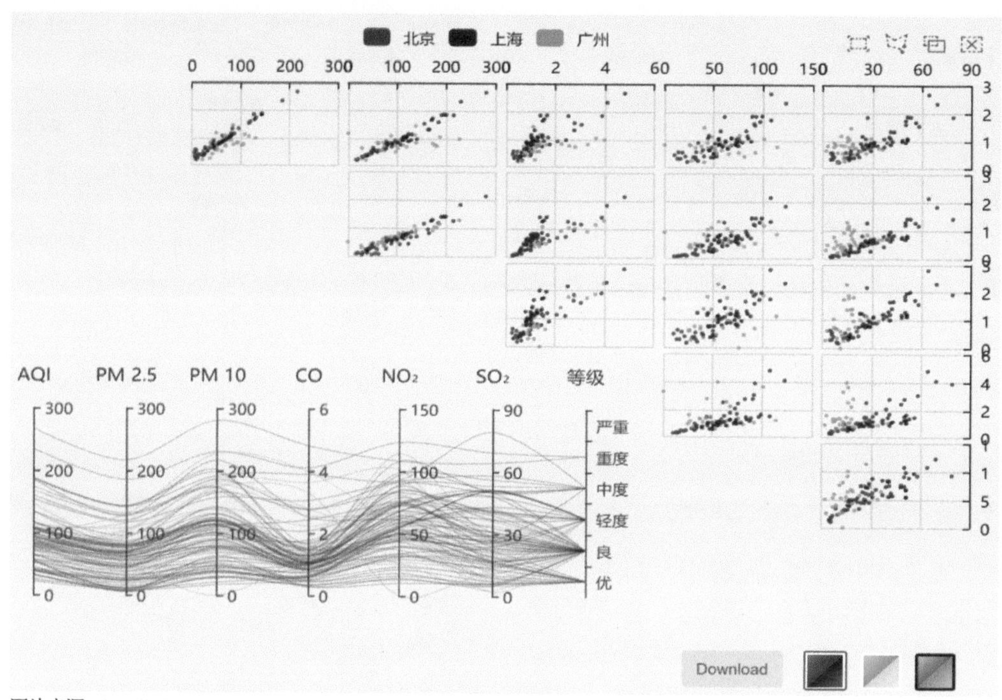

图片来源：http://echarts.baidu.com/examples/editor.html?c=scatter-matrix

图 3-18　平行坐标及其散点矩阵图（以表达空气质量为例）

(2)　时态数据的可视化方法

时态数据广泛存在于不同的应用中，环境监测领域实时采集的环境指标数据、交通领域车辆或船舶的动态位置数据等都是时态数据的典型代表。在这类数据集中，每个对象都包含时间信息，例如开始时间和结束时间。应用需求通常是搜索在某些时刻之前、之中或之后发生的事件、位置变化的轨迹、相应的信息和属性等。针对时态数据的可视化方法有：轨迹图、线形图、动画、堆积图、时间线、地平线图和时间流图等，如图 3-19 所示。

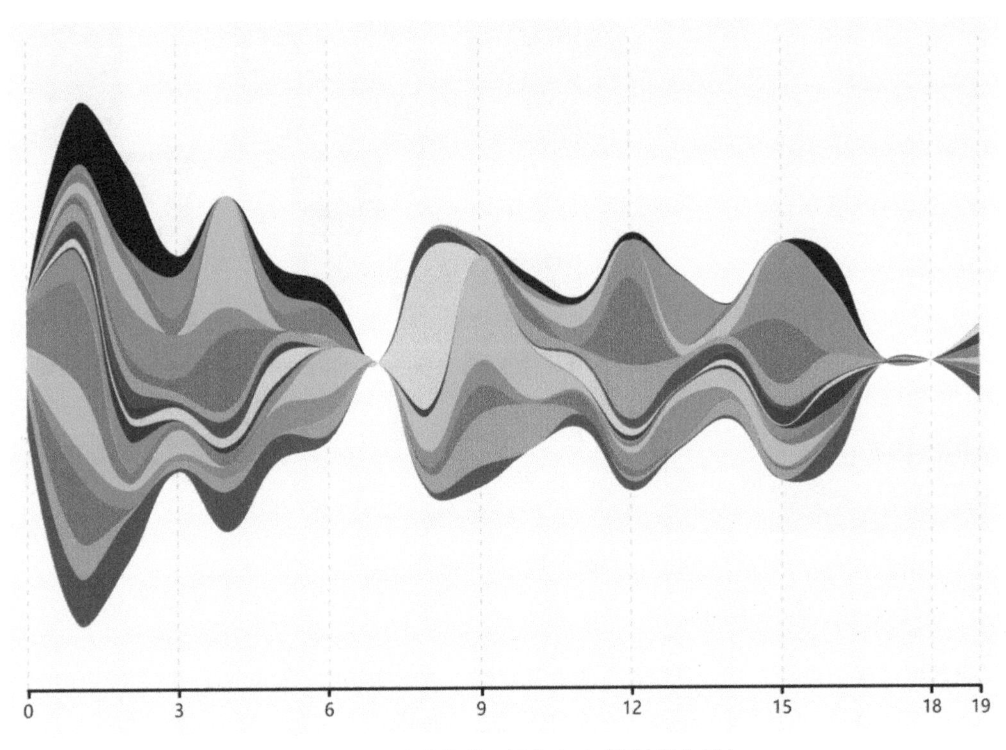

图 3-19 时态数据的可视化（以时间流图为例）

(3) 层次数据的可视化方法

层次数据具有等级或层级关系。层次数据的可视化方法主要使用树图，如图 3-20 所示。树图采用一系列的嵌套环、块来展示层次关系。为了能展示更多的节点内容，一些基于“焦点 + 上下文”技术的交互方法被提出，包括鱼眼技术、几何变形、语义缩放和远离焦点的节点聚类技术等。

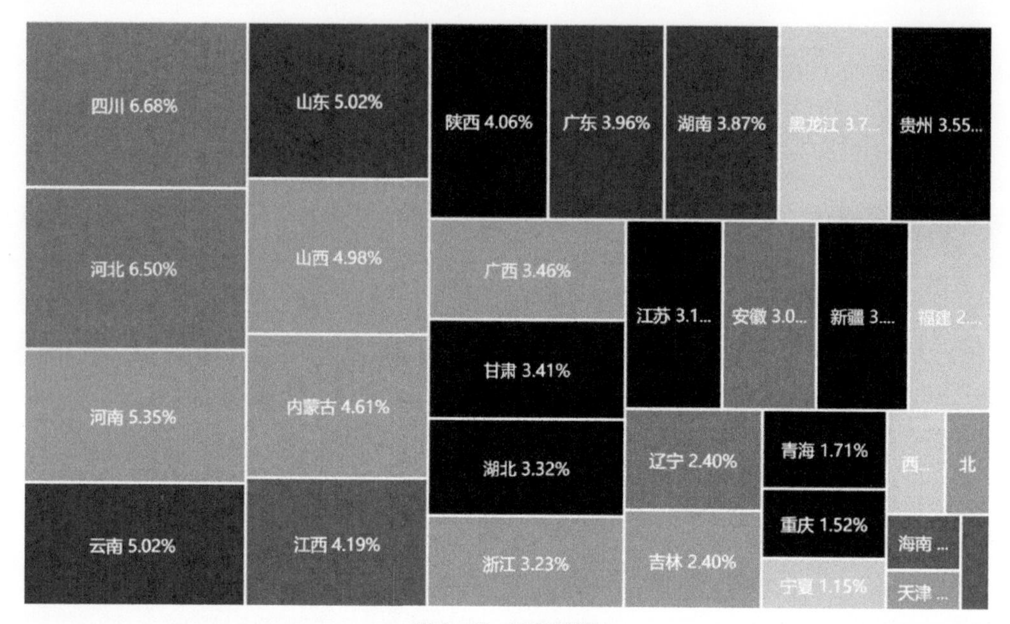

图 3–20　矩形树图

(4)　网络数据的可视化方法

网络数据表现为更加自由、更加复杂的关系网络。分析网络数据的核心是挖掘关系网络中的重要结构性质，包括节点相似性、关系传递性、网络中心性等。网络数据的可视化方法应该能够清晰地表达个体之间的关系，如图 3–21 所示，主要策略包含节点链接法和相邻矩阵法。

在地理信息领域，地图是对数据最直观的表达方式。大数据时代，地图需要展示更丰富的数据和内容，比如飞机航线数据、春运时期全国人口的分布变化情况等。因此，空间大数据可视化需要结合上述各种数据类型的可视化方法，将地理位置上的空间特征、属性特征、时间特征展现出来，还要支持人机交互。

空间大数据的可视化是通过地图学、计算机图形学和图像处理技术等，将各种来源的空间大数据进行查询、分析、处理，并选择适当的变量，以图像、图形结合文字、动画等可视化方式来显示，同时支持交互操作的理论、方法和技术 [5]。

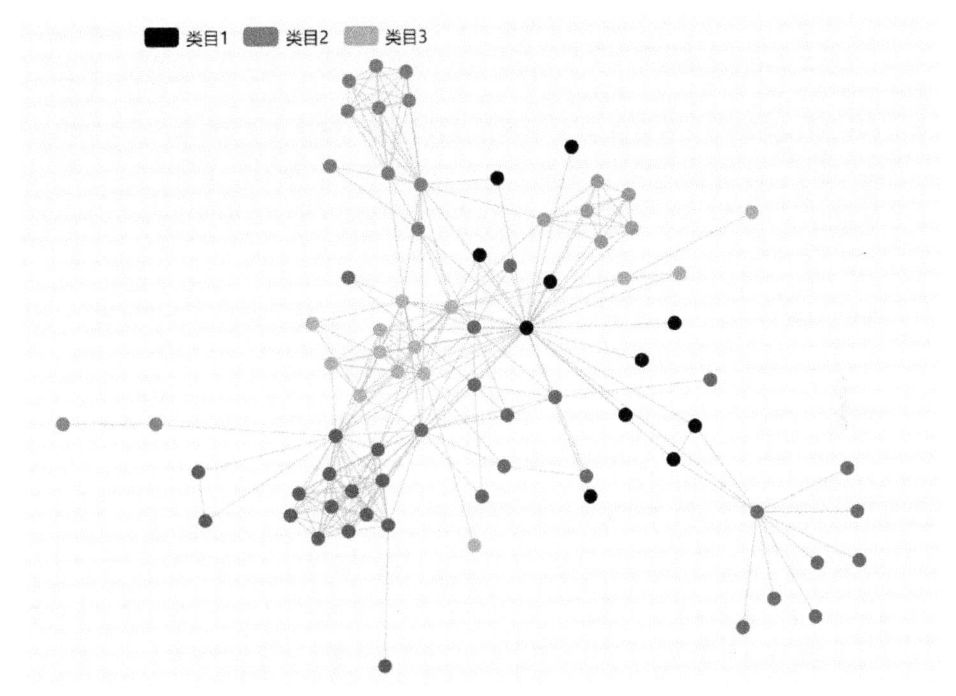

图片来源：http://echarts.baidu.com/examples/editor.html?c=graph-force

图 3–21　力导向图

空间大数据可视化在空间数据分析和知识发现过程中发挥着重要作用，通过数据的直观展示或对数据分析结果的展示，帮助发现更多的信息和价值。空间大数据可视化是空间大数据应用的"最后一公里"，其作用非常重要。后续章节中还将进一步详细探讨空间大数据可视化的具体技术。

3.2.5.2　大数据可视化常用工具

传统的数据可视化工具是将数据进行组合，通过不同的展现方式，来发现数据之间的关联信息。传统的数据可视化工具多用于对数据仓库中的数据进行抽取、归纳和简单的展现，并不适用于大数据。

新的数据可视化工具必须能够满足大数据可视化需求，能够快速地收集、筛选、分析、归纳和展现决策者所需要的信息，并能够根据不断增长的数据进行动态更新。因此，大数据可视化工具必须具有以下特性。

- **实时性** 大数据可视化工具必须能适应数据量的爆炸式增长，而且必须能够快速地收集、分析数据，能够对数据进行动态甚至实时地更新。
- **易操作性** 大数据可视化工具需要满足快速开发、易于操作的特性，满足大数据的 5V 特征。
- **丰富的展现方式** 大数据可视化工具要具有更加丰富的展现方式，能够充分满足空间大数据展现的多维度要求。
- **支持多源数据** 大数据可视化工具要能够支持多源异构、多种类型、多变的数据，而且最好能够通过网页方式进行展现。

大数据可视化工具分为开源工具和商业工具两大类。

- **开源工具** 大数据可视化的开源工具非常丰富，如 Processing，Many Eyes，D3.js，R，ECharts，Google Charts，Flot，Gephi，Envision.js，Prefuse，Arbor.js 和 Chart.js 等。其中，D3.js 是一个基于数据处理文档的 JavaScript 库，被设计成基于数据绑定的直接对 DOM 文档进行修改的可视化工具。它关注转换 (Transformation)，而非表达 (Representation)。D3.js 大致包含四部分：选择器、数据捆绑、交互与动画和常用模块。R 是一门主要用于进行数据统计、计算和绘图的编程语言，内建多种统计学及数字分析功能。ECharts 是基于 Canvas 的纯 JavaScript 的图表库，提供直观、生动、可交互、可定制的数据可视化图表。
- **商业工具** Tableau、FineBI 和 Adobe Illustrator 等既是数据可视化工具，又是交互式的商业智能 (Business Intelligence，BI) 工具。HighCharts 和 iCharts 等也是常用的商用图表库。

从大数据可视化工具的发展来看，很多工具都提供了二维地图或三维地图的可视化组件，支持对空间信息的表达，效果非常炫酷。但目前这些工具往往局限于可视化本身，难以与空间大数据的存储、管理和分析技术有机结合。本书第 4 章将进一步阐述如何利用优秀的可视化技术和工具，建立更加丰富完整的空间大数据可视化技术方案。

3.3 跨平台 GIS 技术

在 IT 大数据技术中，绝大多数都是面向 Linux 操作系统设计和开发的。大数据平台也是搭建在云平台之上以充分发挥其效能。在面对 SaaS、PaaS 和 IaaS 三种云服务模式时，无论涉及哪种模式的应用，都会面临多种平台的选型、兼容等问题。各种云 GIS 应用都要求 GIS 平台能够支持从最上层的 Web 表现层到底层的操作系统、硬件平台的多元化环境。这就要求 GIS 具有跨平台能力。

跨越多种操作系统和 CPU 的 GIS 技术，称为“跨平台 GIS 技术”。如图 3–22 所示，传统 GIS 多依赖于 Windows 操作系统，主要为桌面 GIS 提供便利的可视化交互体验。随着 Web GIS 的广泛应用，以及基于浏览器并发访问的低延迟要求，越来越多的应用倾向于选择高安全性、高性能、高可用的 Linux 作为服务器的系统支撑，这要求大数据 GIS 具备跨平台能力。

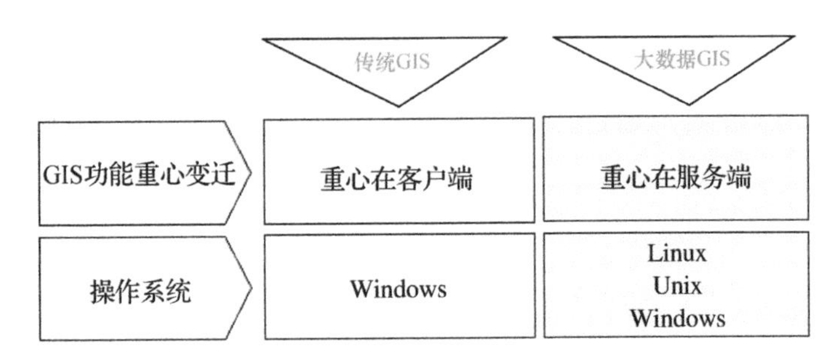

图 3–22 传统 GIS 向大数据 GIS 转变示意图

作为大数据地理信息技术的重要支撑技术，跨平台 GIS 技术从 GIS 内核支持高性能的地理信息分析与运算，支持多种操作系统和软硬件环境，适用于建立各种空间大数据平台解决方案。

针对不同软硬件平台的特点，我们发展出了适用于异构平台的基础 GIS 内核技术体系，解决了大数据 GIS 在多服务器、多终端和多类型的普遍适配问题。跨平台 GIS 内核要求支持多种 CPU 架构的高性能运算，支持 Windows 和 Linux 系列操作系统。跨平台 GIS 技术也与云计算技术实现融合，让 GIS 的存储、计算能够高性能地运行于云平台。

3.3.1 跨 CPU 硬件

依靠跨平台 GIS 内核技术，大数据 GIS 可以实现对各种 CPU 硬件的兼容。而为实现兼容不同 CPU 硬件，跨平台 GIS 技术需要解决不同硬件平台差异，如表 3-1 所示。不同的处理器架构对数据处理的方式存在很大差别，跨平台 GIS 技术通过在 C++ 接口层对内存流处理方式和数据存储方式的规范化，解决了不同硬件平台因字节序处理方式不同而带来的 GIS 处理问题。

表 3-1　典型 CPU 型号列表

CPU 指令集	设备厂商	操作系统
x86/x64	Intel 和 AMD	Windows 和 Linux
ARM	高通、华为和飞腾	Linux 和 Android
MIPS	龙芯	Linux
Alpha	申威	Linux
A 系列 *	Apple	iOS

* A 系列：指 Apple 移动设备处理器支持的指令集，例如 armv6、armv7、armv7s 及 arm64

大数据 GIS 支持包括 x86、ARM 和 MIPS、Alpha 等在内的多种架构的 CPU 硬件，对发挥更多大数据相关技术的效能具有至关重要的意义。在未来建设安全可控的大数据 GIS 应用系统的过程中，具备跨平台能力的大数据 GIS 将发挥出强大的技术优势。

3.3.2 跨操作系统

开源社区是大数据技术发展的主要动力，很多大数据软件均来自开源项目，而 Linux 是开源大数据项目首选支持的操作系统。因此，支持多操作系统，尤其是支持 Linux 成为大数据 GIS 的必要能力。

GIS 支持多操作系统的技术方案。一直以来，大多数 GIS 软件是基于 Windows 操作系统开发。为了能兼容表 3-2 中列出的多种平台，可以采用三种技术方案，实现 GIS 软件的跨操作系统能力。

表 3–2 三类跨平台技术方案对比

技术方案	性能	跨平台能力	前端开发环境
虚拟化	☆	☆☆	.NET、Java、Python、C++ 等
Java 内核	☆☆	☆☆☆☆☆	Java
标准 C++ 内核	☆☆☆☆☆	☆☆☆☆☆	.NET、Java、Python、C++、Objective-C 等

注："☆"的数量越多，表示在某方面的能力等级强，反之亦然

方案一：通过第三方软件模拟 Windows 环境。如在 Linux 系统上虚拟出 Windows 环境，GIS 软件不做任何工作就能直接运行。这种方式局限性大，性能也由于虚拟层的存在而受到严重损失。

方案二：选择 Java 语言开发 GIS 内核。Java 语言具有"一次编码，到处运行"的特征，能运行于多种硬件环境和操作系统。采用 Java 语言开发 GIS 内核，可实现跨操作系统的 GIS 应用。但 Java 语言在处理数据密集和计算密集的场景时，性能与 C++ 语言相比有巨大差距，而 GIS 应用中的空间计算、空间查询、空间分析等算法，大多涉及数据密集与计算密集的场景，Java 的性能难以满足需求。

方案三：利用标准 C++ 开发 GIS 内核。标准 C++ 也具有"一次编码，到处编译"的特征，具有广泛的硬件环境和操作系统支持能力，既支持 Windows、Linux 等桌面软件运行环境，也支持 Linux、UNIX 内核的服务器运行环境，还支持以 Android 和 iOS 为主的轻量级移动终端运行环境。

在数据密集与计算密集场景中，C++ 具有显著的性能优势，能够提升大数据量的计算性能，是跨平台方案的首选。经过谨慎地比较研究，SuperMap GIS 平台选择了第三种跨平台方案。

3.4 云–边–端一体化 GIS 技术

基于云计算的分布式存储技术、分布式计算框架以及对分布式数据和计算资源进行有效组织和管理的技术，是 IT 大数据技术充分发挥能力的关键。云 – 边 – 端一体化 GIS 技术是建立在云计算技术之上的 GIS 技术，是云 GIS 技术不断发展的具体技术形态。大数据 GIS 既然采用分布式架构，建立在大数据技术之上，也就天然依赖云 – 边 – 端一体化 GIS 技术来发挥效能。

云－边－端一体化GIS技术将为大数据GIS的存储能力、计算能力和服务能力提供充分的支撑。

云–边–端一体化GIS技术既包括强大的GIS云服务，还包括满足不同场景使用需求的多种GIS客户端，以及更有效地连接云服务与客户端之间的边缘GIS服务器，如图3–23所示。GIS云服务提供丰富可靠的GIS功能服务、数据服务。GIS客户端提供与云服务的交互，以及丰富的空间大数据可视化效果。

边缘GIS则提供边缘计算能力，提供就“近”（近客户端）的处理能力。在大数据时代，把所有数据上传到云中心处理，有时会降低系统响应的性能，而利用部署在靠近端的边缘服务器来分担部分处理功能，可大幅度提升整个系统的响应性能。

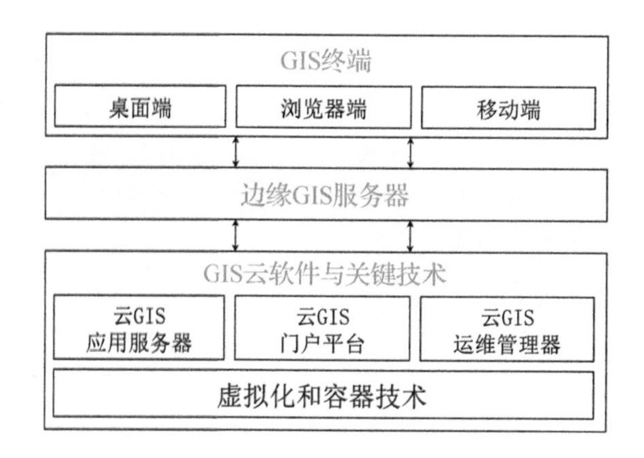

图3–23　云–边–端一体化GIS技术体系

如图3–23所示，云–边–端一体化GIS基于底层的虚拟化和容器技术，提供对计算资源的管理与调度，在此基础上构建了不同类型的一体化GIS服务器以及云GIS门户平台。云GIS结合丰富多样的客户端技术和边缘计算技术，最终形成了云–边–端一体化GIS技术。

- **集约化的GIS云平台**　在GIS云平台中，所有计算、存储、网络设备的资源都通过资源池统一管理，资源分配更灵活。这种集约化的资源利用模式，给云GIS的集约化提供了技术基础和计算基础。GIS云平台通过集约利用资源和“即拿即用”的使用方式，带来高性能、低成本的GIS应用。GIS云平台，为大数据GIS系统提供数据资源和计算资源，它可以充分利用云计算提供的高可用基础设施，更好地发挥大数据 GIS 的分布式存储、分布式计算和空间大数据可视化能力，解决空间大数据带来的挑战。

- **高效的 GIS 边缘计算** 在云–边–端一体化 GIS 系统中，边缘计算 GIS 不仅通过边缘前置代理、边缘服务聚合和边缘静态内容分发技术，拉近了远程 GIS 服务与客户端之间的距离，还提供边缘动态出图、边缘数据查询和边缘空间分析技术，使数据不必传至 GIS 云中心，在边缘侧即可处理多种服务请求。
- **多样化的 GIS 端** 在当前移动互联网技术、移动终端设备高速发展的形势下，大数据 GIS 需要支持各类终端。GIS 端，就是在更多终端设备上，实现不再局限于 PC 设备的地理信息的存储、分析和可视化，带来跨 PC 端、Web 端、移动端等多端平台、一体化的 GIS 应用体验。GIS 端通过不同的形式，将 GIS 云上的可用 GIS 服务展示在眼前，协助不同场景使用 GIS 服务。多样化的 GIS 端是云–边–端一体化 GIS 不可或缺的组成部分。
- **一体化的 GIS 系统** 云–边–端一体化 GIS 具有多种部署模式，包括公有云、私有云和混合云等，它们提供了不同来源、不同类型的 GIS 服务。GIS 终端包含多种不同的终端平台。在这种情况下，云、边、端之间的连接面临着不同程度的复杂问题，根据需要，可以选择云、边、端之间直接连接、跨内外网、多级、混合连接等不同的连接模式。

一体化技术还包括云–边–端互联技术和云–边–端协同技术。前者是一种解决网络拥堵、增强 GIS 服务的开放性与安全性，实现云、边、端之间便捷、安全的连接的技术。后者是一种解决多服务来源资源利用率低、大数据量下服务访问效率低等问题，实现多云、边缘节点、多端之间的多用户、多终端优化协同、高效连接的技术。一体化技术，使云、边、端之间能够互相联通、协同一致地完成任务。

3.5 本章小结

GIS 是地理科学与计算机科学的结合体，以地理智慧为核心，并紧密结合 IT 技术发展的潮流。大数据 GIS 为 IT 大数据领域提供了空间分析和地图可视化等地理智慧能力，为地理信息领域提供了对超大规模数据的存储、分析计算和可视化能力，帮助各行业有效地进行基于大数据的辅助决策。

通用的 IT 大数据技术、跨平台 GIS 技术和云–边–端一体化 GIS 技术为大数据 GIS 技术发挥上述能力提供了关键支撑，也为大数据 GIS 的核心技术研发提供了关键能力。

IT 大数据技术是打造大数据 GIS 的主要手段，它使大数据 GIS 具备了分布式存储、分布式计算、流数据处理、大数据可视化等多方位的能力。

跨平台 GIS 技术保证了大数据 GIS 核心算法和引擎在各种软硬件环境下的可用性，也使大数据 GIS 能够在各种环境中高效运行，从而适应纷繁多样的大数据应用需求。

云–边–端一体化 GIS 技术保证了在动态伸缩的分布式基础设施中搭载大数据 GIS 能力，通过充分利用整个分布式系统所提供的资源，根据分析处理的数据量动态调配资源，实现计算节点的动态扩展，提升了大数据 GIS 分布式处理的性能。

参考文献

[1] 卡劳，等 . Spark 快速大数据分析 [M]. 王道远，译 . 北京：人民邮电出版社，2015.

[2] 黄志澄 . 数据可视化技术及其应用展望 [J]. 电子展望与决策，1999(6)：3-9.

[3] 洪陆合 . 基于可视化技术的数据系统的设计与实现 [D]. 厦门大学硕士学位论文，2011.

[4] 李淑丽 . 信息可视化工具的比较研究 [D]. 黑龙江大学硕士学位论文，2006.

[5] 崔雪，云惟英，周强，陈颖，张振琦 . 基于 SuperMap 空间大数据可视化方法的研究与应用 [J]. 测绘与空间地理信息，2017，40(S1).

第 4 章　空间大数据技术

4.1　概述

空间大数据是带有或者隐含有空间位置的大数据。绝大多数类型的大数据本身都带有不同精度的空间位置信息，包括手机信令数据、GNSS 数据、车船轨迹数据、可穿戴设备数据、移动 APP 数据和传感器数据等。还有一些数据，则隐含大致的空间或者区域信息，如搜索引擎的搜索记录，本身并没有空间位置信息，但通过客户端 IP 地址可以大致匹配到具体的区域范围。

空间大数据技术是对 IT 大数据技术在空间维度上的扩展，以分布式存储和分布式计算技术为基础，结合 GIS 特有的空间索引、空间查询和空间分析与处理方法，实现对巨量空间大数据的高性能挖掘与分析，发现空间分布、空间关系和空间变化等数据价值的技术。

与常规的 IT 大数据技术相似，空间大数据技术也包括数据采集、数据清洗、数据存储、数据分析计算和数据可视化等环节 [1]。但空间大数据技术更侧重于空间维度，具有以下特点。

- 在数据采集环节，对于没有显式包含位置信息的空间大数据，需要对其做位置转译，如通过客户端 IP 地址匹配每一条搜索记录对应的大致位置区域等。
- 在数据处理环节，一般需要对空间位置维度做清洗和处理，包括清除处理范围之外的数据、清除坐标异常的数据等，便于后续计算和分析。

- 在数据存储环节，需要建立特定的空间索引，提升空间查询和空间分析的性能。
- 在数据分析计算环节，空间大数据技术侧重于空间维度的分析和挖掘，例如可通过轨迹重建算法还原移动对象的历史运动轨迹，通过位置分布特征来进行空间聚合等。
- 在可视化环节，空间大数据可视化以地图为主要载体，并结合统计图表来展示，着重展示数据在空间、时间上的分布特征与聚合关系，以及空间不同位置的连接关系等。

通过与 IT 大数据技术差异性的比较，再结合流数据处理需求，本章将从空间大数据存储、空间大数据计算、流数据处理和空间大数据可视化这四个方面对空间大数据技术进行详细阐述。

4.2 空间大数据存储

空间大数据存储是汇总不同来源、不同格式、不同行业的数据，并通过数据引擎和数据处理对其实现一体化、全流程的管理。根据数据处理的时效性，可将空间大数据分为实时流数据与历史存档数据两大类。

4.2.1 实时流数据

实时流数据（简称“流数据”）的特点是顺序、快速、大量、持续到达，因而需要对其进行快速、及时地处理，以便查询、分析处理和展示。流数据不宜采用文件方式进行存储，需要将其存储到特定的数据库中进行管理。

对于流数据的存储，数据库应具备快速追加写入对象的能力，如支持每秒写入成千上万条记录，并通过横向扩展提升数据写入能力，满足更大规模的数据追加。在数据大规模写入后，亿级规模的数据对象不断积累，要求数据库具备性能较高的查询、计算能力。同时，为便于流数据的分析与可视化，数据库还应具备快速处理能力，尤其要具备对实时、动态对象的多种分析与处理方法，如支持动态的基于可视化网格单元的聚合能力。

综上，数据库在用于流数据存储时需要具备四个基本能力：支持高并发写入；支持亿级以上对象的高效查询；支持良好的横向弹性扩展；支持动态分析等。这四个能力可以作为制定流数据存储技术方案的主要依据。在制定方案时，需要考虑流数据存储的特点：通常对流数据的存储是一次写入，一般不涉及多表关联、同步更新等事务要求，查询也多为单表内部查询，这使得技术方案的选择可以不必过多关注事务操作。

通过对比测试，推荐采用 Elasticsearch 用于流数据存储。Elasticsearch 是一种 NoSQL 数据库，相比其他数据库，能够更好地满足流数据存储的技术要求。限于篇幅，仅以 MongoDB 和 Elasticsearch 的技术对比分析为例。

Elasticsearch 和 MongoDB 两者具有一些共同的技术特点：都使用 JSON 定义查询语言，具备较强的亿级对象数据的查询能力，支持全文检索，提供基于地理坐标（经纬度）的几何数据的空间查询能力，支持批量写入及高并发写入，提供基于集群与分片的横向扩展能力等。但相比 MongoDB，Elasticsearch 在流数据存储管理方面存在明显技术优势，具体体现在以下几个方面。

- 在编程 API 方面，Elasticsearch 比 MongoDB 丰富，它提供 REST API，可以方便地在各种环境下使用，提供数据写入能力。
- 在集群和分片能力方面，Elasticsearch 提供了 MongoDB 所没有的服务端扩展开发能力。
- MongoDB 不支持基于地理网格的聚合能力，Elasticsearch 则提供了基于 GeoHash 的地理网格聚合能力，可以方便地实现聚合效果。这也是 Elasticsearch 优于 MongoDB 最重要的一个能力。

4.2.2 历史存档数据

各种交通工具的轨迹数据、出租车的上下车行程数据、通信运营商的移动信令数据等，在各业务单位内部持续生成，一般都会以固定的周期进行汇总和存储。这个周期可能以天、月或者年为单位。汇总和存储的流数据即为历史存档数据（简称“存档数据”）。存档数据具有两个特点。

第一，存档数据产生频率较高，累积的数据体量巨大。以被广泛研究的纽约出租车数据为例。这是一个被广泛研究的公开数据集，网址为 http://www.nyc.gov/html/tlc/html/about/trip_record_data.shtml。该数据以月为周期进行分发，每月的数据量约 3 GB，9 年（2009—2017）累计数据规模约 300 GB。该数据仅存储上下车位置点，不对轨迹信息进行详细记录；同时字段较少，只包括车型、费用等。由此推断，包含更多详细信息的交通工具轨迹数据、移动信令数据，其数据体量可能达到 TB 级，长期积累的数据体量可能更大。

第二，存档数据缺少严格的空间数据组织。存档数据通常由非测绘地理信息单位产生，一般以 CSV 等文本格式进行存储和交换。在 CSV 文本中，空间位置的经纬度坐标只是两列属性值，而非 GIS 数据的空间对象。本书以表 4-1 和表 4-2 所示的纽约出租车数据为例，了解一下存档数据中空间位置信息的特点。

表 4-1　纽约出租车 CSV 数据中的某一行记录

521E0E82FE5F1C8DDD7F019CE718C022, 1,N, 2018-01-07 20:44:18, 2018-01-07 20:46:56,1,157,0.40, -73.988838, 40.723125, -73.99382, 40.721088

表 4-2　纽约出租车 CSV 数据中单行记录对应的表结构示例

字段名称	字段说明	示例
Medallion	车辆牌照信息	521E0E82FE5F1C8DDD7F019CE718C022
RatecodeID	支付方式	1
Store and fwd flag	存储状态	N
Pickup datetime	上车时间	2018-01-07 20:44:18
Dropoff datetime	下车时间	2018-01-07 20:46:56
Passenger count	乘客数量	1
Trip time in secs	行程时间	157
Trip distance	行程距离	0.40
Pickup longitude	上车点经度	-73.988838
Pickup latitude	上车点纬度	40.723125
Dropoff longitude	下车点经度	-73.99382
Dropoff latitude	下车点纬度	40.721088

表 4-1 中的示例数据是纽约出租车数据 CSV 文本中的一行记录，这种记录行可以拆分成表结构，如表 4-2 所示。可以看出，纽约出租车存档数据中空间位置信息是隐含的，是两列属性值。一般而言，GIS 软件无法直接读取该类数据。

因为存档数据体量巨大，一般应用较难接受将数据转换为 GIS 能够直接读取的格式后再存储。这就要求 GIS 软件能够直接兼容和对接这种形式的“空间位置”数据。

为使 GIS 软件可以直接对接 CSV 文本数据，一般需要与之对应的元信息文件。元信息文件用于描述 CSV 文本中的属性、空间和时态等信息。其中，GeometryType 为几何对象类型，包括点、线、面等常用类型。StorageType 为存储类型，包括 WKT 类型的存储和 XY 字段列存储。纽约出租车数据是典型的字段列存储，分别用两列存储空间点对象的经度 (X 坐标) 和纬度 (Y 坐标)。PrjCoordsys 为数据坐标系，如 EPSG 编码。HasHeader 和 HasID 分别用于描述数据是否有首行，是否有唯一 ID 列。纽约出租车数据的首行用来存储每列字段的名称，而且没有唯一 ID(Medallion 不具有唯一性)。FieldInfos 是对字段的具体描述，包括字段名、类型、默认值和长度等属性。

```
“GeometryType”: “POINT”,
    “StorageType”: “XYColumn”,
  “PrjCoordsys”:4326,
    “HasHeader”: “true”,
  “HasID”:” false”,
    “FieldInfos”: [
  {
      “name”: “RatecodeID”,
      “caption”: “RatecodeID”,
      “type”: “INT32”,
      “defaultValue”: “1”,
      “maxLength”: 4,
      “isRequired”: false,
      “isZeroLengthAllowed”: true,
      “isSystemField”: false
  },
...
```

通过元信息文件等形式，可将文本数据直接映射为 GIS 系统可以识别和处理的空间大数据，方能便于后续的数据处理和空间计算分析。

存档数据因其产生的频率较高、总体规模较大，需要使用分布式存储技术。分布式存储技术可以根据业务增长情况动态配置存储资源。当存储资源告急时，通过加入更多集群节点进行动态扩容。

适用于存档数据的主流的分布式存储系统有以下几种。

- **分布式文件系统** 以 HDFS 为代表的分布式文件系统是大多数应用场景的首选方案。HDFS 的高容错性保证其在廉价硬件设备上也可以持续稳定运行，让使用者更关注上层应用而非底层硬件维护。HDFS 的横向扩展能力非常适合持续累积的存档数据存储。当存储空间不足时，只要新增更多节点加入集群，即可实现存储能力的横向扩展。
- **分布式数据库** 某些应用场景要求能够方便地对存档数据进行 SQL 查询和随机读写。这就需要使用如 HBase、Cassandra、MongoDB 之类的分布式数据库。以 HBase 为例，它是构建在 HDFS 之上的列数据库，提供了对大表的快速查找和随机存取能力。
- **云存储** 公有云厂商结合其公有云基础设施，发展了相关的云存储服务，如亚马逊云的 S3 存储服务、阿里云的 OSS 存储服务等。严格说来，云存储不能与上述两种存储方式并列，因为大数据云存储技术实现的基础往往也采用上述两种方式。之所以单独列出，是因为云存储便于数据的在线分发，以及与云平台上的其他计算服务的无缝对接。

无论是 HDFS 分布式文件存储，还是构建于其上的 HBase 分布式数据库，亦或是各种云存储服务，都要求 GIS 系统能够与之便捷的对接，提供高效便捷的数据访问、查询与计算支持。

4.3 空间大数据计算

由于空间大数据具有体量巨大、价值密度低的特点，因此空间大数据计算的核心问题就是如何从海量数据中挖掘出更有价值的信息。针对流数据和存档数据的特点，需要研发适合各自特点的空间大数据计算能力，来支持各种业务需求。其中最突出的需求包括针对存档数据的统计分析、模式分析和可视化，针对流数据的连续分析与连续响应。为此，可以将分布式计算框架与空间大数据的特点相结合，发展适用于空间大数据的计算功能。

4.3.1 计算框架

在众多的分布式计算框架中，MapReduce 具有代表性，它使用简单抽象的 Map 和 Reduce 两个过程，将耗时的计算任务分解到各个节点并行执行，为大数据的计算处理提供了强有力的技术手段 [2,3]。但是，也正是因为 MapReduce 模型的简单性，从而导致具有复杂逻辑的计算需要对这两个过程进行多次的迭代组合，不仅增加了算法的复杂度，也增加了大规模数据的 I/O 时间 [4,5]。

相比之下，另一个典型的分布式计算框架 Spark，则通过内存计算策略与函数式编程，解决了上述两个难题，使得分布式空间分析中的复杂算法可以实现较高的执行效率 [8,9]。Spark 框架的核心模型是弹性分布式数据集 (Resilient Distributed Datasets，RDD)，在其上可以扩展出适用于空间数据表达的分布式要素数据集 (Feature Resilient Distributed Datasets，FeatureRDD)。通过将多种数据源中的空间数据读取到 FeatureRDD 中，实现 Spark 与多种数据源的对接，如图 4-1 所示。

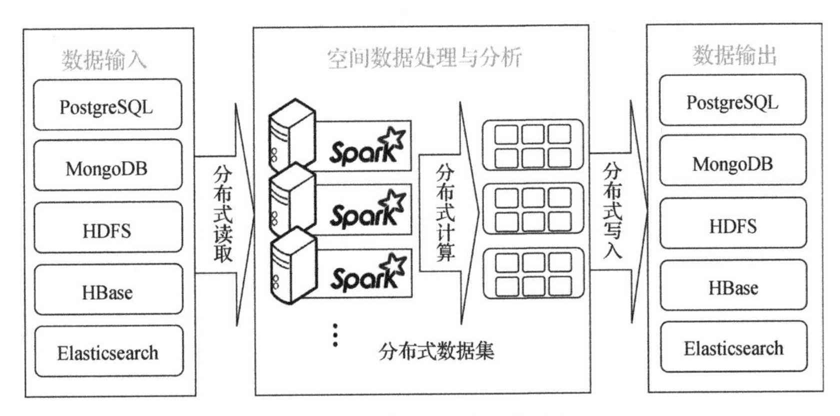

图 4-1 分布式处理与分析流程

这些数据源包括 PostgreSQL、MongoDB、HBase 等数据库，HDFS 等分布式文件系统，以及 Elasticsearch 等全文检索引擎。Spark 分布式计算的结果也可以使用 FeatureRDD 进行表达，便于写入各种数据存储系统。HBase、HDFS、Elasticsearch 等分布式存储都支持高性能的分布式写入，可以缩短数据整体写入的时间。

根据分布式空间分析与计算的需要，基于 RDD 的基础接口，可以构建大量的专业化分析功能，进而支持业务应用中多样化的数据分析需求，提供从空间、时间、属性等多个维度了解和认知空间大数据的方法，同时提供更加强劲的分析性能。

图 4-2 中灰色部分是针对空间大数据计算的算法，白色部分是针对经典空间数据技术的分布式重构算法。这两部分面向的数据和应用场景不同，适用的功能和算法也存在差异，因此分开阐述。本节重点梳理空间大数据分析计算相关的一些典型算子，针对经典空间数据技术分布式重构的代表性算法将在第 5 章进行介绍。

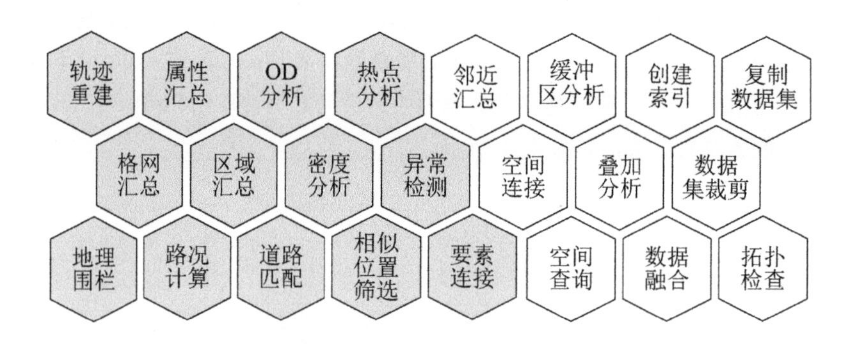

图 4-2　大数据 GIS 中的分布式数据处理和分析算子

4.3.2　数据汇总

数据汇总是将空间大数据按指定的特征进行分组，并对各组中的数据进行统计或其他整合操作，得到每组数据的汇总结果。分组特征包括空间地理特征、属性特征、时间关系特征等维度。数据汇总是实现空间大数据快速可视化的重要手段。

根据分组方式及整合操作的不同，数据汇总可以按照格网汇总、区域汇总、属性汇总和轨迹重建等分析方法来进行。

- **格网汇总** 格网汇总适用于计算空间对象的空间分布，并可进行属性统计。空间对象可以采用点、线、面等类型表示。格网汇总的特点是设置均匀格网如四边形格网、六边形格网等进行汇总，也可以对多个属性字段进行多种统计值的计算，包括最大 / 最小值、总和、均值、方差等，如图 4-3 所示。

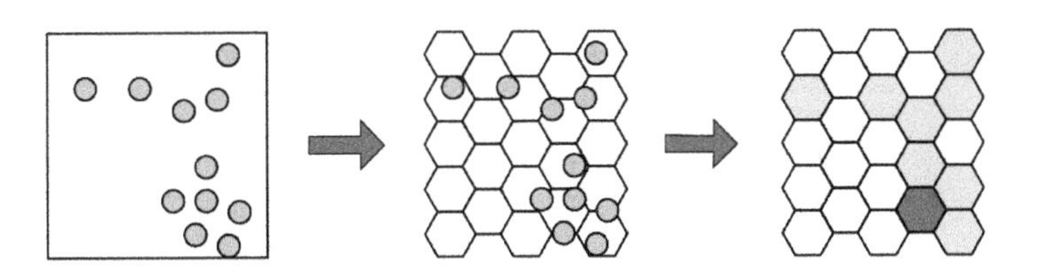

图 4-3 格网汇总

格网汇总的应用场景有：针对全球范围内的 POI 数据进行格网汇总，可以查看各个国家的 POI 分布情况；针对全国范围内某品牌门店营业数据，根据其位置信息将数据聚合到六边形格网中，根据每个聚合格网中数据的属性进行统计计算，可以得出店铺数目、销售额总和、最大销售额等信息；基于社交媒体签到数据的格网汇总如图 4-4 所示。

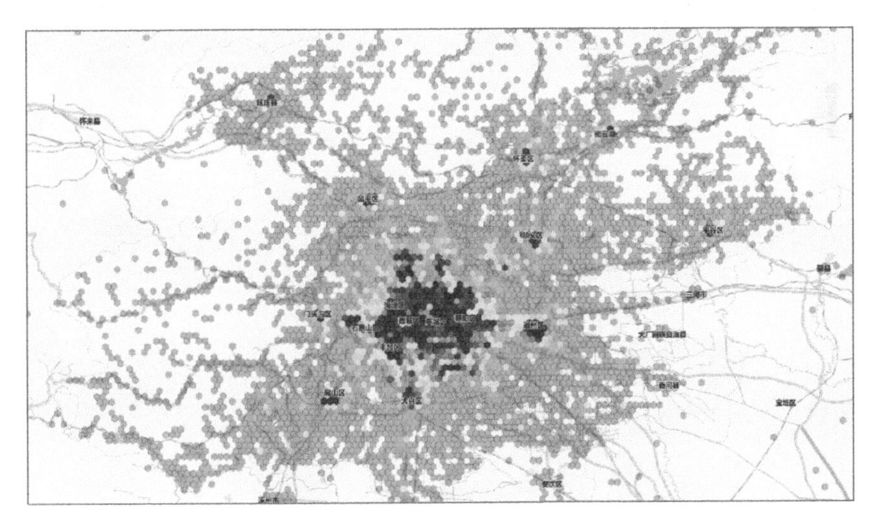

图 4-4 基于社交媒体数据的格网汇总

- **区域汇总** 区域汇总用于计算特定区域内特定空间对象的数目、长度或面积，并进行属性统计。空间对象可以采用点、线、面等类型表示。区域汇总支持任意多边形汇总，其特点是可以将空间对象汇总到任意多边形区域当中。在汇总属性值时，可以直接汇总属性值，也可以以被统计对象的相交部分为权重，进行带权重值的精细化统计，如图 4-5 所示。

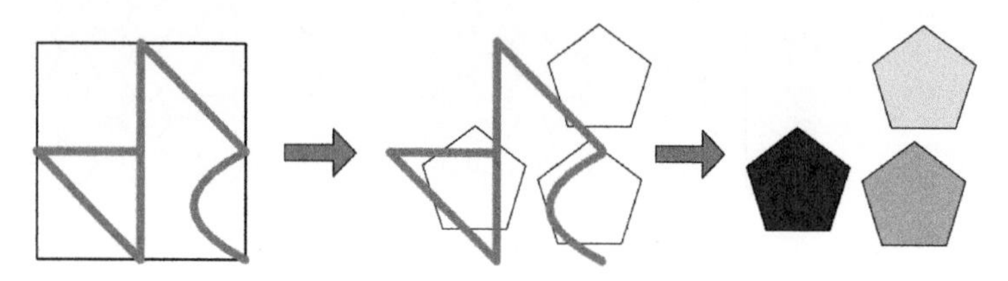

图 4-5 区域汇总含义图

区域汇总可以应用的场景有：比如使用高铁线状数据和行政边界面数据，统计每个行政区域中高铁的总长度、平均长度等数据；使用面状土地利用数据，配合流域数据，计算每个流域中土地利用最多的类型，如图 4-6 所示。

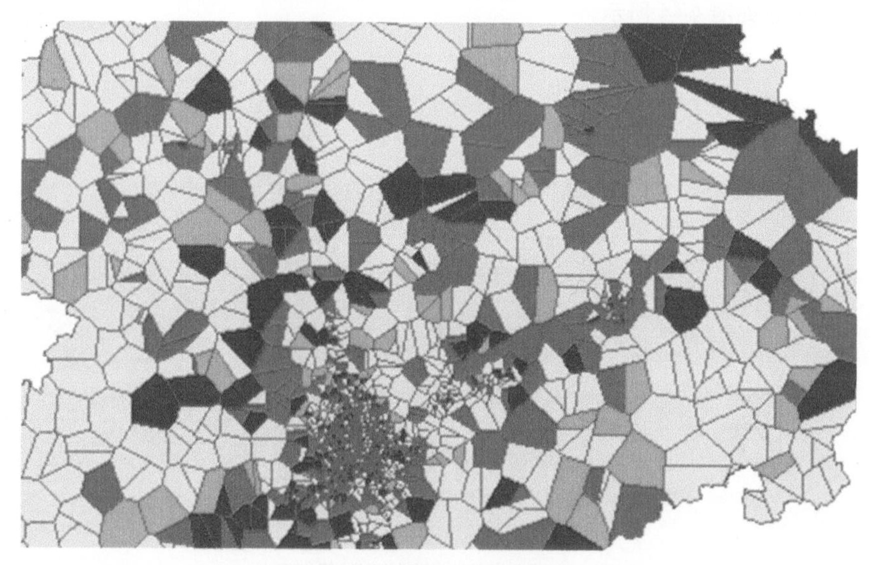

图 4-6 区域汇总示意图

- **属性汇总** 属性汇总用于空间对象属性信息的分组统计分析。输入数据的类型可以是点、线、面或属性数据。其特点是支持设置多个分组字段和多个统计字段，如图 4-7 所示。

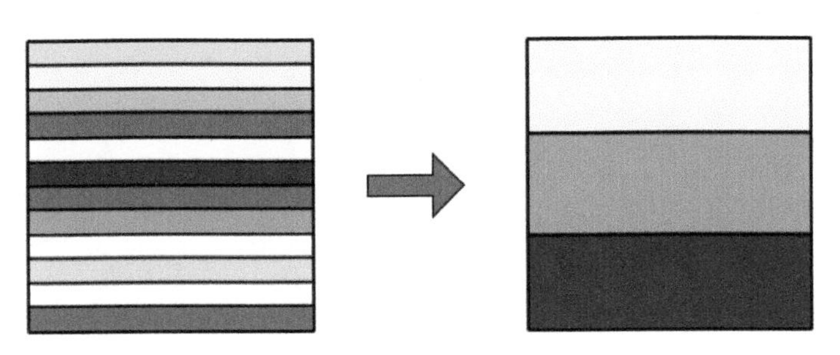

图 4-7 属性汇总含义图

比如，针对某城市管理案卷数据，先以城市网格作为分组字段，再以案卷类型为分组字段，就可以很方便地统计出每个城市网格内每种案卷的发案数目、涉案金额总和等信息。

- **轨迹重建** 轨迹重建面向具有时间属性的点要素或面要素。首先，根据要素的唯一标识确定需要追踪的要素，再根据时间序列追踪要素，形成轨迹对象，重建轨迹线，如图 4-8 所示。被追踪的要素，其数据类型可以是点数据或面数据，结果数据类型可以是线数据或面数据。轨迹重建可以设置分割距离与分割时间，用于对轨迹进行逻辑分段。

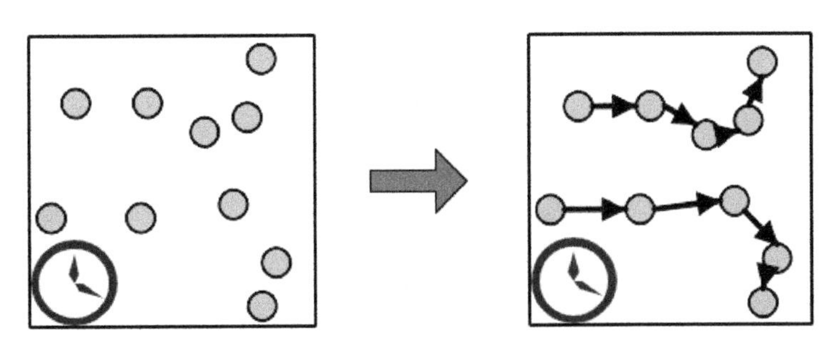

图 4-8 轨迹重建含义图

轨迹重建的应用场景有：航运轨迹、台风轨迹、海运轨迹等，如图 4-9 所示。

图 4-9　某时段机场航班轨迹重建示意图

4.3.3　模式分析

模式分析是从大量数据中分析出事物的运行规律或分布模式，用于辅助决策，包括用于分析交通流量的 OD 分析、分析事件聚集特征的密度分析与热点分析等。

- **OD 分析**　OD 分析用于计算出行数据中起点和终点之间的通行量，并进行属性统计。输入数据主要是出行记录或带有时间信息的位置数据。其特点是在进行分析的同时，可以根据指定字段值进行统计，输出结果中既包含 OD 线的统计结果，也包含站点面的统计结果，如图 4-10 所示。

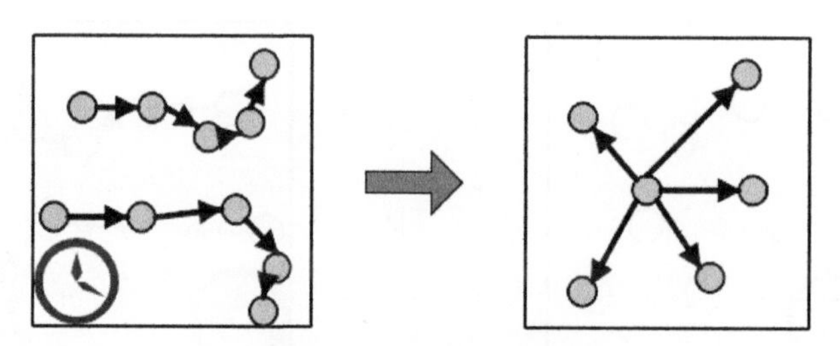

图 4-10　OD 分析含义图

比如，利用出租车数据，分析各区域的联系程度，分析哪些是人口流入区域，哪些是人口流出区域等，如图 4-11 所示。

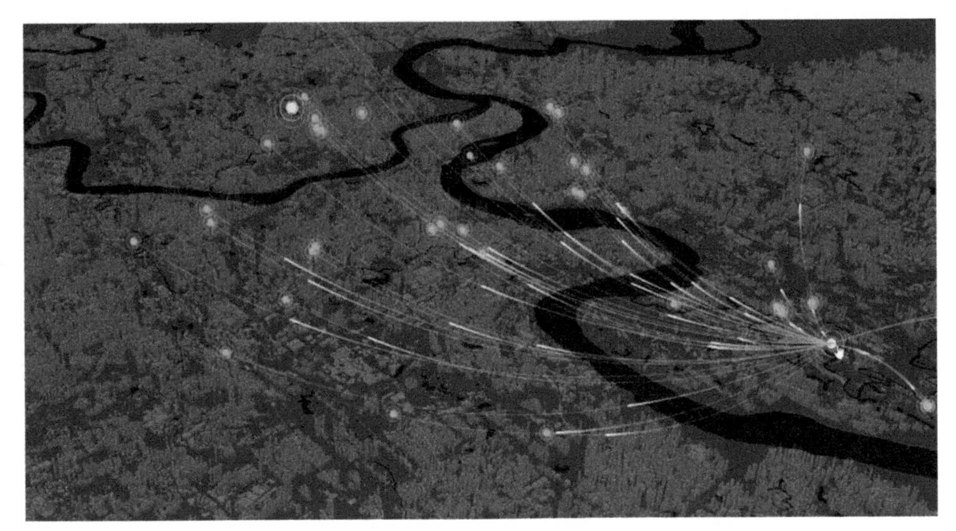

图 4-11 OD 分析示意图

- **密度分析** 密度分析是使用核密度分析算法计算数据的空间分布情况。与格网汇总不同，核密度分析算法会将周围邻域的影响纳入计算，并使用核函数来定量化地计算影响值。在大数据 GIS 中，密度分析的数据类型目前只包括点类型，暂未包括线类型和样方密度，因此这里以点数据为例进行说明。

  点数据的密度分析是用点的测量值除以指定邻域的面积。指定邻域采用矩形或六边形网格表达，在点的邻域叠加处，其密度值也相加，每个输出范围的密度均为叠加在该范围上的所有邻域密度值之和，如图 4-12 所示。

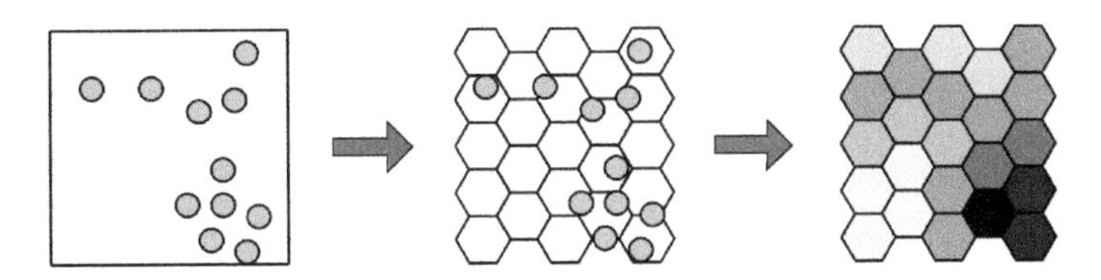

图 4-12 密度分析含义图

密度分析的特点是输入的点数据可以设置多个权重字段，一次性计算多个权重值的密度分布，用格网的多个属性字段表达，也可以设置格网大小和搜索半径，调整输出结果的分布趋势。

密度分析的应用场景有：利用手机信令位置数据，分析得出人流分布的聚集情况图，协助进行通信基站的部署和网络优化；利用犯罪事件位置数据，计算得到犯罪高发区域的风险分布图，帮助优化警力部署，如图 4-13 所示。

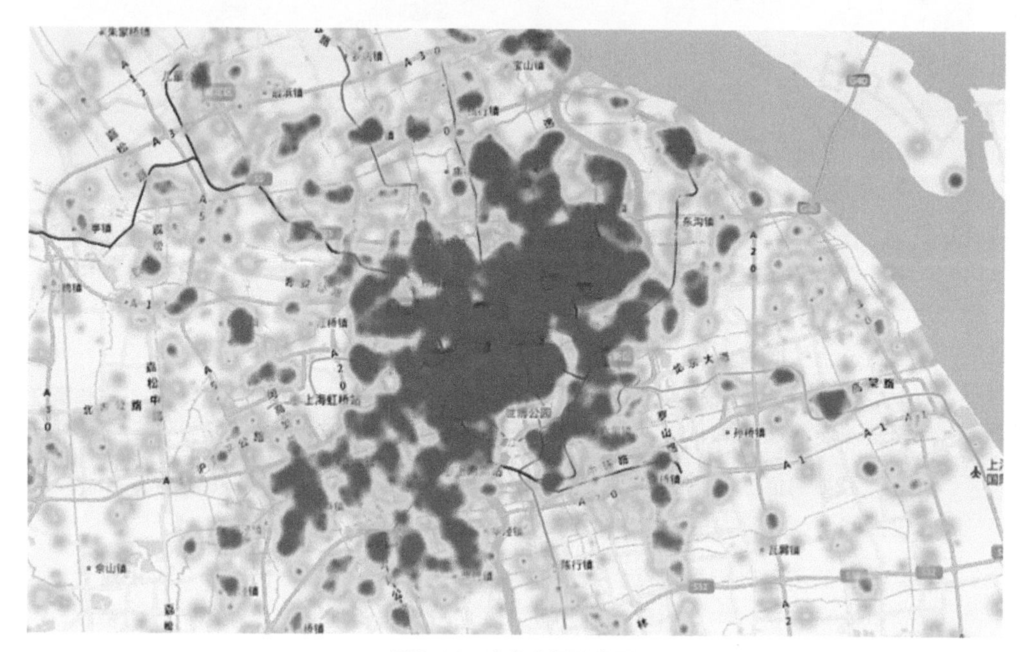

图 4-13　密度分析示意图

- **热点分析**　热点分析是基于空间统计模型，对地理空间数据进行统计计算，来识别具有统计显著性的高值和低值的空间聚类。高值和低值通常称为热点和冷点。以点数据为例，在进行点类型数据的热点分析计算时，通常是先将点数据汇总到格网，再对汇总后的格网数据进行热点统计来发现高值或低值的聚类情况，如图 4-14 所示。

  热点分析的应用场景如根据全球航运轨迹点数据，计算出航运轨迹点的统计高值聚集区。

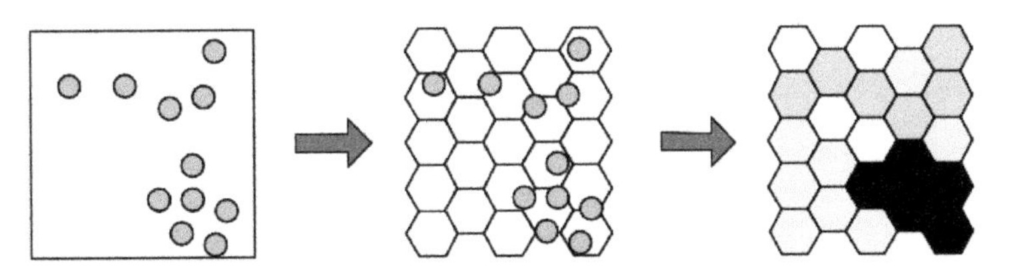

图 4-14　热点分析含义图

4.3.4　数据筛选

数据筛选是根据空间数据的位置、时间和属性等信息，筛选出符合要求的数据，常用的方法包括要素连接、异常检测和相似位置筛选。

- **要素连接**　要素连接是根据空间对象的位置、时间和属性信息，找到满足指定关联关系的匹配对。它支持属性、空间、时间三种维度的匹配，输入和输出的数据类型为点、线、面，如图 4-15 所示。

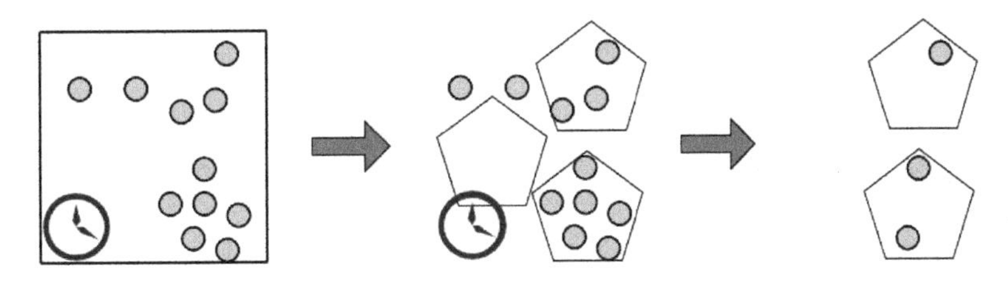

图 4-15　要素连接含义图

要素连接主要应用于要素之间在时空维度上某些指标的关联性分析，如计算一小时内从北京出发航班的所有飞行记录；又如利用全球的航运轨迹点数据，设置匹配距离为 1 公里、匹配时间为 1 秒钟，计算出满足该条件的匹配，帮助分析全球航路的拥堵情况等。

- **异常检测**　异常检测主要用于从大量观测数据中筛选出异常数据。可以通过表达式来定义异常的起始和终止状态，如在进行空气质量监测时，可以将 PM2.5 浓度大于某个阈值作为异常起始条件，低于该阈值作为异常结束条件，则该算子会将异常数据筛选出来，用于进一步的分析，如图 4-16 所示。异常检测一般应用于物联网设备的状态筛选和检测。

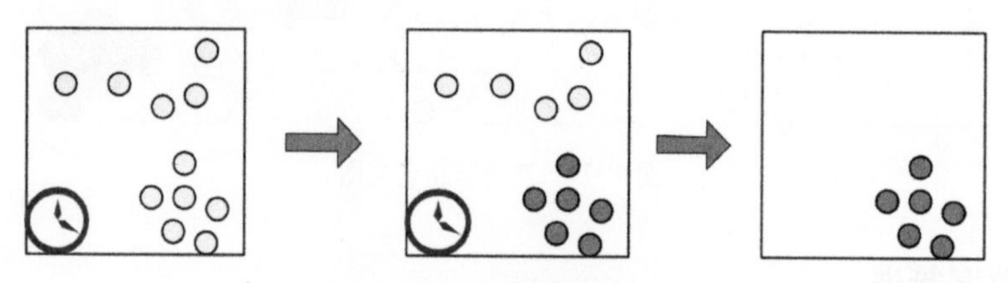

图 4-16　异常检测含义图

- **相似位置筛选**　相似位置筛选用于查找模式相似的位置。通过指定某一类位置数据，并指定进行相似匹配时使用的字段，该算子会根据输入的字段信息，在大规模位置数据中寻找与输入数据相似度较高的匹配，如图 4-17 所示。

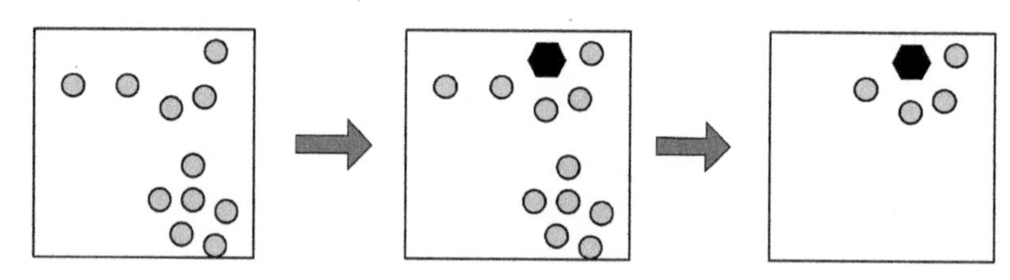

图 4-17　相似位置筛选含义图

4.3.5　流数据处理

流数据处理是空间大数据计算中非常重要的组成部分，常用的算法有道路匹配、路况计算、地理围栏等。

- **道路匹配**　道路匹配是将一系列有序的交通工具位置点关联到地图中道路网上的过程。它的主要目的是还原交通工具如车辆的运行轨迹，进行交通流量的分析或监控。位置点之所以需要与地图匹配，是因为从定位设备获取到的表示交通工具位置信息的经纬度点数据，通常都容易存在位置偏差，需要结合时间序列、道路限速甚至道路状况，才能准确确定车辆等交通工具所在的道路位置，如图 4-18 所示。

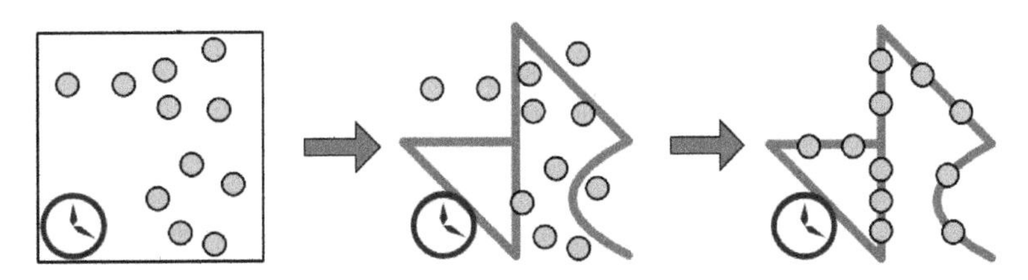

图 4-18 道路匹配含义图

道路匹配可以按照指定的时间间隔进行匹配，每次计算使用距离当前时刻、指定时间长度内的轨迹数据进行匹配。匹配算法能够使用历史记录校正匹配位置，并结合道路限速来区分主路和辅路。

- **路况计算** 路况计算是对路网拥堵情况的计算。具体来说，是根据整个研究区域一段时间内的浮动车辆位置信息，计算路网中各道路内的车辆行驶速度，并综合道路限速数据，评定每条道路的拥堵情况，如图 4-19 所示。路况计算包括了将位置点匹配到路网的道路匹配过程。

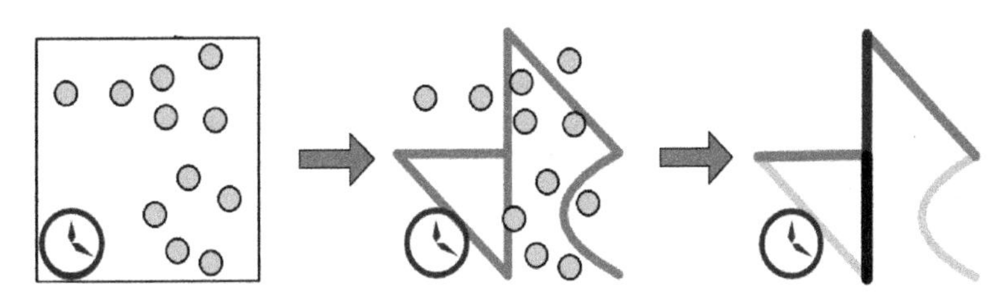

图 4-19 路况计算含义图

浮动车位置点数据具有体量大、流速快的特点，路况计算及相应的地图匹配在进行分布式计算时，将先对点数据进行去重等预处理，再将其分配到多个分布式节点上同时计算，最终将多个节点的计算结果进行整合，给出拥堵等级。

- **地理围栏** 指定一个或多个地理区域作为围栏，当被监测对象如某设备进入或离开围栏区域时设置发出通知或警告。地理围栏的典型应用是监控围栏区域的数据流量，或针对用户行为给予定制的服务或消息推送等。

地理围栏的核心计算依赖高性能的点、面数据空间关系的判断。流数据处理系统在运行过程中，会为每一个被监测的对象维护一个位置状态，当位置状态发生变化时发出消息提示，如图 4-20 所示。

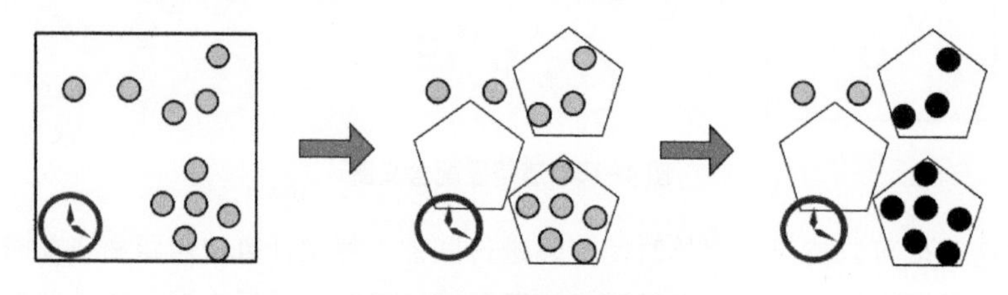

图 4-20　地理围栏含义图

道路匹配、路况计算和地理围栏都是流数据处理的相关算法。关于流数据处理系统的具体建设方案，包括计算框架的选型、流数据处理过程以及模型化的处理配置方式，请参考流数据处理方案章节。

4.4　流数据处理方案

流数据除了可以采用 Elasticsearch 数据库有效解决其存储问题之外，更重要的是要实现持续且不间断的计算与处理，支持业务的高效运转。例如，网约车派单系统要求根据乘客的上车地点和可以接单车辆的实时位置等数据计算并选择最优的车辆派单。又如，公共安全管理系统要求能够实时计算热门区域的人流情况，及时部署限流措施，避免人流过于密集引起踩踏事件。每个行业的流数据处理系统，都需要对数据处理的多个环节设计技术方案。本节将针对流数据的持续处理需求，结合分布式计算框架，探寻可行的流数据处理技术方案。

4.4.1　计算框架

目前主流的流数据计算框架有 Apahce 项目的 Storm、Flink 和 Spark Streaming 等。相比前两者，Spark Streaming 是实现流数据处理的更优计算框架，其显著优势是对流数据和存档数据采用统一的 RDD 处理模型。面向大批量存档数据的 RDD 编程模型可以无缝地在 Spark Streaming 中使用。这使得面向批处理的大数据分析业务和面向流数据的处理系统可以在一个技术框架内完成，大大简化了流数据技术方案。

Spark Streaming通过微批次架构，将流数据处理当作一系列连续的小规模批处理来对待。整个的流数据处理过程分为数据输入、流处理和数据输出三部分，如图4–21所示。流处理是其中最重要的环节，它根据设定的时间间隔（如500毫秒到几秒的固定时间间隔）汇集从各种输入源中传输过来的数据，并抽象出接收Receivers、过滤Filter、映射Map和输出ForeachRDD四个子过程，是流数据处理的管道，在Spark Streaming现有能力的基础上，扩展完成流数据的空间处理能力。

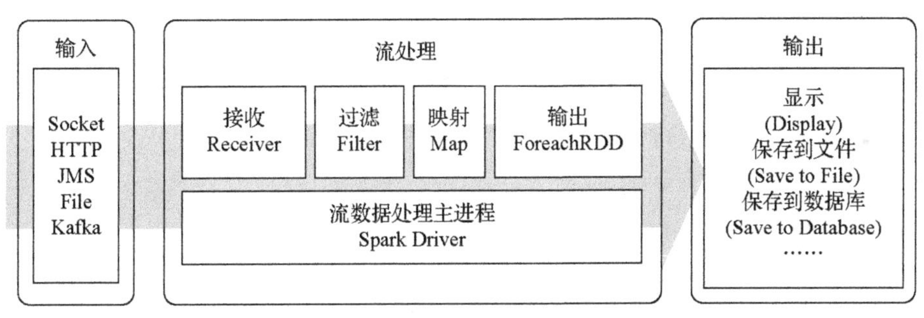

图4–21 Spark Streaming的流数据处理过程

4.4.2 数据输入

数据输入是流数据处理的第一步，是外部流数据进入流数据处理系统的入口。这一过程涉及流数据处理系统的数据接收与数据解析两大能力。

外部流数据的数据格式、传输方式由其产生系统决定。流数据的产生系统可以将数据的传输方式和数据格式，以多种方式进行组合，来对外提供数据。数据传输可以通过Socket、Kafka、HTTP、Java Message Service(JMS)、WebSocket等通讯协议进行传输，也可以通过共享目录、FTP、HDFS等文件系统进行交换。数据格式可以是CSV、JSON和GeoJSON等明码文本格式，也可以是加密的二进制格式。

结合流数据的特点，要求流数据处理系统能够支持流数据的接收与解析。而这两大能力，可以借助于Spark Streaming编程模型RDD的扩展能力来实现。

4.4.3 流处理

流处理是流数据处理的第二步。流处理的第一个环节为数据的接收与解析，Spark Streaming 预定义了 Socket、HDFS 等数据接收方式，同时可以通过扩展完成特定格式和特定传输方式的数据接收与解析，以扩充流数据处理系统的数据接入能力。

流数据处理系统在接收到数据后，通过过滤环节来保证数据的有效性，包括空间过滤（如去掉经纬度在([-180,180],[-90,90])之外的位置数据、筛选出位于地理围栏范围内的数据）和属性过滤（如筛选出时速超过 120 公里的违章车辆数据）。

数据过滤之后的映射环节，是流数据处理中非常重要的环节。映射，顾名思义，是通过计算将 A 映射为 B。映射包括属性映射和空间关系映射。

我们以单位换算为例，对属性映射进行说明。在飞机轨迹数据中，飞行高度的单位为“英尺”，但是，单位“米”更符合我国的使用习惯，将以“英尺”为单位的高度值换算为以“米”为单位的数值的过程，就属于属性映射。

以常用的地理围栏来对空间关系映射进行说明。地理围栏的计算结果会新增四个描述字段，分别为进入或离开围栏面对象的名称，围栏面 ID，是否在围栏面内，相对于围栏面是进入、离开、还是与先前状态保持一致。如图 4-22 所示，目标在 T_0 时刻属于围栏外面 (outside)，但由于是第一次出现不知道其状态，所以为未知 (unknown)。T_1 时刻，对象仍在围栏外面 (outside)，状态是保持不变 (maintain)。T_2 到 T_4 状态的变化以此类推。

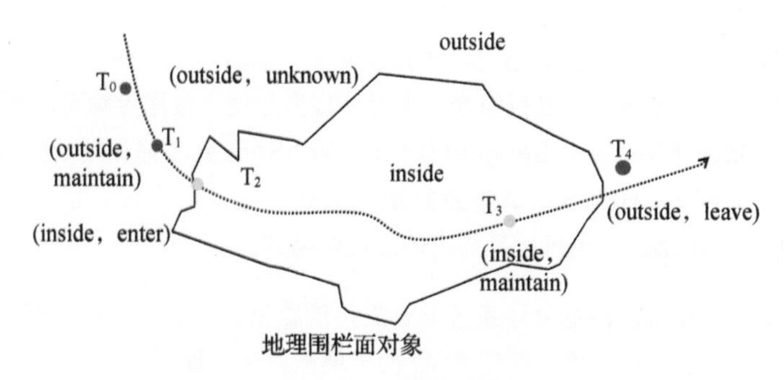

图 4-22　地理围栏映射

当每个批次的数据在 Spark 集群的多个节点上处理完后，就进入输出环节。该环节通过 Spark Streaming 的 ForeachRDD 函数，分布式地将每次的处理结果对外输出。

在流处理过程中的过滤、映射、输出等各个环节，Spark Streaming 都提供了弹性的横向扩展能力，可以根据需要实现相应的分布式处理流程。

4.4.4 数据输出

数据输出是流数据处理的最后一步。外部系统开始接收，进入整个流数据处理中人机交互的环节，用户根据收到的消息开展后续工作。因此，接收是指流数据处理以外的系统对流数据处理结果的接收。

数据输出是一个多样性的选择，可以在地图中实时展示目标对象的位置，也可以在状态栏中刷新对象的状态，便于相关人员及时了解对象的实时状态，并按照要求开展工作，也可以将数据存储到 Elasticsearch 分布式系统中，便于归档数据的查询、分析与挖掘。

4.4.5 可视化建模

流数据的处理需求多变，包括增加新的输入、调整过滤条件、修改地理围栏数据、增加输出方式等。从易用性与实用性角度考虑，可以将流数据处理过程模型化，以应对多变的需求。可视化建模是行之有效的技术手段。

流数据处理可视化建模，是在可视化建模工具中通过拖拽、设置属性等方式完成流数据处理模型的建立与修改，从而降低建立流数据处理模型的难度。

以某民航地理围栏应用为例，来展示流数据处理可视化建模的配置形式。应用需求是将航班的历史轨迹数据全部存储起来，实时地在地图窗口中以不同符号显示围栏范围内外的航班位置信息，并在消息通知栏滚动刷新航班进出地理围栏的状态改变信息。

通过可视化建模，如图 4-23 所示，可以快速完成整个流数据处理过程的搭建，用不着编码，即可完成流数据的实时处理。

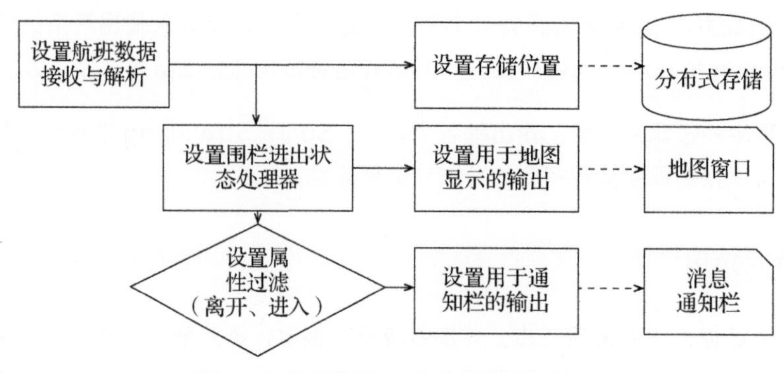

图 4-23　地理围栏应用可视化建模示意图

4.5　空间大数据可视化

在大数据时代，地球空间信息科学的内涵没有发生改变，但内容和形式更加丰富。大数据 GIS 是将与空间位置有关的大数据映射到空间基准下，统一进行管理、分析与显示的系统。空间大数据可视化可以详细、准确、快速地识别出抽象数据中隐藏的规律 [11]。这使得空间大数据可视化需要发展出更专业的技术能力，主要体现在以下三个方面。

- **具有多样化的表达方法**　空间大数据可视化要实现更加多样化的图表和图形表达。在图表方面，需要有混搭图表、拖拽重计算、动态类型切换、数据区域选择后动态变换、值域漫游、多维度堆积等丰富的表达方式。在图形方面，需要有密度图、热力图、格网图、连线图、轨迹图等表达方式来展现大数据及其空间分析的结果，以直观动态可交互的方式进行呈现。
- **支持巨大的数据量级**　由于客户端渲染技术上的限制，传统的空间数据可视化技术在进行海量数据的可视化时，一般是由服务器渲染出图，再通过网络传输给客户端进行呈现。随着技术的更迭换代，空间大数据可视化要能够做到直接在客户端进行海量数据的快速渲染，并支持交互操作，以便更好地增强用户体验，方便用户对数据进行快速的分析和整合。
- **集成更先进的渲染技术**　随着前端技术的发展和技术标准的升级，HTML5 的 Canvas 和 WebGL 渲染技术已经非常成熟。空间大数据可视化要能够利用这些新技术，实现在客户端绘制更加复杂的图形元素、动画效果、三维场景或模型，通过利用前端系统显卡的能力，在浏览器中更加流畅地创建和展示复杂的数据可视化效果。

4.5.1 可视化表达方法

传统空间数据可视化方法，侧重于表现精确的测绘地理信息数据，涉及符号、尺度和三维等方面。对于空间大数据来说，由于其中含有不精确甚至错误的数据，如果不经过信息提炼和综合，而直接以点、线、面等符号形式表现出来，很可能达不到传递有效信息的目的，甚至可能适得其反，模糊了有效特征。对于相对抽象的空间大数据，如表达真实事件和虚拟世界交互的社交网络数据，传统的空间数据可视化方法往往无能为力。

空间大数据的可视化方法需要新的技术思路，不直接绘制空间对象本身，却能表达出对象的聚合程度、变化趋势和关联关系等。能实现这一目的的可视化方法有热力图、格网图、散点图、密度图和 OD 图等。

本节首先介绍一些空间大数据可视化的常用图表，然后从两个方面讲述空间大数据可视化的表达方法：一方面是在空间大数据分析与计算的基础上，对分析结果的可视化呈现；另一方面是在空间大数据存储、大数据算法、硬件加速等的支撑下，对流数据的实时可视化呈现。

4.5.1.1 可视化常用图表

统计图表作为空间大数据可视化的形式之一，用于显示统计或数学信息。这类图表包括折线图 (Line Chart)、直方图 (Histogram)、圆形直方图 (Circular Histogram)、柱形图 (Column Chart)、饼图 (Pie Chart)、矩形树图 (Tree Chart)、曲面图 (Surface Plot)、散点图 (Scatter Plot)、平行坐标图 (Parallel Coordinate Plot，PCP) 和雷达图 (Radar Chart) 等 [6，7]。

每种图表都满足某类特定的需求：线形图和直方图在二维空间中显示连续数据，柱状图和饼图显示定量信息，折线图显示数据的发展变化趋势，矩形树图用矩形面积的方式突出展现出树的各层级中重要的节点，曲面图在三维空间中显示连续数据，散点图用于观察聚类信息，平行坐标图和雷达图显示多维数据，如图 4-24 所示。

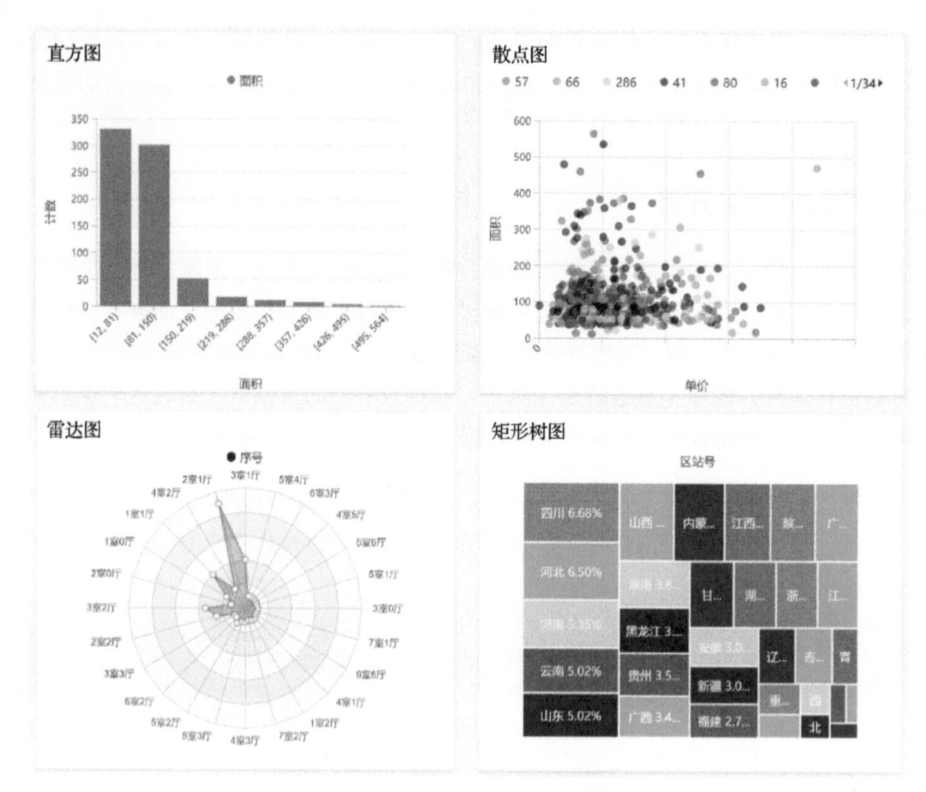

图 4-24　空间大数据可视化常用图表

4.5.1.2　分析结果可视化

可视化技术在空间大数据分析中起着重要作用，主要体现在三个方面 [4]：通过展现空间对象的几何特征和拓扑关系，使空间大数据更易于理解；作为空间大数据分析的一种方法和工具，用于空间大数据的知识发现过程；作为空间信息和知识的展现方式，用于展示空间大数据分析的结果。

前面在介绍空间大数据分析时，呈现了不少针对空间大数据的可视化效果。事实上，空间大数据的存储、处理和空间分析等技术，为空间大数据可视化提供了丰富多样、效果好且层次多的可视化方案。表 4-3 展示了空间大数据分析方法与空间大数据可视化技术的对应关系。

表 4-3 空间大数据分析与大数据可视化表达的对应关系

空间大数据分析	空间大数据可视化技术
聚合分析、区域汇总	热力图
	矢量矩形格网专题图
	矢量六边形格网专题图
	矢量多边形专题图
热点分析、密度分析	热力图
	矢量矩形格网专题图
	矢量六边形格网专题图
轨迹重建	连线图
OD 分析	

热力图可以呈现空间分布趋势，从数据变化的趋势中找到规律并辅助决策，通常用于聚合分析、区域汇总、热点分析和密度分析结果的展示。如图 4-25 所示，该热力图展现了通信运营商按照不同的区域范围的订单信息整体态势。

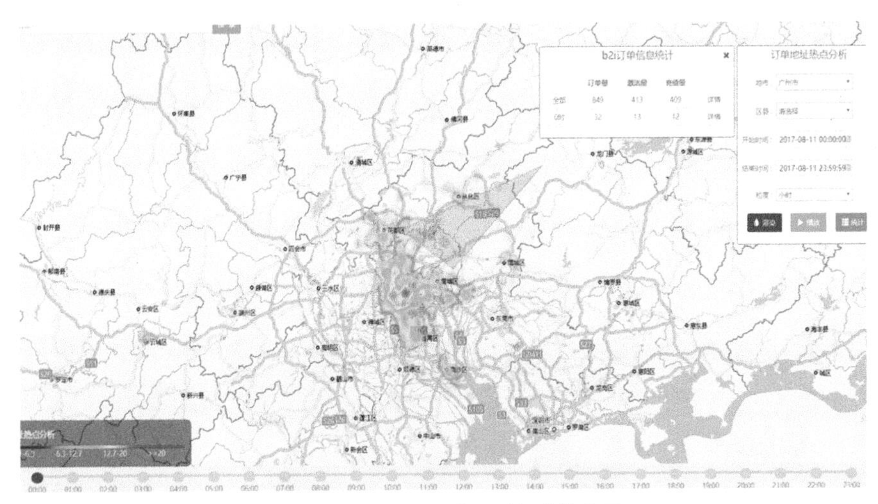

图 4-25 通信运营商区域订单热力图

矢量矩形格网图和六边形格网图主要用于展现统计结果，可以用于展示聚合分析、区域汇总、热点分析和密度分析的结果。如图 4-26 所示，动态展示了某一时刻每个格网区域内的船舶数目（千级单位）。

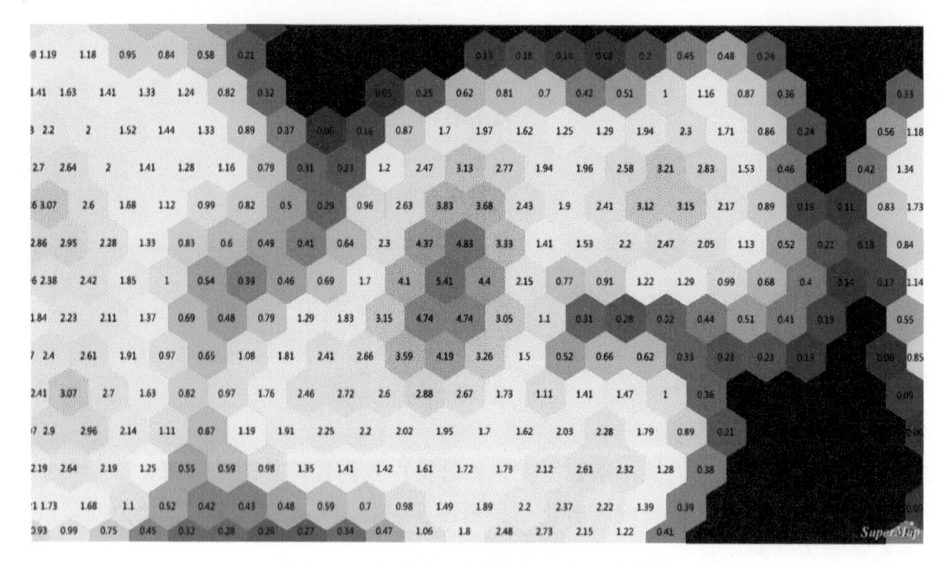

图 4-26　全球船舶数据矢量六边形格网图

相比二维表达方法，三维的表达方法更加直观。图 4-27 展示了某一时间段内某地出租车在每个格网区域内下车的人数，三维柱越高，表明在该格网区域内下车人数越多。

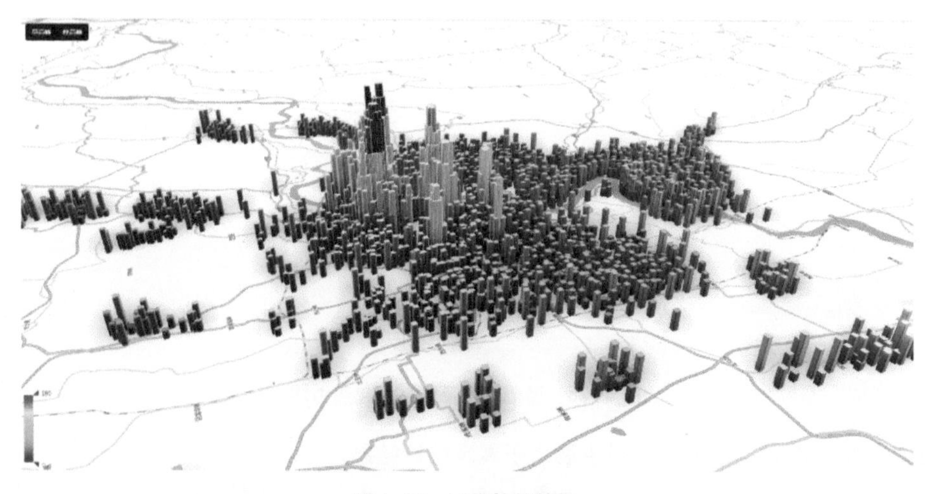

图 4-27　三维柱状效果

另外还有矢量多边形专题图，在聚合分析与区域汇总分析中，可以通过多边形对地图点要素进行划分，计算每个面对象内点要素的数量，作为面对象的统计值；也可以引入点的权重信息，以点要素的加权值作为面对象的统计值。根据面对象的统计值大小对结果进行排序，用色带进行色彩填充，如图 4-28 所示。

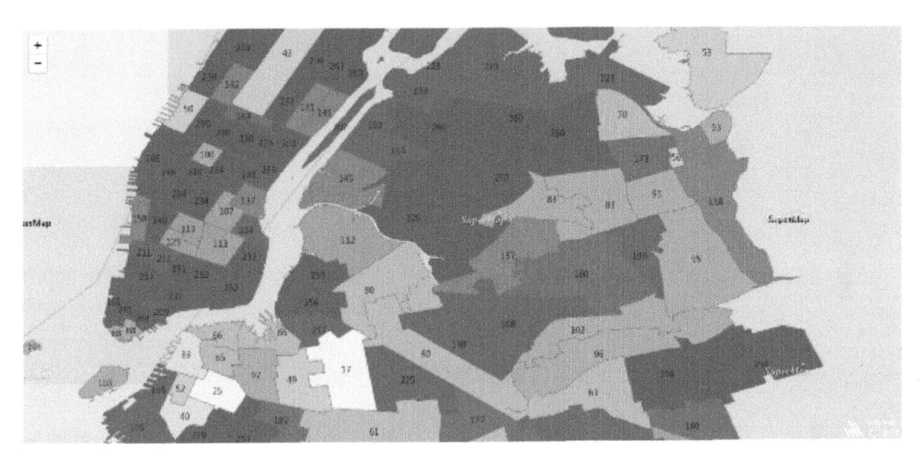

图 4-28　矢量专题图

连线图展示了空间要素之间的关联关系。在进行轨迹重建、OD 分析时，可以用连线图进行可视化表达，结果如图 4-29 所示。

图 4-29　基于车载 GNSS 数据的轨迹重建

4.5.1.3 流数据动态可视化

流数据的显著特点是：数据像流水一样顺序、快速、大量、持续到达。因此，对它进行处理和可视化需要用到支持快速、持续计算的工具。流数据的可视化需求可以概括为：动态展示、轨迹回放和信息提取。表4-4展示了流数据可视化需求与空间大数据可视化技术的对应关系。

表4-4 需求与技术的对应关系

<table>
<tr><th>需求</th><th>可视化技术</th></tr>
<tr><td rowspan="2">动态展示</td><td>流图层</td></tr>
<tr><td>动态图层</td></tr>
<tr><td rowspan="3">轨迹回放</td><td>多版本缓存</td></tr>
<tr><td>单值专题图</td></tr>
<tr><td>标签专题图</td></tr>
<tr><td rowspan="2">信息提取</td><td>热力图</td></tr>
<tr><td>网络聚合图</td></tr>
</table>

首先是动态展示，动态展示是指对数据进行实时动态可视化，其难点是如何高效地完成大规模对象的实时渲染。这需要借助 GIS 的动态目标渲染引擎来实现。图 4-30 展示了全球远洋货轮在三维地球上的实时位置动态（约 5 万个对象）。

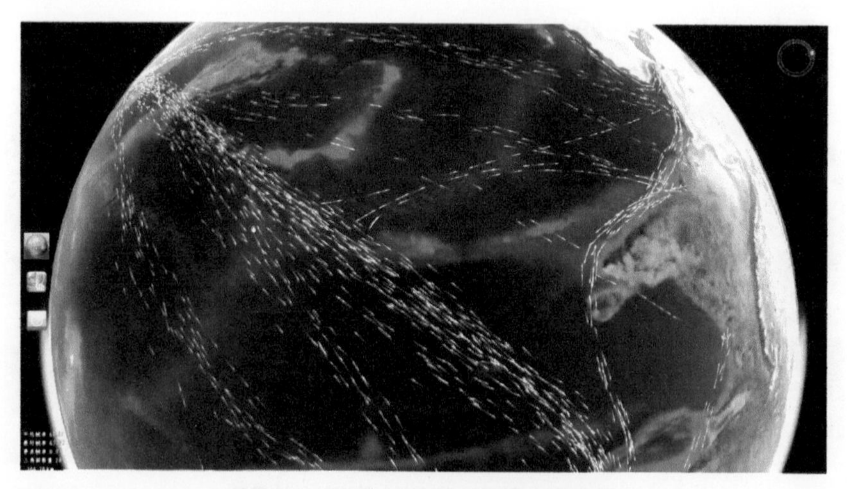

图 4-30 三维 5 万动态目标渲染展示图

其次是轨迹回放，轨迹回放是指能够根据设置的时间，查看某个特定时刻的数据情况。针对不同的场景，轨迹回放有两种技术方案：基于时间的多版本缓存(即按照设定的时间点进行地图缓存，也就形成了不同时间版本的缓存数据；基于时间过滤矢量图层两种技术方案。多版本缓存适合于高并发、实时查看大规模对象的场景，而大比例尺下则使用矢量图层(图4-31)。

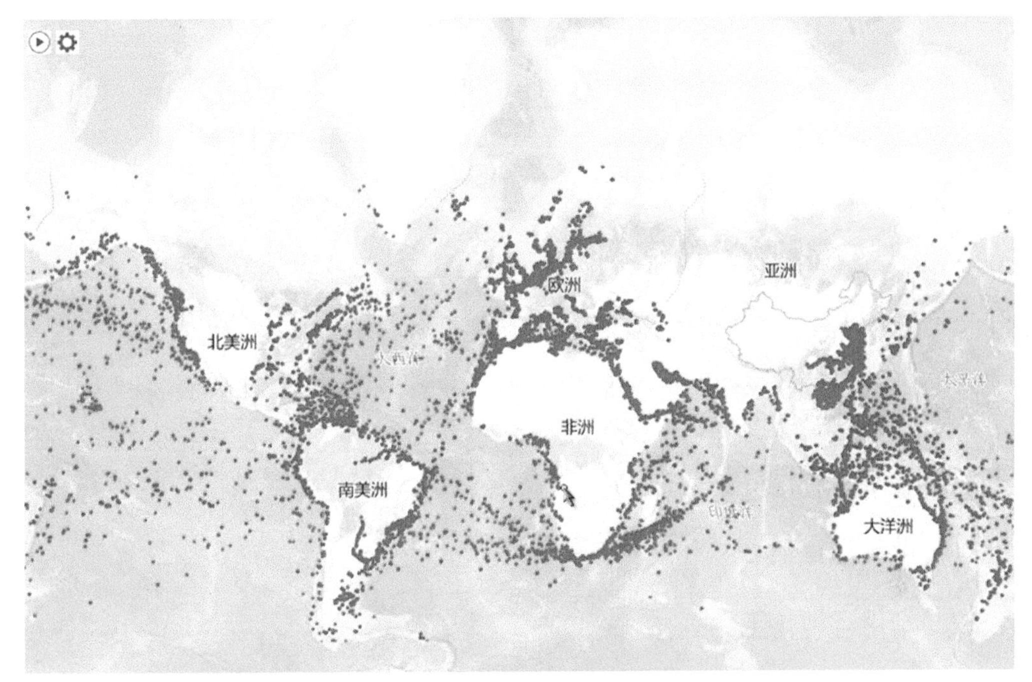

图4-31　基于船舶自动识别年数AIS数据的轨迹回放效果图

最后是信息提取，信息提取指的是将空间大数据算法与丰富多样的可视化方式结合，应用于空间大数据的分析与展示过程。图4-32为利用某市手机信令数据分析出的人口分布图。通过引入手机信令数据分析并可视化，可以对全市手机用户进行实时监测和统计，有利于分析人口的动态变化。

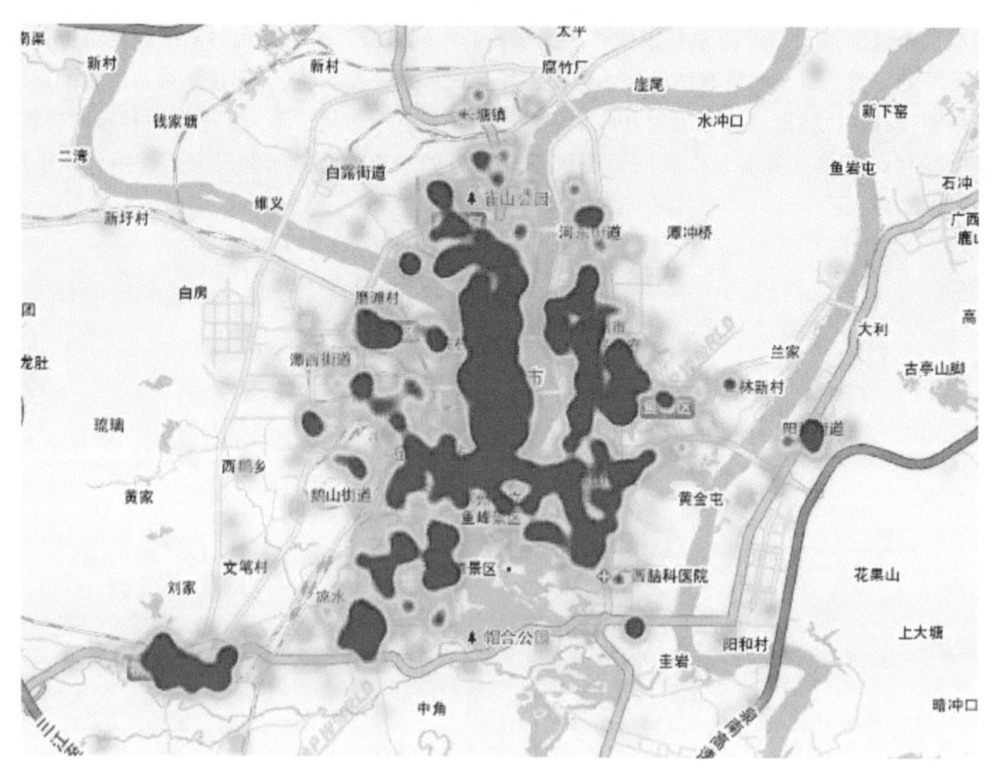

图 4-32　基于手机信令数据的人口分布热力图

4.5.2　常用可视化工具

近年来，由于数据量持续增长，众多厂商和社区都开发了 IT 大数据可视化工具，扩展了丰富、直观、炫酷的图表类型和表达效果。IT 大数据可视化工具，在空间大数据的可视化表达上同样适用。而针对空间大数据自身的特点，也涌现出非常丰富的开源和商业化地理可视化工具。

- **开源工具**　比较典型的开源工具有 OpenLayers，Leaflet，Modest Maps，Mapbox GL，Deck.GL，ECharts 和 MapV 等。
  - OpenLayers 是业内使用较为广泛的地图库，OpenLayers 3 及以上版本完成了面向对象的重构，也进行了 HTML5 升级。

- Leaflet 和 Modest Maps 是使用量较多、社区活跃、插件丰富的开源地图库。Mapbox 早期的地图库就是基于 Leaflet 开发。
- Mapbox GL 推出的矢量瓦片，其可视化效果和性能都很出众，并且其瓦片标准已被业内广泛认可。
- Deck.GL 提供不同类型的可视化图层，具备 GPU 渲染的高性能。
- ECharts 是一个基于 JavaScript 实现的开源可视化库，可以流畅地运行在 PC 和移动设备上。其底层依赖轻量级的矢量图形库 ZRender，提供直观、交互丰富、可高度个性化定制的数据可视化图表。针对地理数据可视化，ECharts 提供地图、热力图和线图等方式。
- MapV 是一款基于百度地图的大数据可视化开源库，可以用来展示大量的点、线、面数据。每种数据都有不同的展示类型，如热力图、网格、聚合等方式。

- **商业工具** 对于商业工具来说，SuperMap Online、ArcGIS Online、Mapbox、Dituhui 和 GeoHey 等都是空间大数据可视化平台。它们利用服务器强大的计算能力和前端丰富的渲染技术等，实现了针对空间大数据多种炫酷的可视化效果。

4.5.3 可视化性能优化

空间大数据具备实时快速和体量大两个重要特性，要求可视化系统必须具备较高的性能。性能优化也成为需要重点解决的问题。

我们一般采用地图瓦片、矢量瓦片和硬件加速的技术提升并优化空间大数据的可视化性能。采用预先定义并生成的地图瓦片，可以避免动态出图带来的性能损耗；采用分布式地图瓦片技术，可以大幅缩短大范围、多比例尺地图缓存所花费的时间；采用 MongoDB 等分布式存储系统来分担大存量、高并发下的缓存数据读取的并发压力 [10]。

矢量瓦片技术是把矢量数据按照不同地图比例尺的分辨率，进行数据优化处理，并按照当前比例尺，把处理后的矢量数据传输到客户端进行渲染。矢量瓦片技术可以大大加速数据预处理过程，降低需要传输到客户端的数据量，提高客户端地图配置的灵活性 [11]。地图瓦片和矢量瓦片是经典空间数据常用的可视化优化技术，这部分内容将在第 5 章中进行详细介绍。

图形处理器 (Graphic Processing Unit，GPU) 具备超长流水线和并行计算的特点，因此具有高性能的运算速度 [12]。早期的图形处理都是由 CPU 单独完成，GPU 的出现促使图形处理功能由 CPU 向 GPU 转移，极大地提高了计算机图形处理的速度和图形质量。GPU 可以面向大规模图形实现实时渲染。例如，在渲染一个复杂的三维场景时，需要处理几千万个三角形顶点和光栅化上千万个像素，若要在 PC 上快速、实时地生成高质量的三维图像，CPU 运算速度远跟不上如此复杂的三维图形处理要求，但 GPU 则可以实现实时、流畅地渲染。

4.6 本章小结

与 IT 大数据技术相比，空间大数据技术更关注对空间维度的处理。它具备四个关键能力：空间大数据存储、空间大数据计算、流数据处理和空间大数据可视化。

适合于空间大数据的存储系统有很多种，且皆具备弹性扩展能力。其中 Elasticsearch 适合存储流数据，HDFS、HBase 等分布式存储系统更适合存储存档数据。

Spark 是实现空间大数据分析与计算方法的更优分布式计算框架，在其 RDD 模型上可以扩展空间能力，发展出了一系列常用的大数据空间分析算法。根据算法的性质，可分为数据汇总、模式分析、数据筛选和流数据处理等类型。

根据流数据的特点和处理要求，我们对比选择了 Spark Streaming 流处理框架进行扩展，发展了地图匹配、路况计算、地理围栏等空间维度的处理方法。

与经典空间数据可视化相比，空间大数据可视化的关键不同在于：需要表达出超大规模空间对象的聚合程度、变化趋势和关联关系。

空间大数据技术的出现，极大地革新和拓展了 GIS 对数据的管理、分析和表达能力。

参考文献

[1] 李清泉，李德仁．大数据 GIS，武汉大学学报·信息科学版 [J]，2014，39(6)：641-644.

[2] Dean J, Ghemawat S. MapReduce: simplified data processing on large clusters[M]. ACM, 2008.

[3] Aji A, Wang F, Vo H, et al. Hadoop GIS: a high performance spatial data warehousing system over mapreduce[J]. very large data bases, 2013, 6(11): 1009-1020.

[4] Eldawy A, Mokbel M F. SpatialHadoop: A MapReduce framework for spatial data[C]// IEEE, International Conference on Data Engineering. IEEE, 2015:1352-1363.

[5] Eldawy A, Mokbel M F. A demonstration of SpatialHadoop: an efficient mapreduce framework for spatial data[M]. VLDB Endowment, 2013.

[6] Edsall,R.M.(2003) The parallel coordinate plot in action:design and use for geographic visualization. Computers and Statistical Data Analysis 43(4): 605-619Gershon N D, Eick S G, Card S K. Design: Information visualization[J]. Interactions, 1998, 5(2):9-15.

[7] 道奇，等．地理可视化：概念、工具与应用 [M]. 张锦明，译．北京：电子工业出版社，2015.

[8] Yu J., Wu J., Sarwat M. GeoSpark: a cluster computing framework for processing large-scale spatial data[C]// Sigspatial International Conference on Advances in Geographic Information Systems. ACM, 2015:70.

[9] You S., Zhang J., Le G.. Large-Scale Spatial Join Query Processing in Cloud[C]// IEEE International Conference on Data Engineering Workshops. IEEE, 2015:34-41.

[10] 曾志明，云惟英，卢浩．大数据 GIS 关键技术研究与实践，测绘与空间地理信息 [J]，2017，40：1-4.

[11] 吴加敏，孙连英．空间数据可视化的研究与发展 [J]. 计算机工程与应用，2002，38(10)：85-88.

[12] 王海峰，陈庆奎．图形处理器通用计算关键技术研究综述 [J]. 计算机学报，2013，36(4)：757-772.

第 5 章　经典空间数据技术的分布式重构

5.1　概述

随着数据采集技术的进步和应用需求的变化，经典空间数据技术面临要处理的数据量快速增加，要应对的决策尺度不断加大等问题。

一方面，新型测绘手段的发展以及倾斜摄影测量技术、激光三维扫描技术等数据采集技术的不断进步，使数据采集效率大幅提升。借助于大数据和人工智能等技术，数据的提取与分析效率得以大大加快，数据量快速增加。遥感卫星数据的分辨率也从十米级提高至厘米级，数据量呈指数级增长。另一方面，从宏观到微观的多尺度管理需求增多，不同来源数据的汇集，同样让 GIS 系统的数据规模急速扩大，单一图层的数据记录很容易达到并超过亿级规模。

上述情况，使得经典空间数据技术的处理耗时呈指数级增长。以处理距离栅格中的径向波算法 [1] 为例，在数据规模即栅格数目为 15 万时，分析时间约 2 秒钟；当数据规模增长 10 倍（即栅格数目为 150 万）时，分析时间为 100 秒钟，增长了 50 倍之多。因此，亟需革新一系列高性能计算技术，大幅度提升处理性能。

5.1.1　前期的高性能计算技术

几年前，GIS 发展了多种新技术，来解决数据量增加带来的处理效率问题。这些技术包括：64 位计算、多线程计算和 GPU 计算等 [3]。

- **64 位计算** 受硬件和操作系统的限制，早期的 GIS 软件构建在 32 位技术之上，逻辑地址寻址范围有限，GIS 系统无法使用超过 4 GB 的内存资源。当时处理较大数据采用的策略是：核心运算使用 4 GB 以下的内存，当进行超过 4 GB 内存的空间数据处理分析时，先对数据进行逻辑分割，再多次逐段载入进行处理。

  随着 64 位系统的迅速普及，GIS 软件可以利用的内存容量大幅扩展。于是，早期的 GIS 软件利用 64 位技术进行了内核级重构。重构后的 GIS 软件，可充分使用超过 4 GB 之外的大内存资源，大幅度提升了计算性能。

- **多线程计算** 早期的 GIS 软件处理与分析多采用单线程模式，无法充分利用多核 CPU 的计算能力，不仅在处理海量数据时耗时长，还使计算机的多核 CPU 大部分处于闲置状态，造成了计算资源的浪费。

  为解决这个问题，研发人员对 GIS 软件进行了多线程改造。对于耗时长的数据处理与分析计算算法，由单线程改为多线程，充分利用多核 CPU 计算机的高性能计算能力，大幅度提升 GIS 数据处理与分析的性能。

- **GPU 计算** 随着图形显卡技术的不断发展，可编程 GPU 计算技术从传统的图形处理器演化为高度并行，且具有强大计算能力的众核处理器架构。通过 GPU 并行来执行计算密集型任务，可以大幅提升原有计算模型的性能。

  应用较为广泛的 GPU 计算技术包括 CUDA[①]和 OpenCL[②]两种。为充分利用 GPU 硬件设备的能力实现计算加速，GIS 软件利用 CUDA 和 OpenCL 技术进行了算法重构，并与 OpenMP 多线程并行技术进行融合 [4，5]，形成了新的方案策略：在数据接入与读取时使用多线程策略进行加速，进行内存和显存交换，在数据载入显存后，利用 GPU 技术进行众核计算，优化分析性能。

  上述高性能计算技术的发展，在一定程度上提升了 GIS 在空间数据处理与分析上的能力。但这些技术只是充分利用了计算机越来越强大的单机处理能力，并没有发挥多台计算机的整体处理优势来提升性能，因此仍然无法充分满足超大规模空间数据处理的性能要求。

① 全称 Compute Unified Device Architecture，是一种由 NVIDIA 推出的通用并行计算架构，该架构使 GPU 能够解决复杂的计算问题。

② 开放计算语言（Open Computing Language，OpenCL）是一个为异构平台（如 CPU，GPU 或其他类型的处理器）编写程序的技术框架。

5.1.2 分布式技术

借鉴和引入 IT 分布式计算技术，从存储管理、分析计算和可视化方法等多方面重构经典空间数据技术，充分利用多机分布式计算能力，是进一步大幅提升大规模空间数据处理性能的必然选择。经典空间数据技术的分布式重构包括：分布式存储、分布式处理分析和分布式可视化。

5.2 经典空间数据的分布式存储

经典空间数据通常包括矢量数据、栅格数据、地图瓦片数据和三维模型数据等。这些数据的存储管理通常基于关系数据库或一般文件系统 [2]。

大数据时代，多种分布式存储技术和软件形态快速发展起来，包括以 PostgreSQL 为代表的关系型数据库的分布式版本、以 MongoDB 为代表的众多非关系型 (Not Only SQL，NoSQL) 数据库、以 HDFS 为代表的文档型数据库、以 HBase 为代表的列存储数据库，以及以 Redis 为代表的键–值 (key-value) 型数据库等。

5.2.1 分布式存储技术

分布式存储技术在发展过程中通常面向特定的应用场景，技术特点各有所长，但大多具有分布式存储、可扩展部署及高性能读写等技术特征。我们认为，有必要将该技术与经典空间数据的存储技术进行改进与融合，并为所融合的分布式存储系统建立统一的数据管理引擎，这就是经典空间数据的分布式存储技术。

适用于经典空间数据分布式存储的系统有 PostgreSQL，MongoDB，HDFS 和 HBase。

- **PostgreSQL**　PostgreSQL 是一个功能强大的开源关系型数据库系统。它支持多种主流操作系统，完全兼容 ACID 原则，完全支持外键、连接、视图、触发器和存储过程。GIS 可以使用 PostgreSQL 进行点、线、面等矢量数据和栅格数据的高效存储与查询。它完全支持 ANSI SQL–2008 标准，可以定制各种业务化的查询和存储过程。

- **MongoDB** MongoDB 是一个基于分布式存储的 NoSQL 数据库，是一个介于关系型数据库和非关系型数据库之间的产品。MongoDB 与其他 NoSQL 数据库相比，对 SQL 查询的支持较为丰富。MongoDB 采用 BSON 形式的数据结构，非常适合进行非结构化的地图瓦片存储，而且瓦片的使用也不需要过多的 SQL 语法。MongoDB 同样支持点、线、面等矢量数据的存储，而且内置的 Spatial 扩展可以支持空间索引和空间查询。
- **HDFS** HDFS 是一种分布式文件系统，能够很好地与 Spark 技术无缝结合，因此经常被用来作为一种通用的大数据存储方案。在大数据 GIS 中，HDFS 的使用方式主要有两种：一种是直接作为文件系统，将 CSV、JSON 等格式的大文件存储其上，构建基于 HDFS 的空间数据库引擎，支持对所存储空间数据的管理与访问；另一种是作为 Spark 计算引擎的存储方案，使用自定义的二进制格式存储空间数据，并设计和实现空间索引，以高效对接基于 Spark 的分布式空间计算。
- **HBase** HBase 构建在 HDFS 之上，是一个开源、分布式、版本化的非关系型数据库。其核心存储模型基于 Google 的 BigTable，目标是在廉价、可扩展的硬件设备上，托管数十亿行和数百万列级别及以上的超大表对象。它具有模块化的设计，支持水平扩展和自动表分片，并且支持不同区域服务器之间的自动故障转移。

表 5-1 从 SQL 查询能力、分布式支持能力两个角度，对几种存储系统的特点进行了比较。值得注意的是，无论是 PostgreSQL 还是 HDFS，都有较多的第三方扩展对其某种特性实现增强。PostgreSQL 有针对分布式集群的 Postgres-XL 方案，HDFS 也可以对接 Hive 支持 SQL 查询等。表 5-1 主要从系统的基础功能需求进行考量。可以看出，PostgreSQL、HBase、HDFS 的 SQL 查询能力依次减弱，分布式支持能力则依次增强。

表 5-1 存储方案对比

存储系统名称	SQL 查询能力	分布式支持
PostgreSQL	☆☆☆	☆
HBase	☆☆	☆☆☆
HDFS	☆	☆☆☆

5.2.2 经典空间数据的分布式存储

由于各种存储系统特点不一，如何才能选择最适合的数据存储和计算方案？一般来说，需要根据应用需求来灵活选择。一般可以从数据类别、数据规模、数据更新频率等几个维度进行综合考量。这里选取了应用中几种较为典型的地理信息数据予以说明。

5.2.2.1 大规模瓦片数据存储

瓦片数据可分为栅格瓦片和矢量瓦片。栅格瓦片存储了数据渲染后的静态图片，瓦片大小相对比较固定，无法在客户端灵活地修改其风格，其缩放层级在生成时已被固定，也不支持无层级缩放显示。

大规模矢量瓦片数据依据显示比例尺，将数据像素化的整型坐标点串和对象的属性信息进行存储，瓦片大小相差较大。矢量瓦片可以在客户端修改其风格，支持无固定层级的缩放显示，还具有体积小、样式可修改、生成速度快等特点。

两种瓦片类型都参考了影像金字塔技术，自精细层到最顶层，以倍数逐级采样，如图5-1所示。

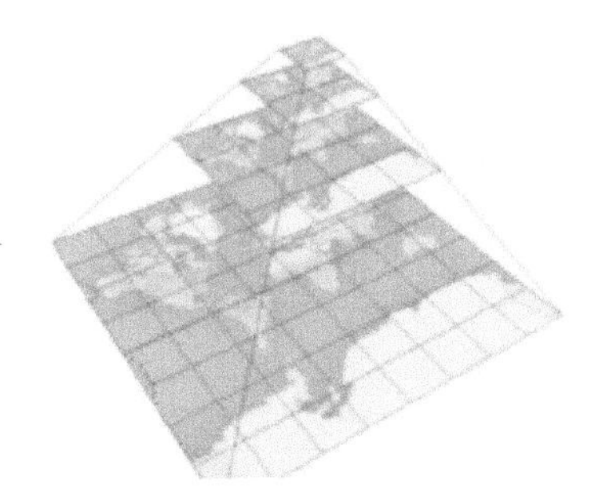

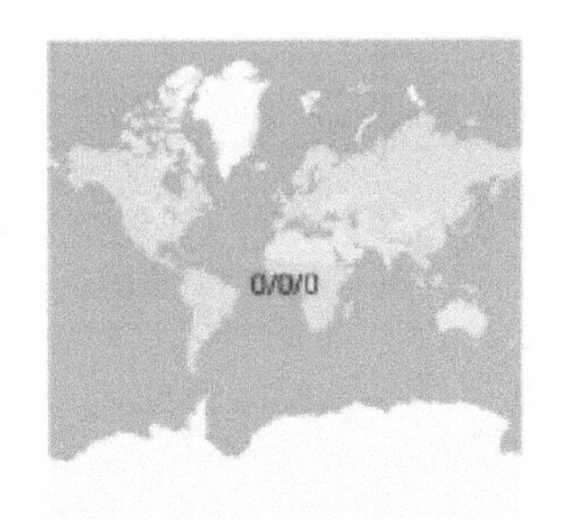

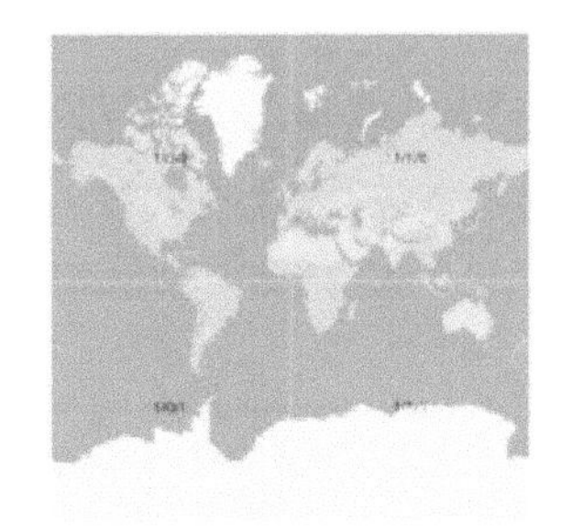

图5-1 瓦片金字塔层级示意图

以OpenStreetMap为例，其全球瓦片地图服务的层级为19层，不同层级的瓦片数目如表5-2所示，总数约910亿。存储如此大规模的瓦片数据，已超过了常规文件存储中单节点的存储能力，需要采用分布式存储技术。

瓦片数据的应用经历了几个发展阶段。在初始阶段，主要用于发布城市地图，瓦片数量多在百万级别，瓦片文件大多直接存储在文件系统中。随着应用的不断深入，瓦片数据如何更好地在不同机器间迁移，如何进行多版本管理，如何更好地支持不断累积的数据规模等应用问题也不断涌现。这促使瓦片存储技术发展到基于归档文件如 GeoPackage 和基于数据库如 MongoDB 的管理阶段。如今，地理信息系统所管理的数据规模越来越大，全球一体化、海陆一体化等应用场景的出现，对瓦片的存储又提出了新的需求。

表 5–2　瓦片层级与数量对照表

层级	比例尺	瓦片数量	层级	比例尺	瓦片数量
1	1:591 658 582	1	11	1:577 791	1 048 576
2	1:295 829 355	4	12	1:288 895	4 194 304
3	1:147 914 677	16	13	1:144 447	16 777 216
4	1:73 957 338	64	14	1:72 223	67 108 864
5	1:36 978 669	256	15	1:36 111	268 435 456
6	1:18 489 334	1 024	16	1:18 055	1 073 741 824
7	1:9 244 667	4 096	17	1:9 028	4 294 967 296
8	1:4 622 333	16 384	18	1:4 514	17 179 869 184
9	1:2 311 166	65 536	19	1:2 257	68 719 476 736
10	1:1 155 583	262 144	20	1:1128	274 877 906 944

瓦片数据的存储是为了支撑高效的瓦片地图服务，因此对瓦片数据存储系统的技术要求有：能够高效存取数以亿计的瓦片数据，满足全球化应用的需要；具有行之有效的吞吐量保障手段，支持存储设备的横向扩展；具有可靠性保障机制，支持 7×24 小时在线服务运行。

横向扩展、可靠性保证是分布式存储系统都具备的能力。瓦片数据的分布式存储大多选用以 MongoDB 为代表的分布式 NoSQL 数据库。瓦片数据不需要复杂的多表间关联查询，通常是在地图可视化层根据当前比例尺、可视化范围，计算出所需瓦片的层、行、列信息，根据这些参数直接获取相应的瓦片对象。NoSQL 数据库提供的查询能力和 BSON 结构，足以支持相关技术要求。

在进行瓦片数据的数据库存储设计时，可以进一步根据瓦片数据的特点来优化存储。通过分析地图瓦片的内容，我们发现不管是栅格瓦片还是矢量瓦片，在海洋、沙漠等地区都存在大量重复内容，因此可以设计一个关联表，重复利用相同内容的瓦片，减少磁盘占用，提高读取效率。

5.2.2.2 大规模影像数据存储

随着大量高分辨率遥感卫星的发射，卫星传感器的空间分辨率、辐射分辨率大幅提升，卫星重访周期也大幅缩短，使得获取到的各种影像数据量急剧膨胀。同时，高中低空航空遥感的快速发展和推广应用，导致航空遥感数据量也急剧膨胀。这都对 GIS 软件管理与处理遥感数据带来了新的挑战。

基于 HDFS、HBase 等分布式存储技术管理的 GIS 影像镶嵌数据集，成为一种存储高效、处理迅速、共享简单的影像存储与管理的技术方案。其技术特点如下所述。

- **混合存储模式** 不同于传统的文件型和数据库型影像管理模式，镶嵌数据集采用文件结合数据库的混合存储模式，或直接采用分布式存储技术。大规模影像以文件方式组织存储在集中式共享存储或分布式文件系统中，关于影像的元数据、概视图、层级、文件路径等信息，则以镶嵌数据集的模型结构存储在数据库中。混合存储模式大大提升了大规模影像的入库效率。
- **动态镶嵌** 镶嵌数据集管理大规模影像采用按需进行动态镶嵌的方式，对于重叠区域和无值区域的显示规则实现动态设定。同一份数据也可以根据需要，修改显示规则，实现不同模式的显示效果。
- **可视化栅格函数** 镶嵌数据集针对大规模影像的处理，提供了较多的可视化栅格函数，可以根据需要，动态编排各种可视化栅格函数链，甚至可以自定义扩展栅格函数。栅格函数的计算基于显示层进行，既保证了能够实时看到函数计算的结果，又保证了能够根据需要选择是否将结果进行报错，避免了大量中间结果、无效结果对存储空间的占用。
- **无缝服务发布** 服务器 GIS 软件可以无缝对接镶嵌数据集，使桌面 GIS 软件完成的镶嵌数据集构建结果，能够直接通过 GIS 服务器进行发布，实现在线访问与获取。

5.2.2.3 大规模矢量数据存储

矢量空间数据是 GIS 中的典型数据，最常见的类型包括点、线、面及其复合类型。矢量数据经常用于编辑、更新、查询等应用场景，过去一般采用关系型数据库对其进行存储。但面对数据量不断增大的空间数据库的分析计算，该技术路线遇到性能瓶颈，有必要研究新的、适合于超大规模矢量空间数据存储的技术方案。根据应用场景的不同，有以下三种不同的存储方案。

- **分布式 SQL 数据库** 该方案被看作原有数据存储方案的平滑升级。一方面继续使用以 PostgreSQL 以及构建在其上的关系型数据库作为核心存储，满足 SQL 查询的使用要求；另一方面，使用 Postgres-XL 集群技术，对原有数据库进行分布式改造和升级，使其可以应对超大规模矢量数据的存储，并便于横向扩展。
- **分布式文件系统** 该方案以 HDFS 为代表，将超大规模矢量数据从传统数据库中抽取出来，构建空间索引后转存到 HDFS。为节省空间，一般以序列化二进制方式进行存储。由于在存储时构建了空间索引，因此可以对其上的数据使用 Spark 进行分布式点对点读取和计算，最大可能地保证计算性能。不过 HDFS 对数据增量更新和 SQL 查询的支持较弱，需要单独设计数据更新机制。
- **分布式 NoSQL 数据库** 该方案以 HBase 为代表，一方面其核心存储为 NoSQL 数据库，支持分布式水平扩展；另一方面由于核心仍是数据库技术，在数据库层增加空间索引后，能够支持对空间数据的高效查询和随机读写访问，使用方式相比 HDFS 等分布式文件系统更为灵活，也具备 Spark 分布式分析时所需要的高吞吐特性。在进行新型业务系统构建时，可以考虑直接采用 HBase 作为核心存储层。

在进行大规模矢量数据存储选型时，可以根据应用需求进行综合考量。如果侧重 SQL 查询能力，优先考虑 PostgreSQL；侧重超大规模矢量数据复杂迭代计算，建议将数据转存到 HDFS；对这二者都有需求的话，则建议优先考虑 HBase 数据库。

5.3 经典空间数据的分布式处理与分析

我们将以三个方面来展开描述：分布式计算重构，经典空间数据的分布式处理和分析计算。

5.3.1 分布式计算重构

我们在第 4 章已经介绍过分布式计算框架的选择及其与 GIS 技术的结合方式。Spark 作为首选的分布式计算框架，在对经典空间数据的处理与分析算法进行分布式重构时，需要将分布式要素数据集 FeatureRDD 作为实现空间扩展的基础模型，重构各种经典空间数据的处理与分析计算方法。

分布式重构的逻辑结构如图 5-2 所示，对经典空间数据分析采用两层结构进行。上层为分布式要素数据集，是对 RDD 数据集的空间扩展，基于 Spark 框架实现横跨多个节点的分析计算。下层为核心空间计算组件，使用 C 或 C++ 语言实现，以保证分析性能，通过封装的 Java 接口支持上层调用。

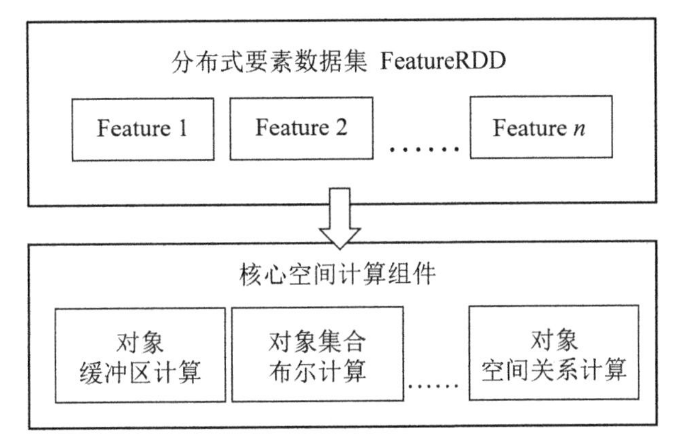

图 5-2 分布式重构逻辑图

重构后的适用于经典空间数据的分布式处理与分析算法，常用的如图 5-3 所示。

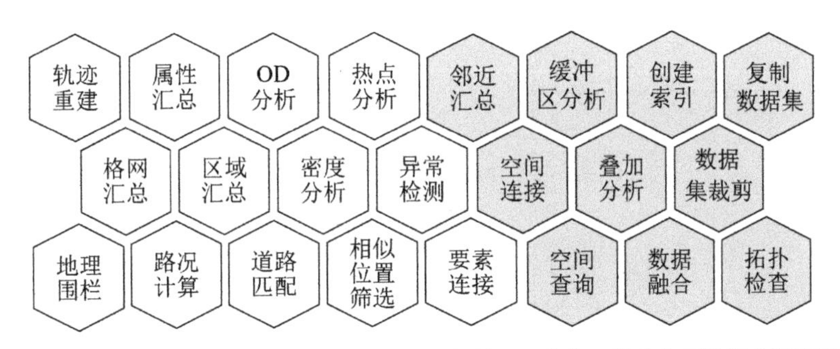

图 5-3 大数据 GIS 中的分布式数据处理和分析算子（灰色：经典空间数据分析算子）

5.3.2 经典空间数据的分布式处理

随着数据规模的增长，经典空间数据的处理方法出现性能瓶颈。这些方法包括数据导入、数据复制、索引构建、数据裁剪、拓扑检查和数据融合等，对它们采用 Spark 分布式计算技术进行重构，可大幅提高处理性能。

- **复制数据集** 大规模数据的复制相当耗时，分布式数据集复制技术可大幅度提升效率。一般使用采样提取的方式进行数据评估和分析，而对数据的提取任务会按照分布式系统的调度机制，动态分发到各个节点之上实现并行计算，如图 5-4 所示。它可以指定范围复制，只提取某一范围内的数据，可以指定采样比率，随机抽样出部分数据进行观察。复制数据集算法处理的对象可以是点、线、面或纯属性数据。

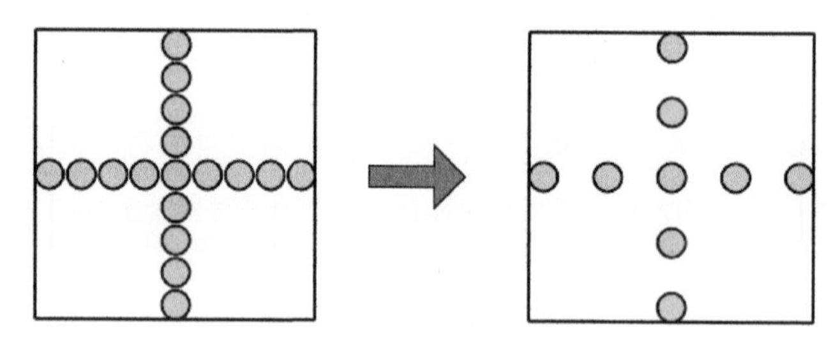

图 5-4 复制数据集含义图

- **创建索引** 创建索引是空间分析之前的一种预处理，是对数据进行重分区的过程，如图 5-5 所示。

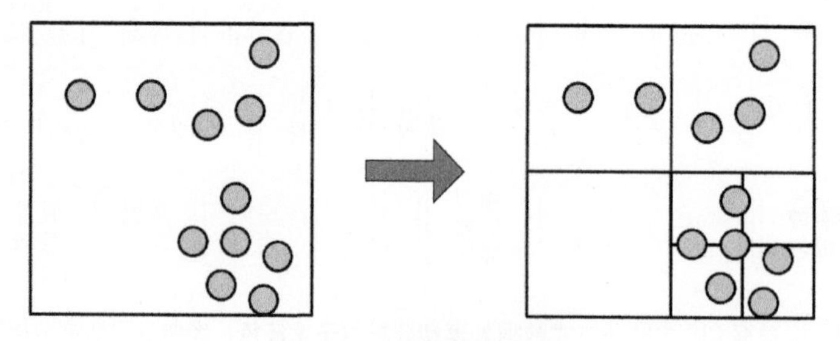

图 5-5 创建索引含义图

数据分区是 RDD 数据模型内部并行计算的一个单元，分区的数目决定了并行计算的粒度，每个分区的计算在一个任务中进行。Spark 的一个重要的优化手段就是实现优化的数据分区，保证建立其上的 GIS 空间处理与分析的性能。而创建索引的过程，就是对分布式存储中的数据按照空间临近关系进行 RDD 分区重组的过程，创建的索引包括格网索引和四叉树索引两种类型。格网索引构建速度快，适合分布均匀的数据；四叉树索引对分布不均匀的数据有较好的分区效果。

- **数据集裁剪**　数据集裁剪是指用叠加数据集（裁剪数据集）从源数据集（被裁剪数据集）中提取部分要素的集合，如图 5-6 所示。提取的要素包括点、线、面。由于数据集裁剪的计算逻辑较为单一，不涉及各节点间的数据同步，因此很适合直接对 FeatureRDD 的各个分区使用相同的计算逻辑，并通过 Spark 实现裁剪算子的分布式处理。通常用于如一个行政区划面对象对各种点、线、面数据进行裁剪，提取出感兴趣的区域进行后续的计算与分析。

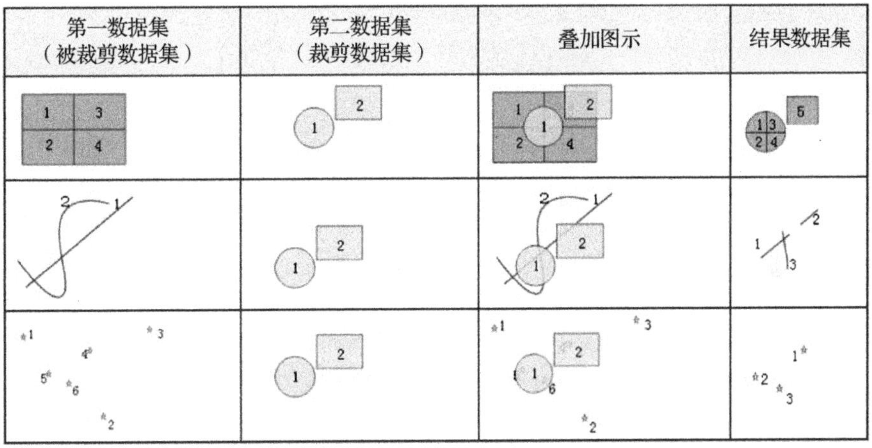

第一数据集（被裁剪数据集）	第二数据集（裁剪数据集）	叠加图示	结果数据集

图 5-6　裁剪运算说明表

- **数据融合**　数据融合的主要目的，是将边界相接的空间对象以及边界互相压盖的空间对象合并为一个整体，如图 5-7 所示。面对大规模数据的融合操作，算子内部先按照不同的融合属性值进行分类，并将统一属性值的空间数据放置于同一 Spark 分区中。而后对同一分区内的数据进行对象间的迭代合并，进而获取各分区的融合结果。以某市的道路数据为例，可以通过缓冲区分析得到每条道路 50 米范围影响面，但如果想要得到所有道路的总体影响范围，就需要使用数据融合算法，将所有道路影响面进行融合处理。

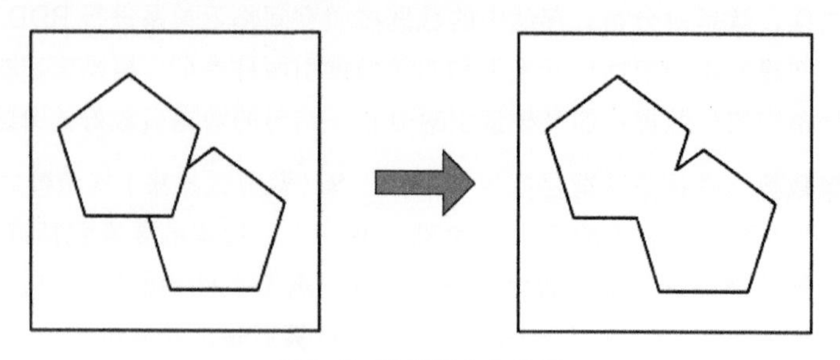

图 5–7　数据融合含义图

5.3.3　经典空间数据的分布式分析计算

经典空间数据的叠加分析、缓冲区分析和空间查询等分析计算方法，也可以通过 Spark 进行分布式重构，以此来大幅提升效率。

- **叠加分析**　叠加分析是 GIS 矢量分析的核心功能，包含相交、擦除、合并等七种算子，并且可以进行点、线、面三种空间数据类型的组合，如图 5–8 所示。

  在进行大规模数据叠加分析时，为了利用分布式计算的并行特性，一般要先进行空间索引构建，即将空间范围临近的对象归并到一个分区中进行组织和存储。针对重新分区后的数据，算子内部将两个叠加图层映射为两个 FeatureRDD，且它们的分区结构保持一致，同时大规模数据的叠加计算已转化为若干分区内空间对象集合的叠加计算。一方面，可以利用分布式框架实现多节点并行处理；另一方面，可通过结构分区策略，保证空间计算的局部高效性。以地类图斑数据与行政区划数据为例，这两种数据分别存储在不同的矢量面图层，当需要基于行政区划对地类图斑进行统计汇总时，就需要实现二者的叠加运算。

- **缓冲区分析**　缓冲区分析是一种典型的空间分析算法，是根据指定的距离，在点、线、面等几何对象周围建立一定宽度区域的分析方法。由于缓冲区分析具有对象粒度的计算逻辑，因此其分布式重构逻辑也相对简单，无需进行上述叠加分析分布式重构的索引重分区过程，可以直接利用分布式存储原生的数据分片机制，结合 Spark 的多节点并行能力，实现分布式分析处理。缓冲区分析往往与叠加分析结合，共同解决实际问题。如在环境治理时，在污染的河流周围划出一定宽度的范围表示受到污染的区域；在扩建道路时，根据要扩展的宽度对道路创建缓冲区，将缓冲区图层与建筑图层叠加，通过叠加分析查找落入缓冲区内需要被拆除的建筑等。

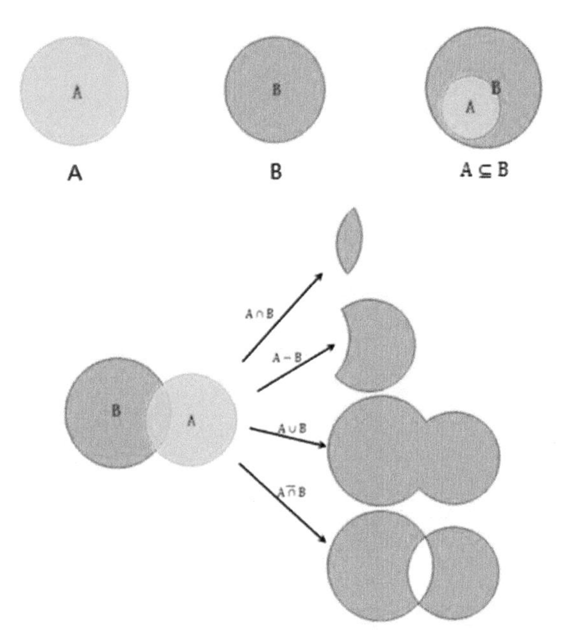

图 5-8　叠加分析逻辑运算示意图

- **空间查询**　空间查询是根据几何对象之间的空间位置关系构建过滤条件，从已有数据中查询出满足过滤条件的对象。超大规模数据的空间查询，如涉及亿级要素与十万级要素的空间查询计算，需要分布式计算技术的有效支撑。而空间查询的分布式重构逻辑与缓冲区分析类似，不过在执行空间判定之前，一般先通过空间索引进行数据快速检索。图 5-9 显示了空间查询的一个应用示例，计划修建一条横跨整个区域的高铁，根据覆盖整个区域的地类图斑数据，查询出所有被高铁范围覆盖到的地类图斑，进而统计汇总出所有受到影响的地类信息，以辅助决策。

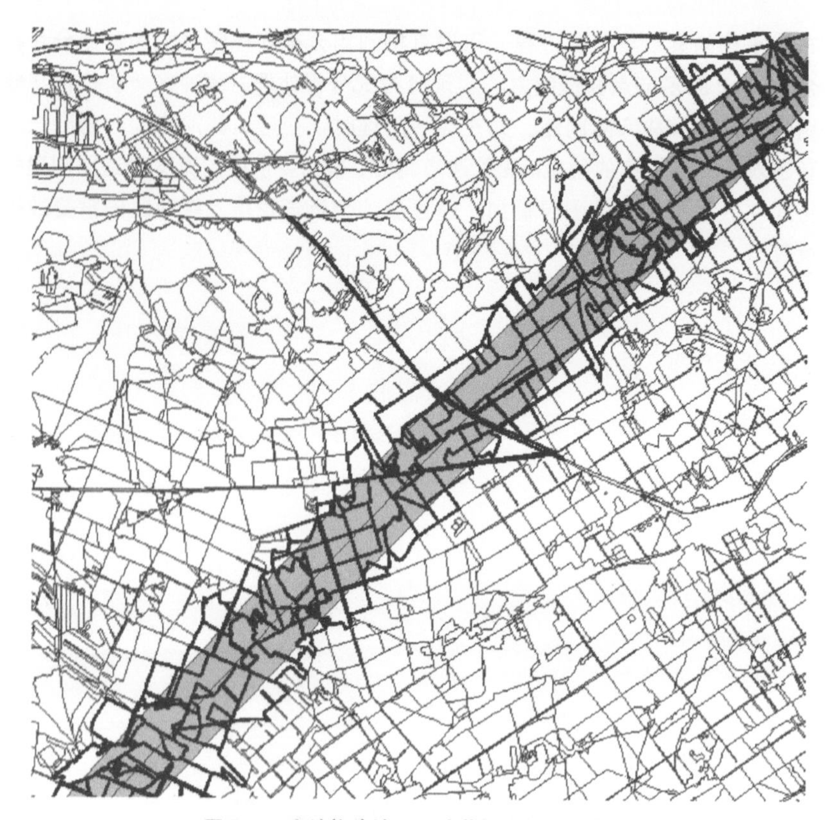

图 5-9　高铁修建涉及影响范围内的地类图斑

- **空间连接**　空间连接是通过空间关系实现叠加数据集（连接数据集）与源数据集（被连接数据集）的属性值批量赋值，如图 5-10 所示。在进行大规模数据的空间连接计算时，首先需要将数据从分布式存储上映射为 FeatureRDD，再基于索引后的 FeatureRDD 进行两图层间的空间关系计算，用于属性值赋值更新操作。由于叠加赋值一般涉及被更新数据和更新数据两个数据集，所以使用 RDD 的 zipPartitions 接口来实现两个 RDD 的组合 [6]。空间连接的应用场景如现有覆盖整个区域的地类图斑面状数据和各类专题面状数据（如高程、坡度、滑坡等级、农用地分布数据）等，需要根据空间关系进行叠加赋值，将专题数据的属性值赋值到地类图斑的不同字段上，再进行后续字段之间的统计计算。

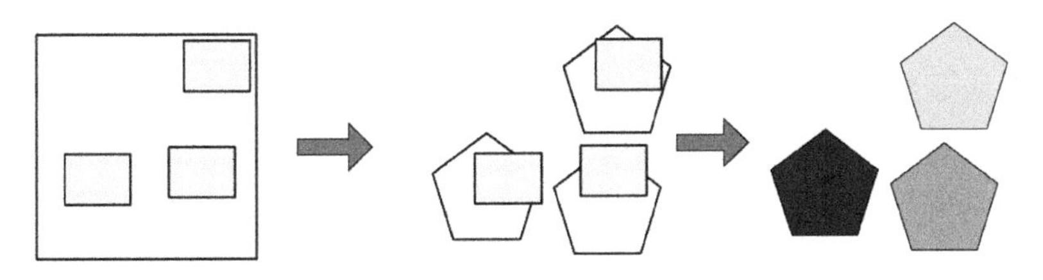

图 5-10　空间连接含义图

5.4　经典空间数据的分布式可视化

空间数据的可视化多以地图服务的方式提供，这是 GIS 应用系统的基本能力，也是数据成果共享的重要方式。如何提供更高效的可视化方法和更优质的访问体验，一直是地图服务提供者关注的重点。

起初，地图服务发布一般采用动态出图方式。随着地图数据量的增加，在服务器端动态出图耗费的时间越来越长，超过了在线等待的极限。于是，地图服务提供者通过预先生成地图瓦片来提升地图服务的访问性能。

5.4.1　分布式瓦片生成技术

地图瓦片技术是 WebGIS 用于提高可视化性能的主要方法，在过去十余年被广泛使用。早期地图瓦片通常采用栅格瓦片，把需要发布的地图提前渲染，按照一定规则切成图片，以便在 Web 客户端直接调取和拼接成地图输出。栅格瓦片适用于更新频率不高、可视化风格确定的情况。为满足可视化风格个性化的需要，最近几年又发展出了矢量瓦片技术。栅格瓦片是可视化渲染的图片，可视化风格不能更改；而矢量瓦片是对数据先进行切片，然后把矢量瓦片传到客户端再渲染，如图 5-11 所示。

地图瓦片技术提高了 GIS 特别是基于 B/S 架构 GIS 应用系统的渲染性能和用户体验，但地图瓦片的生成和更新过程却相当耗时，一直困扰着 GIS 应用系统的开发者和使用者。如中国 1 到 20 级地图瓦片约 100 亿张，假设每毫秒生成 1 张瓦片，也需要 116 天才能全部生成。

因此，借鉴分布式计算的经典思路，将地图瓦片生成任务分解成多个相互独立的小任务，在多机分布式环境下并行工作，可大幅缩短地图瓦片生成的时间，将多达百亿张的瓦片生成任务分解成每 128×128 张瓦片的任务单元，通过多节点的任务调度管理进程，给各个节点分配任务，直到所有任务完成。

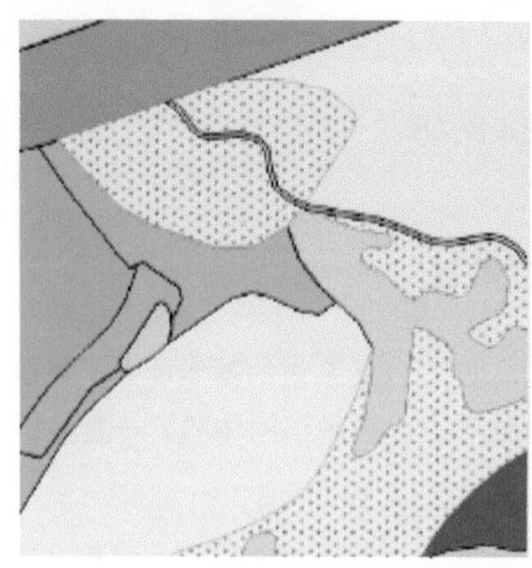

(a) 风格无法修改的栅格瓦片　　(b) 在客户端结合属性值渲染成图的矢量瓦片

图 5–11　地图瓦片示意图

5.4.2　高性能分布式渲染技术

分布式瓦片生成技术虽然提高了性能，但大量的生成和更新瓦片工作，还是给系统建设和运维增加了额外负担。为了更好地满足 GIS 应用对地图服务即时更新、即时发布、高效浏览的要求，需要有效地整合分布式存储、分布式渲染、矢量金字塔、自动缓存等关键技术，提供无需切片的高性能分布式地图渲染技术方案。

该方案在分布式存储技术所提供的数据访问高吞吐的前提下，结合地图服务请求的特点，引入多机并行响应的分布式渲染技术，在多个计算节点完成地图服务的各部分内容的渲染，最终在客户端展现出完整的内容，从而缩短地图服务的响应时间，如图 5–12 所示。

然而，在显示全部地图范围的情况下，多节点也很难在秒级完成大规模的对象渲染。所以，借鉴栅格金字塔的技术思想，发展出矢量金字塔技术。通过对矢量数据进行多层级简化，获得一系列以金字塔形状排列的、数据精度逐步降低的数据集合：金字塔底部是矢量数据的原始层级，顶部是矢量数据的低精度近似表达（在不影响对应层级显示效果的前提下）。降低待渲染数据的复杂度，可确保大规模空间数据在小比例尺下的渲染性能。

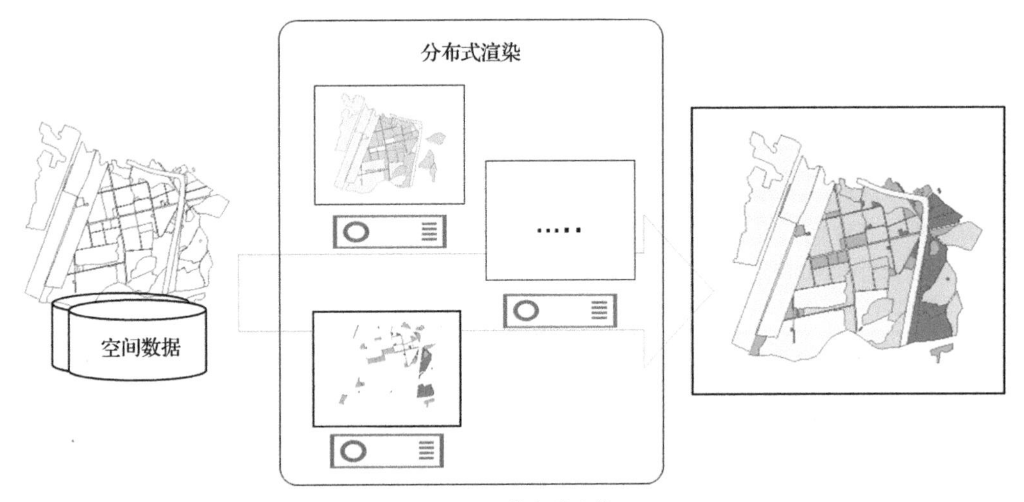

图 5–12　分布式渲染

最后，鉴于地图服务的高并发、内容重复访问的特点，可以结合地图瓦片技术，将访问过的请求内容以瓦片的形式存储在服务器端。在这种情况下，如果再次访问已处理过的请求，则会直接返回结果，无需再做重复处理，进一步提升了地图服务的响应性能。

结合了多项技术点的高性能分布式渲染技术，具备分布式、高性能和高并发等多重特点，能够很好地满足大规模数据免切片地图服务发布的应用需要。

5.5　本章小结

为应对经典空间数据数据量日益增长对 GIS 性能提出的需求，本书借鉴和引入了 IT 的分布式技术，对现有经典空间数据技术的功能和算法进行了分布式重构，以大幅度提升处理与计算性能。这其中主要包括经典空间数据分布式存储、分布式处理分析、分布式可视化的全过程。

经典空间数据的分布式存储，可以采用 Postgres-XL、HDFS、MongoDB 和 HBase 等分布式存储系统，并实现空间扩展，使其具备存储和管理大规模经典空间数据的能力。这些分布式存储系统各具特点，可以根据不用的应用场景进行选择。Postgres-XL 能够提供完整SQL查询能力；HDFS对数据更新支持较弱，但可以结合Spark分布式计算实现最佳性能；HBase 则较为平衡，既具备一定的 SQL 查询和数据更新能力，又具备良好的分布式计算性能。

经典空间数据的分布式处理与分析，采用 Spark 分布式计算框架，对传统的空间处理与分析算法进行了重构，使其得以满足分布式计算的要求和环境，并且能够充分利用分布式计算技术，实现空间数据处理与分析在性能上的数量级提升。

经典空间数据的分布式可视化，把传统的地图瓦片的生成，甚至地图数据的渲染，利用分布式技术予以重构，实现了分布式切图技术和分布式渲染技术，大幅提升了经典空间数据的可视化性能。

参考文献

[1] Tomlin C.D.. Propagating Radial Waves of Travel Cost in a Grid[J]. International Journal of Geographical Information Science, 2010, 24(9): 1391-1413.

[2] 李滨，王青山，冯猛．空间数据库引擎关键技术剖析 [J]. 测绘科学技术学报，2003，20(1)：35-38.

[3] 左尧，王少华，钟耳顺，等．高性能 GIS 研究进展及评述 [J]. 地球信息科学学报，2017，19(4)：437-446.

[4] 卢浩，王少华，李绍俊，等．基于 OpenMP 的并行化水文分析算法研究与实现 [J]. 测绘与空间地理信息，2013(s1)：7-10.

[5] 卢敏，王金茵，卢刚，等．CPU/GPU 异构混合并行的栅格数据空间分析研究——以地形因子计算为例 [J]. 计算机工程与应用，2017，53(1)：172 ～ 177.

[6] 卢浩，范善策，李晓坤，等．基于 Spark 的矢量数据叠加赋值方法研究与实现 [J]. 测绘与空间地理信息，2017，40(z1).

第 III 部分　产品与应用

第 6 章　大数据 GIS 基础软件

6.1　概述

进入大数据时代，空间大数据挖掘与知识发现成为现代地理信息技术发展的前沿。地理信息系统也正在这些前沿技术领域进行不断探索。

当前，主流 GIS 基础软件在顺应空间理论与技术发展方向的基础上，积极融合 IT 大数据核心技术，逐步解决空间大数据存储、计算和可视化等技术难题，并对经典空间数据技术进行分布式重构，以大幅提升经典空间数据的处理性能，构建出一个完整的大数据 GIS 技术体系。

本章以 SuperMap GIS 为例，介绍如何在大数据时代创新 GIS 技术，发展丰富的大数据 GIS 产品形态，进而制定完整的大数据 GIS 技术方案。

6.2　SuperMap GIS 技术发展历程

SuperMap GIS 是北京超图软件股份有限公司（以下简称“超图软件”）的核心产品。超图软件成立于 1997 年，二十余年来，超图软件秉承“地理智慧创新 IT 价值”的企业宗旨，不断创新 GIS 软件技术，逐步形成了领先的 GIS 基础软件技术体系（图 6-1)。

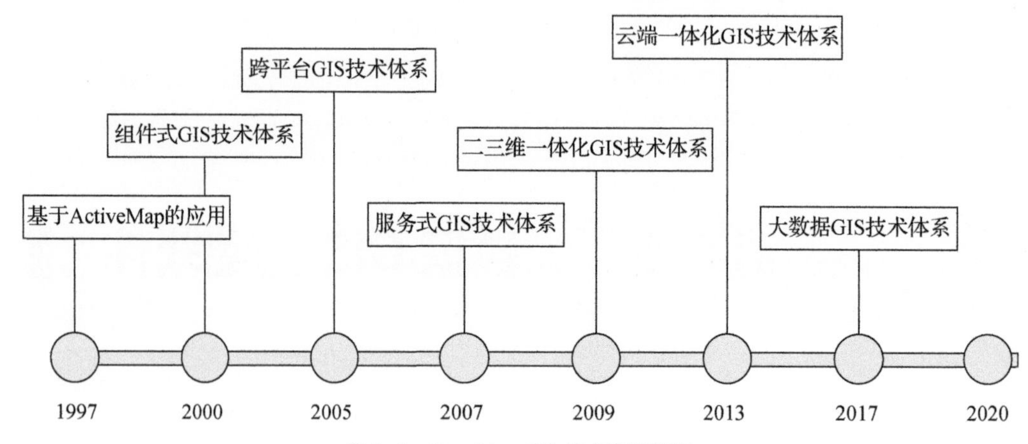

图 6–1　SuperMap GIS 技术发展历程

如图 6-1 所示，超图软件早期创始团队基于自主研发的 ActiveMap(ActiveMap 是 SuperMap 的前身，因在国际上有同名软件且 www.activemap.com 域名也被其他公司注册而不惜放弃已建立的认知，将产品更名为公司名称 SuperMap。) 软件开发了第一个应用“香港综合地理信息系统”(https://www.supermap.com/html/news1053.html)。随着越来越多 GIS 应用服务的开展，超图软件逐步意识到要使技术“沉淀”下来，将科技成果转化为产品，同时要将产品应用到更多的行业。2000 年，超图软件基于组件开发的技术趋势，没有固守“先发展 GIS 桌面软件后提供 GIS 开发平台”的传统理念，在业界率先推出了大型全组件式 GIS 开发平台 SuperMap 2000，实现组件与桌面软件解耦，便于应用系统分发，帮助合作伙伴更灵活地开发与分发行业 GIS 应用系统。

2001 年，超图软件逐步构建 WebGIS、嵌入式 GIS 和空间数据库技术，完成了 GIS 软件技术的产品线布局。这些技术最初都是基于 Windows 内核，在 PC 客户端为王的时代并没什么问题。但超图软件认为，随着 WebGIS 的推广，未来 GIS 的功能重心必然会从客户端向服务器端转移，而服务器操作系统除了 Windows 外，还有 Linux 和 UNIX 等。这个问题是 GIS 基础软件必须要考虑的。

同年，超图软件开辟了第二条技术路线探索，着手重新研发能同时支持 Windows、Linux、UNIX 等操作系统的跨平台 GIS 技术。历经四年多技术迭代，超图软件于 2005 年正式发布了第一款跨平台 GIS 软件。该软件通过标准 C++ 重构了底层 GIS 功能内核，让 SuperMap GIS 基础软件可以在 Linux、UNIX 以及更多的操作系统上运行。这标志着超图软件初步构建了跨平台 GIS 技术基础。在随后几年内，超图软件逐步完善了 SuperMap 跨平台软件产品体系，包括跨平台的服务器 GIS 软件、组件式 GIS 软件、移动 GIS 软件乃至桌面 GIS 软件。

2007 年，随着面向服务的架构 (Service-Oriented Architecture，SOA) 的发展 [1]，超图软件把 WebGIS 软件升级为 ServiceGIS 软件，构建了面向服务的 GIS 技术体系。

与此同时，超图软件也一直在积极探索三维 GIS 技术的发展 [2]。在经历了多家厂商纷纷推出三维虚拟地球的“百球争鸣”之后，2006 年，超图软件提出发展融合虚拟地球的可视化能力与二维 GIS 分析计算能力优势的二三维一体化 GIS 技术，并于 2009 年正式发布二三维一体化 GIS 基础软件，突破了二维与三维 GIS 技术的无缝融合，实现了数据模型、数据存储、数据管理、可视化和空间分析的二维三维一体化，推动了三维 GIS 的发展。

随后，超图软件又紧跟倾斜摄影建模、建筑信息模型 (Building Information Modeling，BIM) 和激光点云等新型三维技术的发展，发展了三维体数据模型，推出开放的适用于多源异构三维地理空间数据的数据格式标准，积极推进新型 IT 技术与三维 GIS 技术的融合，并在 2017 年形成了新一代的三维 GIS 技术体系，发布了更符合当今技术需求的新一代三维 GIS 基础软件。

2009 年，顺应云计算技术的发展趋势，超图软件与 IBM、微软等多家云平台厂商实现技术合作，积极部署云 GIS 战略。在 2013 年，超图软件首次提出包括集约化的云平台和多样化的终端产品在内的云端一体化 GIS 技术体系，帮助建设私有云 GIS 行业应用。随着云计算技术的不断发展成熟，SuperMap GIS 也与更多的公有云 (如阿里云、京东云等)、私有云 (如 VMware vSphere、OpenStack、华为 FusionSphere 等)、政务云 (如阿里政务云、华为政务云等) 实现技术融合和应用适配，为更多的云 GIS 应用提供强大的技术支持。

2018 年，超图软件开始发展全新的云原生 GIS 技术。云原生 GIS 面向云环境而设计，基于微服务架构，以容器为运行载体，可自动化编排与运维管理 [3]，是云 GIS 发展的必然趋势。云原生 GIS 带来了更弹性、更稳定、更新更实时的 GIS 应用模式。

大数据时代，基础云平台已经逐步替代传统物理服务器，成为空间信息基础设施建设的首选。但是，如何应对不断累积的数据容量、不断增多的数据维度，如何洞察和发现数据的潜在价值，是大数据时代我们面临的新的问题 [4]。

超图软件同样没有停止大数据技术研究的脚步。2017 年，超图软件发布了大数据 GIS 基础软件 SuperMap GIS 9D，特别是实现了底层 GIS 核心算法与先进的 IT 分布式计算框架 Spark 的深度融合，而且该软件涉及大数据全生命周期的功能扩展。由此，超图软件形成了全新的大数据 GIS 技术体系 [5]。

综上所述，SuperMap GIS 经历二十多年的技术迭代，逐步形成了包括跨平台 GIS 技术 (Cross Platform GIS)、云原生 GIS 技术 (Cloud Native GIS)、新一代三维 GIS 技术 (New Three Dimension GIS) 和大数据 GIS 技术 (Big Data GIS) 在内的四大 GIS 技术体系。云原生 GIS 技术是 SuperMap 在 2018 年底在原有云–边–端一体化 GIS 技术体系基础上，将云 GIS 中心技术支撑从云就绪 GIS 技术升级而来的，云原生 GIS 是对传统软件架构的一次重构，通过微服务架构、容器化部署和自动化编排等关键技术，为用户提供更加灵活、高效、智能的云 GIS 服务能力。

6.3 SuperMap 大数据 GIS 基础软件

空间大数据的 L+5V 特征为 GIS 基础软件提升对空间大数据的支持能力提供了参考，GIS 应该考虑从这几个方面来解决相关问题：一是要解决大量数据的存储访问问题；二是要能对多源异构的数据进行存取、处理以及语义解析；三是要满足时效性，尤其是对于流数据的应用；四是要能够从数据中发现价值，并通过大数据可视化技术实现人机交互，辅助决策。除此之外，大数据 GIS 基础软件还应该解决更适合 WebGIS、移动 GIS 应用场景的服务化能力支持，提升大数据 GIS 的应用面和便携性。

SuperMap GIS 贯穿空间大数据全过程各个环节实现技术创新，将大数据存储管理、大数据分析、流数据处理和大数据可视化等技术与 SuperMap GIS 技术深度融合，全面扩展对大数据的支持能力 [6]，如图 6–2 所示。

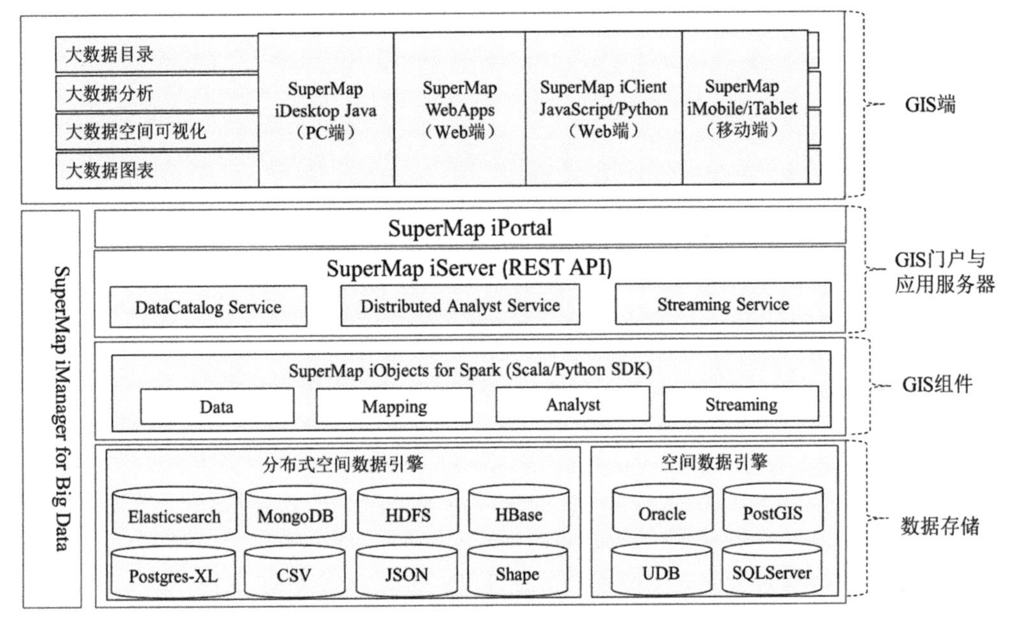

图 6-2　SuperMap 大数据 GIS 基础软件产品技术架构

图 6-2 是 SuperMap 大数据 GIS 基础软件的产品技术架构，具体描述如下。

- SuperMap 大数据 GIS 基础软件在数据存储层，通过对分布式文件系统 HDFS、分布式数据库 HBase、Elasticsearch、Postgres-XL 等的支持与空间扩展，实现对空间大数据高效稳定的存储和管理能力。
- SuperMap 大数据 GIS 基础软件提供了 SuperMap iObjects for Spark 空间大数据组件，从 GIS 内核扩展了 Spark 空间数据模型，不仅实现了全新的空间大数据分析算子，也实现了针对经典空间数据的空间分析算子的分布式重构。SuperMap iObjects for Spark 空间大数据组件可以直接嵌入到 Spark 内运行，能够充分利用后者的分布式计算能力，既解决了空间大数据分析和应用难题，又突破了经典空间数据处理与分析的性能瓶颈。
- 云 GIS 服务器 SuperMap iServer 提供了面向大数据的数据目录服务、分布式分析服务和流数据服务等，并且内置了 Spark 运行库，降低了大数据环境的部署门槛。

云 GIS 门户 SuperMap iPortal 提供了大数据服务资源的整合、查找、管理和共享能力。

- SuperMap 大数据 GIS 基础软件也提供了非常丰富的终端产品，包括跨平台桌面 SuperMap iDesktop Java、零代码可配置 Web 应用 SuperMap WebApps、浏览器端产品 SuperMap iClient JavaScript /Python、移动端 SuperMap iMobile/iTablet 等，提供了丰富多样的聚合图、密度图、关系图、热力图等空间大数据可视化技术，突破了海量动态目标的二维和三维可视化技术 [7]。
- SuperMap iManager 通过资源智能调配、任务自动化调度编排、资源监控与预警和大数据运行环境一键构建，为空间大数据的运维与管理提供支持。

SuperMap 大数据 GIS 基础软件各个产品之间的逻辑调用关系，如图 6–3 所示。为了实现更适合 WebGIS 的大数据行业应用，SuperMap 大数据 GIS 基础软件将 SuperMap iObjects for Spark 空间大数据组件封装成 Web 服务，通过 SuperMap iServer 实现基于 Spark 的任务调度、服务调用和分析结果输出；借助桌面端、移动端、Web 端的 Apps 或者 SDKs 实现空间大数据可视化；通过 SuperMap iManager 实现基于云和大数据基础环境的资源调度、运维和管理支持。

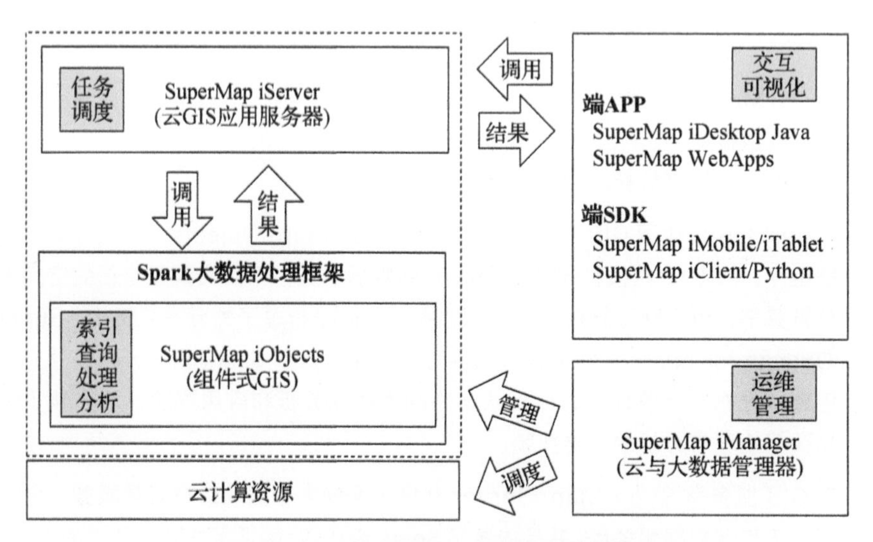

图 6–3　SuperMap 大数据 GIS 基础软件调用关系

6.3.1 SuperMap 大数据 GIS 组件产品

在 GIS 技术变革的道路上，无论是组件式 GIS、服务式 GIS、云 GIS 还是大数据 GIS，都始终与 IT 技术的发展紧密关联。紧跟先进技术的发展趋势，GIS 基础软件需要一个强大的、坚实的底层基础框架来提供支撑。2005 年，超图软件发布了基于标准 C++ 重构的跨平台 GIS 内核 (Universal GIS Class Library，UGC)，它功能强大、性能稳定，也是 SuperMap GIS 全系列产品形成和发展的基石。

随着大数据时代的到来，SuperMap GIS 融合了先进的分布式计算框架 Spark。如图 6-4 所示，将 SuperMap C++ 跨平台内核与 Spark 的 Scala 开发语言相结合，使得 GIS 软件可以直接嵌入 Spark 内运行，在此基础上研发 SuperMap iObjects for Spark 组件。后者降低了空间大数据分析利用的门槛，可以实现空间大数据分布式存储管理、分析与可视化。

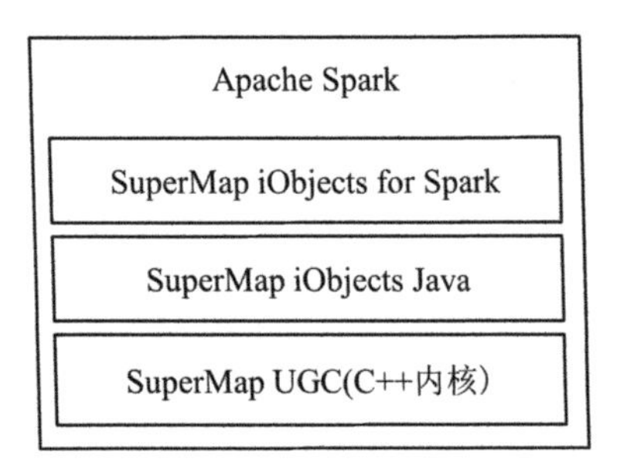

图 6-4 SuperMap 大数据组件技术架构图

发展 SuperMap iObjects for Spark 组件的设计原则有以下四个 [8]。

- **具备内置于 Spark 中运行的能力** 基于 Spark 的 GIS 系统运行方式主要有两种：一种是在 Spark 之外，主要实现任务调度控制和分析结果的可视化；另一种是直接运行在 Spark 之内，这种方式可以构建空间索引，实现分布式的空间查询、分析和计算。结合 GIS 的内部特征和应用驱动，最优的方案是将 GIS 系统直接运行在 Spark 之内，这种方式可最大限度地发挥 GIS 和 Spark 深度融合的潜能。
- **具备跨平台操作的能力** Spark 和 Hadoop 等大数据技术栈主要原生于 Linux，因此发挥 GIS 与大数据技术栈结合能力的最好方式，就是 GIS 基础软件直接支持

Linux。而超图软件基于标准 C++ 重构的跨平台 GIS 内核，天然具备原生运行于 Linux 操作系统的能力，为大数据 GIS 打下了坚实的基础。

- **具备高效的处理性能** 空间大数据处理面临数据规模大和动态变化等挑战，云计算技术可为其提供极为高效、可弹性伸缩的处理能力，支持基于 Docker 和 Kubernetes 的快速部署，可以充分发挥云计算优化能力，是效率提升的保障。
- **具备灵活、便捷的二次开发能力** 满足空间大数据分析的个性化定制需求，能够在软件提供的功能基础上，灵活、便捷地开发满足特定行业或领域需求的应用。

SuperMap iObjects for Spark 的构建过程如图 6-5 所示。首先基于跨平台内核的空间数据引擎 SDX+，研发并封装了支持 HDFS、HBase、MongoDB、Elasticsearch 等大规模分布式存储系统的访问接口，实现空间大数据的分布式存储，同时兼容已有的 GIS 空间数据库，扩展 GIS 的数据服务、空间分析等能力到整个 IT 基础设施。然后，基于 Spark 的 RDD 数据结构，实现对点、线、面等地理空间对象的空间能力扩展。在此基础上，实现基于内存的大规模空间数据处理、空间索引和空间分析计算功能。最后，利用 Spark Streaming 技术实现对流数据的处理和分析能力，也为上层桌面端、Web 端的大数据应用提供基础。

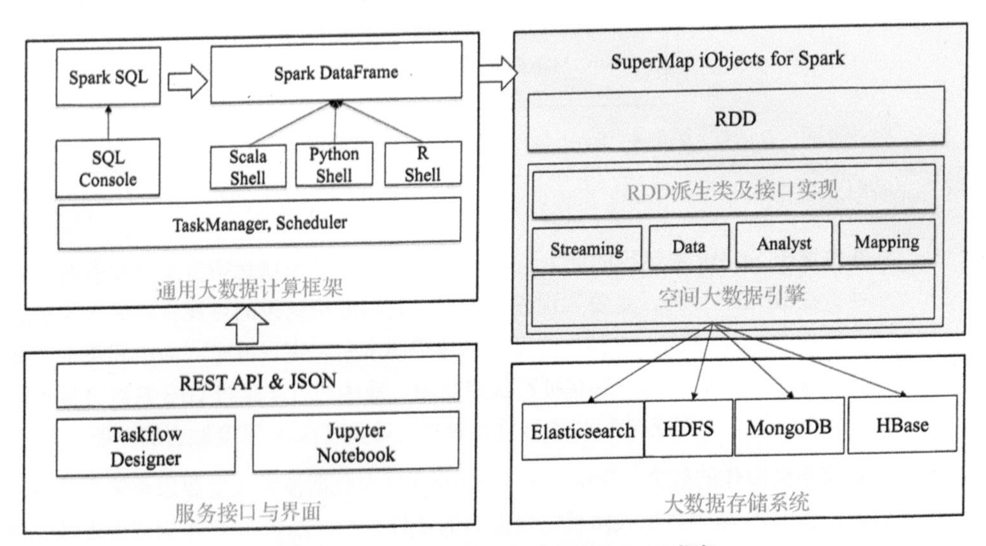

图 6-5 SuperMap iObjects 直接嵌入 Spark 框架

SuperMap iObjects for Spark 组件提供了包括对空间大数据存储管理、空间大数据处理和分析、流数据处理、空间大数据可视化等能力的支持，也提供了对于经典空间数据技术在这几个方面能力的分布式重构支持，如图 6-6 所示。这表明 SuperMap 大数据 GIS 提供了两个应用方向：全新的空间大数据和日益增长的经典空间数据。

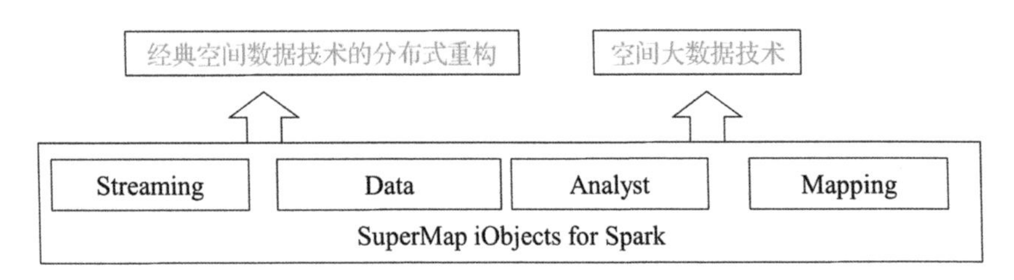

图 6-6 SuperMap iObjects for Spark 的功能结构

6.3.2 SuperMap 大数据 GIS 云产品

SuperMap 大数据 GIS 云产品实现对计算资源的集约利用，全面支持大数据的存储管理、分析与可视化，保障 GIS 服务的稳定可靠；通过统一门户将大数据服务资源整合共享；应用边缘计算技术解决跨地域、多组织聚合交换；通过云和大数据资源管理器加强运维机制，提供大数据环境的快速交付、监控和告警等智能化管理。

6.3.2.1 SuperMap iServer

如今，越来越多的 GIS 行业应用系统通过 GIS 基础软件提供的终端产品的 API，调用标准 REST 服务，实现 WebGIS 或者移动 GIS 的行业应用扩展。SuperMap iServer 就是基于高性能跨平台 GIS 内核的云 GIS 应用服务器，具有二三维一体化的服务发布、管理与聚合功能，提供多层次的扩展开发能力。SuperMap iServer 扩展了大数据的支持能力，如图 6-7 所示，提供了数据目录服务、分布式分析服务和流数据服务等，并内置 Spark 运行库，降低了大数据环境部署门槛，通过多机并行、多进程并行、多线程并行相结合的全方位并行机制，为整个云和大数据地理信息平台提供全功能、高性能、稳定可靠的 GIS 服务支撑。

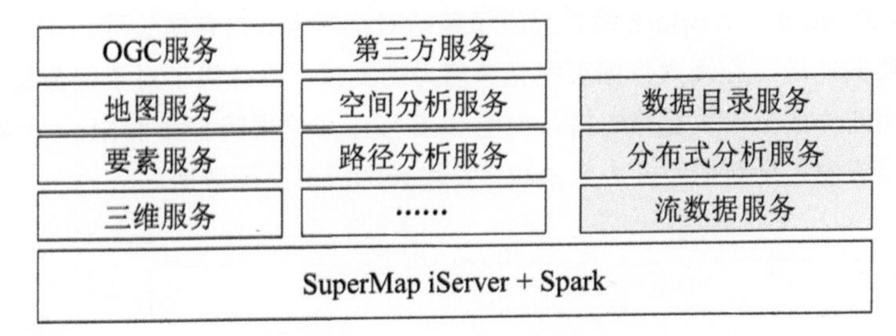

图 6–7　SuperMap iServer

- **数据目录服务**　在大数据分析业务中，可能需要处理来自不同存储媒介的多源数据。SuperMap iServer 提供的数据目录服务为空间大数据分析提供数据入口，可以对多种类型的空间数据实现统一访问和一体化的管理。如图 6–8 所示，可以将共享文件、关系型数据库如 Oracle，分布式文件系统（如 HDFS）和分布式数据库（如 HBase）等注册到数据目录服务，还可以对数据目录服务进行浏览和编辑，解决了数据集成、存储、数据格式转换和数据迁移等问题。主流的 GIS 基础软件厂商都集成了很多开源技术来实现大数据 GIS 能力，为降低使用的技术门槛，SuperMap iServer 提供了独立的数据存储应用程序 SuperMap iServer Datastore。它内置配置向导，可以实现快速配置。它也集成了面向大规模矢量数据应用场景的 PostgreSQL、大规模瓦片应用场景的 MongoDB 和流数据应用场景的 Elasticsearch，通过底层数据库的分布式能力，在保证存储高可靠性的基础上，为大数据 GIS 服务提供高效的数据读写和传输能力。

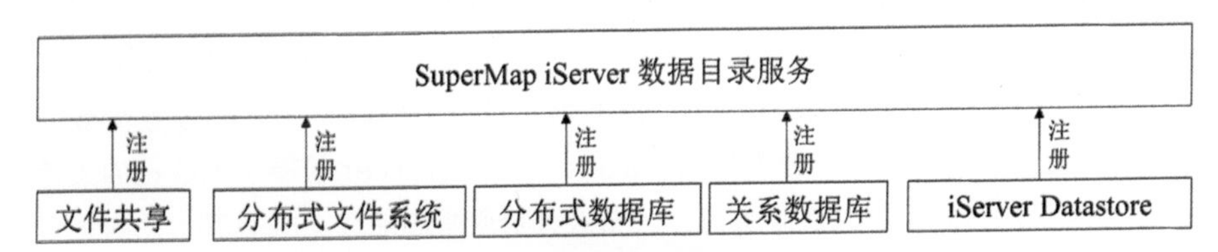

图 6–8　数据目录服务

- **分布式分析服务**　SuperMap iObjects for Spark 组件产品可以实现便捷、高效的空间大数据处理与分析。SuperMap iServer 将其具备分布式能力的空间分析算子封装成 Web 服务，便于桌面 GIS、WebGIS 和移动 GIS 的调用。

SuperMap iServer 也内置了 Spark 运行库，降低了大数据分析环境的部署门槛。SuperMap iServer 提供的分布式分析服务，集成了组件支持的空间分析算子，包括密度分析、格网汇总、叠加分析、OD 分析等，实现了对超大体量空间数据进行分布式空间分析和数据处理的能力，同时提供了 REST API，支持多种终端的快速调用和可视化，便于行业应用扩展开发。相较于传统的空间分析能力，分布式分析服务带来了数量级的性能提升，并且其性能会随着计算节点的弹性扩展接近线性增长，可以有效利用多机的计算和存储资源，显著提升工作效率。

- **流数据服务** 大数据处理的时效性一直是一个备受关注的话题。SuperMap iServer 提供了高效和实用的流数据处理服务，可以对接物联网中的多种传感器，并且可以对接入的流数据进行快速的处理、分析和可视化。如图 6–9 所示，SuperMap iServer 流数据服务采用 Spark Streaming 流数据处理技术，支持多种主流传输协议，包括 WebSocket、Kafka、HTTP 的接入，可以接入多种方式的流数据，包括传感器数据、GNSS 数据、社交媒体数据等，支持对流数据进行属性条件过滤和空间范围过滤、位置状态的监控处理，以及分析结果的多端可视化输出。

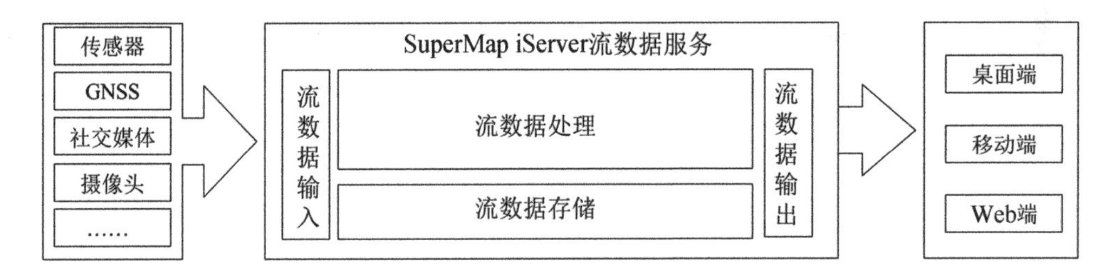

图 6–9 SuperMap 流服务技术架构图

6.3.2.2 SuperMap iPortal

SuperMap iPortal 是集 GIS 资源的整合、查找、共享和管理于一体的 GIS 门户平台，具备零代码可视化定制、多源异构服务注册管理、系统监控仪表盘等先进技术和能力。它内置数据上图、三维地球、地图大屏、数据洞察等多个 Web APP，提供直接可用的在线专题图制作、数据可视化分析、模板式应用创建等实用功能，可以快速构建各级地理信息平台的云端一体化门户站点。

SuperMap iPortal 作为平台 GIS 资源和应用的访问入口以及内容管理中心，通过整合不同类型、不同系统中的 GIS 资源，为资源的查找和访问提供统一入口，实现基于企业组织架构以及角色权限的交换共享，同时对外提供服务的统一出口，降低查找和获取各种 GIS 资源的成本。具体如下。

- **大数据资源整合能力** SuperMap iPortal 具有大数据资源快速整合能力，可以将分散、异构的 GIS 服务器中的地图、服务、场景、数据、应用等 GIS 资源快速整合或者接入到门户。
- **大数据资源查找能力** SuperMap iPortal 作为云 GIS 门户平台，具有快速查找地图、服务、场景、数据、应用等 GIS 资源的能力，能够方便、快捷地查找和定位到所需的 GIS 资源。通过模糊搜索、分类过滤、标签过滤、分类排序等多种方式进行 GIS 资源的快速定位。
- **大数据资源管理能力** SuperMap iPortal 提供完备的大数据资源管理能力，不仅可以实现“我的资源我管理”，而且可以让管理员对门户中各类 GIS 资源进行统一管理，此外还可以划分组织结构，分配不同的部门管理员，在门户中管理各自部门的资源。
- **大数据资源共享能力** SuperMap iPortal 具有灵活共享地图、服务、场景、数据、应用等 GIS 资源的能力，实现包括私有、公开、指定部门、指定群组和指定用户五种范围级别的资源共享方式。针对多级单位或者部门的门户平台应用，SuperMap iPortal 提供组织结构配置功能，通过划分组织结构，实现各级单位或各部门管理员分别在门户中管理自己的资源和用户，实现不同部门资源逻辑上的隔离，在门户层面对多源服务权限进行统一控制，实现资源的实时维护与更新，提高 GIS 资源的利用率。

6.3.2.3 SuperMap iManager

随着云计算技术的发展和广泛应用，公共政务云和企业私有云逐步替代了传统物理服务器模式，成为新一代数据中心的基础设施。在大数据 GIS 应用建设过程中，我们不仅需要关注业务功能的实现，也需要关心如何保证整个大数据 GIS 平台的高效稳定运行，如何实现云和大数据中心的智能化运营和运维。

作为 GIS 资源管理器，SuperMap iManager 是连接基础设施与上层大数据 GIS 基础软件的纽带，如图 6-10 所示。与通用的云平台运维管理软件相比，SuperMap iManager 不仅能够继承基础云平台的相关功能，而且能够体现 GIS 独有的技术特性。它可以实现对云 GIS 平台资源的高效管理，支持通过 GIS 镜像快速构建 GIS 虚拟机或者大数据 GIS 环境集群，支持对 GIS 云主机以及相关的 GIS 服务实现监控预警等。

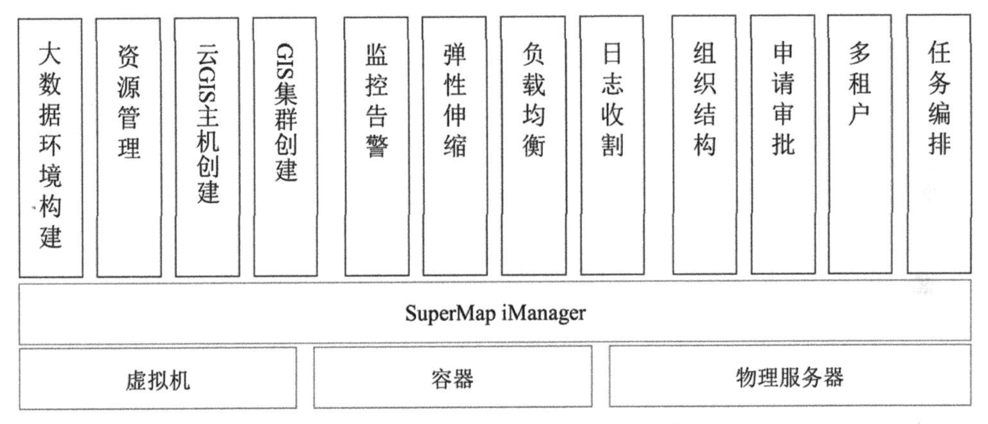

图 6-10　SuperMap iManager 大数据 GIS 运维支持

SuperMap iManager 的能力具体如下。

- **大数据 GIS 站点构建**　大数据技术周期涉及大数据的存储管理、分析计算、服务发布、可视化等多个环节。在实际的大数据 GIS 应用系统建设中，需要关联、集成和协调不同的软件技术，才能实现对整个系统的综合应用管理。

  常见的大数据依赖环境包括采用分布式文件系统 HDFS 存储空间大数据，通过分布式数据库 MongoDB 存储地图瓦片，通过内置 Spark 运行库的 SuperMap iServer 实现分布式计算的服务发布等。SuperMap iManager 通过云环境资源的智能调配，如图 6-11 所示，实现一键创建 SuperMap GIS 大数据站点（包括 GIS 服务器环境、HDFS 环境、MongoDB 环境等），并轻松实现部署、运维与管理。

  SuperMap iManager 也实现了基于 Docker Compose(https://docs.docker.com/compose/) 的任务编排，将不同的软件应用和依赖环境打包成标准容器单元，通过脚本的灵活配置，来定义和运行更为复杂的大数据 GIS 行业应用。

地址	容器端口	容器描述	状态	操作
http://192.168.169.35:33009/home	8088/tcp	Hadoop HDFS环境，数据管理UI	在线	停止 重启 日志
http://192.168.169.35:33008	50070/tcp	Hadoop HDFS环境，文件目录树	在线	停止 重启 日志
http://192.168.169.35:33010	50075/tcp	Hadoop HDFS环境，数据存储	在线	停止 重启 日志
http://192.168.169.35:33013 spark://192.168.169.35:33014	8080/tcp 7077/tcp	Spark环境，管理节点	在线	停止 重启 日志
http://192.168.169.35:33015	8081/tcp	Spark环境，工作节点	在线	停止 重启 日志 弹性伸缩
http://192.168.169.35:33007	9001/tcp	Spark环境，可视化节点	在线	停止 重启 日志
http://192.168.169.35:33012	8090/tcp	iServer环境，iServer节点	在线	停止 重启 日志
http://192.168.169.35:33005	8020/tcp	存储环境，iServer DataStore	在线	停止 重启 日志
192.168.169.35:33016	27017/tcp	存储环境，MongoDB数据库	在线	停止 重启 日志
http://192.168.169.35:33011	8081/tcp	存储环境，MongoDB WebUI	在线	停止 重启 日志

图 6–11　GIS 大数据站点一键构建

- **一体化运维监控**　运维就是通过科学的、自动化的技术和方法，对越来越多的物理服务器或者虚拟机进行高效的管理。云 GIS 运维与传统云数据中心的运维相比，除了要应对云中心运维的基础工作需求外，也需要考虑 GIS 服务的技术特征，包括 GIS 数据的安全维护和 GIS 应用的运行监控等，如图 6–12 所示。具体而言，云 GIS 一体化运维需要考虑的问题包括但不限于以下几个：运行的 GIS 服务运行在哪个云主机？该云主机的运行状态如何？该 GIS 服务背后有哪些 GIS 集群节点支撑？这些 GIS 集群节点是否运行正常？

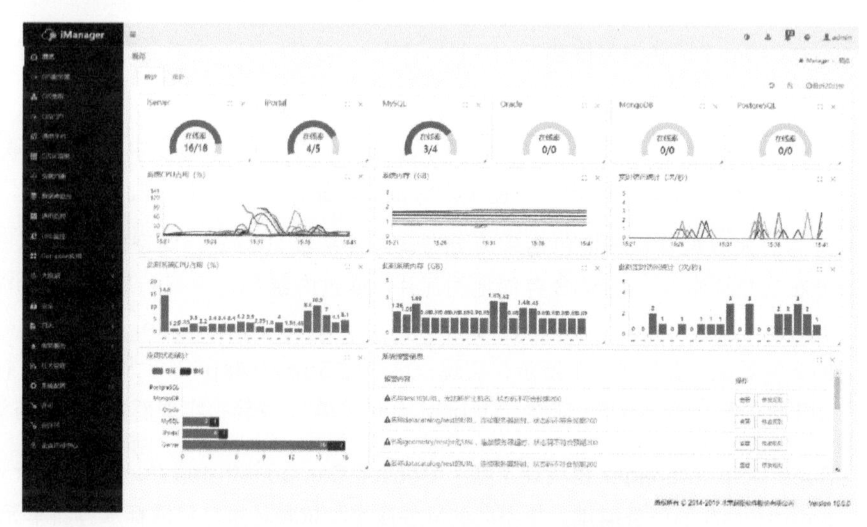

图 6–12　SuperMap iManager 的一体化运维

SuperMap iManager 提供了非常完备的基础运维监控指标，包括云主机级别以及进程级别的 CPU 负载、内存负载、网络负载、磁盘读写 I/O。它针对常用的数据库监控提供了数据库连接数和会话数的状态显示。连接数是物理上的客户端同服务器的通信链路，会话数是逻辑上的用户同服务器的通信交互。特别是针对 GIS 的实例访问统计、服务类型统计、服务访问热点图、服务响应时间统计、用户并发访问量等指标提供了详细的监控维度。针对这些监控指标，可以设置非常灵活的报警规则，通过弹窗报警、E-Mail 通知以及短信与微信通知等方式实现预警机制。

6.3.2.4 SuperMap iEdge

GIS 云平台已经渐渐取代了多层级部署方式，使得资源集中在云 GIS 中心。这种方式也存在一定的局限，主要表现在两个方面：第一，从网络边缘设备传输海量数据到云 GIS 中心，使网络传输带宽的负载量急剧增加，造成较长的网络延迟；第二，线性增长的云 GIS 中心，其计算能力无法匹配爆炸式增长的海量边缘数据。为此，以边缘计算模型为核心的、面向网络边缘设备所产生的以海量数据计算为目标的边缘式数据处理应运而生。

边缘计算 (Edge Computing) 是在靠近数据源头的网络边缘侧，融合网络、计算、存储、应用核心能力的开放平台，就近提供边缘智能服务，满足行业数字化在敏捷联接、实时业务、数据优化、应用智能、安全与隐私保护等方面的关键需求。边缘计算和云计算都是处理大数据计算运行的方式，两者协同配合、互为补充。

SuperMap iEdge 作为边缘 GIS 服务器，部署在靠近客户端或者数据源的一侧，实现就近的服务发布、实时分析与计算等，可以降低响应延时和带宽消耗，减轻云 GIS 中心的压力，如图 6-13 所示。作为 GIS 云和应用终端之间的边缘节点，SuperMap iEdge 通过服务代理聚合与缓存加速等技术，有效提升云 GIS 的终端访问体验。它还提供内容分发和边缘分析计算能力，帮助建设更加高效智能的云-边-端 GIS 应用系统。

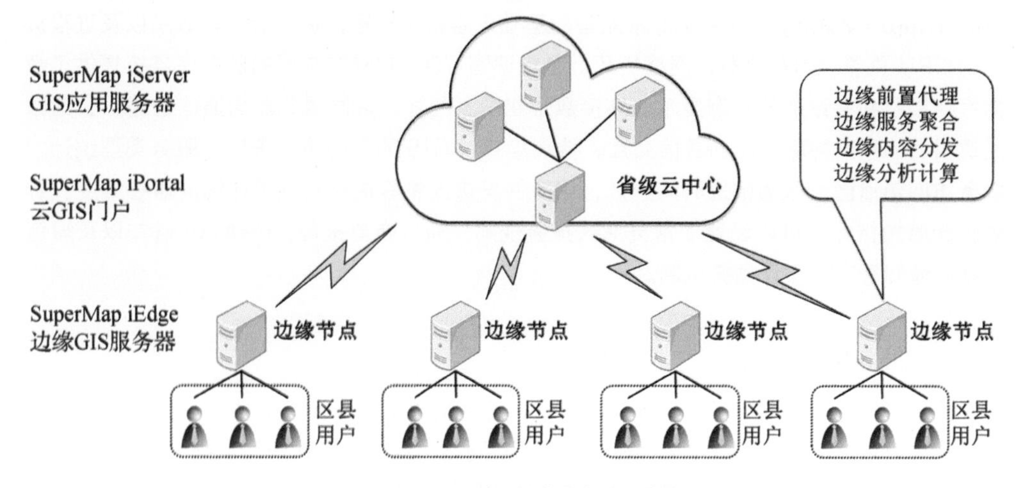

图 6–13 云–边–端应用部署示意图

6.3.3 SuperMap 大数据 GIS 端产品

SuperMap 多样化的 GIS 终端采用统一的服务接口连接和访问 GIS 云和大数据服务，实现跨终端的 GIS 大数据应用开发和资源访问能力。桌面端、Web 端和移动端提供多种 SDK 和 APP，提供丰富的大数据可视化、分析与洞察能力。

6.3.3.1 SuperMap iDesktop Java

SuperMap iDesktop Java 是业界首款跨平台、全功能的桌面 GIS 软件，也是新一代面向大数据 GIS 的桌面平台。它提供了空间大数据管理分析、任务调度和可视化 [7] 等功能，可以用于空间大数据的生产、处理、分析及制图。具体如下。

- **空间大数据分析** SuperMap iDesktop Java 可以作为数据空间大数据存储访问和分布式处理分析的桌面端入口，支持分布式文件系统 (如 HDFS) 的上传和下载等操作，也可以快速接入 SuperMap iServer 大数据目录服务。通过调用 SuperMap iServer 的分布式处理与分析服务 (包括数据裁剪、范围统计、热点分析和密度分析、聚合分析等)，能够快速获取空间大数据在线处理分析的结果。

- **可视化建模** 可视化建模的目标是提供用于执行分析和管理地理空间数据的工具和框架。SuperMap iDesktop Java 将常用的 GIS 功能封装成独立的 GIS 工具单元，可以按需进行设计，将简单的单元工具进行任务编排，实现复杂的空间大数据处理任务或者空间大数据分析的多业务流程，并且支持一键执行，如图 6-14 所示。

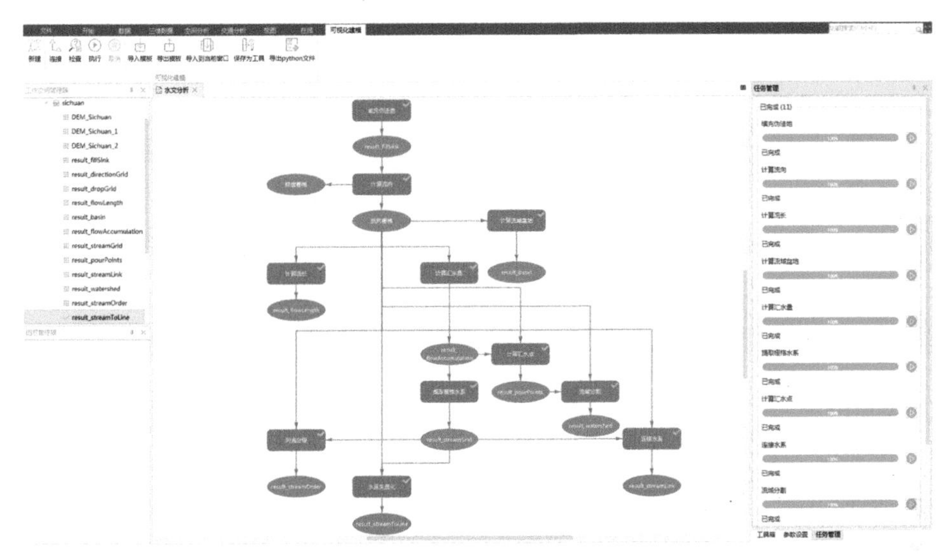

图 6-14 空间大数据可视化建模

- **空间大数据可视化** SuperMap iDesktop Java 不仅提供常规的专题地图，也提供高效渲染能力，可以通过热力图、网格图和聚合图等，将大数据量的数据直观快速渲染成图，通过风格变化反映数据分布情况，如图 6-15 所示。

6.3.3.2 SuperMap iClient

SuperMap iClient JavaScript 基于现代 Web 技术栈全新构建，全面对接集成常用的开源地图库和图表库，核心代码以 Apache2 协议完全开源，是 SuperMap 云 GIS 产品和在线 GIS 平台系列产品的统一 Web 客户端，提供了全新的大数据可视化能力 [9]。

- **空间大数据可视化** SuperMap iClient JavaScript 全面对接集成 Leaflet，OpenLayers，Mapbox GL-JS，ECharts，D3，MapV，Deck.GL 等常用的地图库和图表库，为 SuperMap iServer 的大数据分布式分析服务、流数据处理服务

等提供统一的 API 和可视化呈现，支持海量数据的热度图、散点图、矢量瓦片、动态线路、轨迹图、格网聚合的二维、三维表达等丰富的可视化效果，如图 6-16 所示。

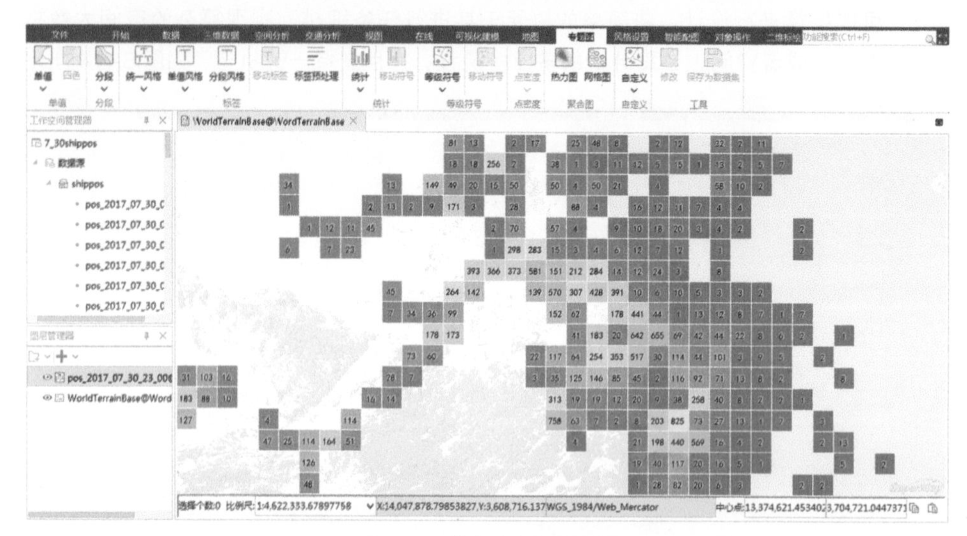

图 6-15　空间大数据可视化

图 6-16　动态线路图示例

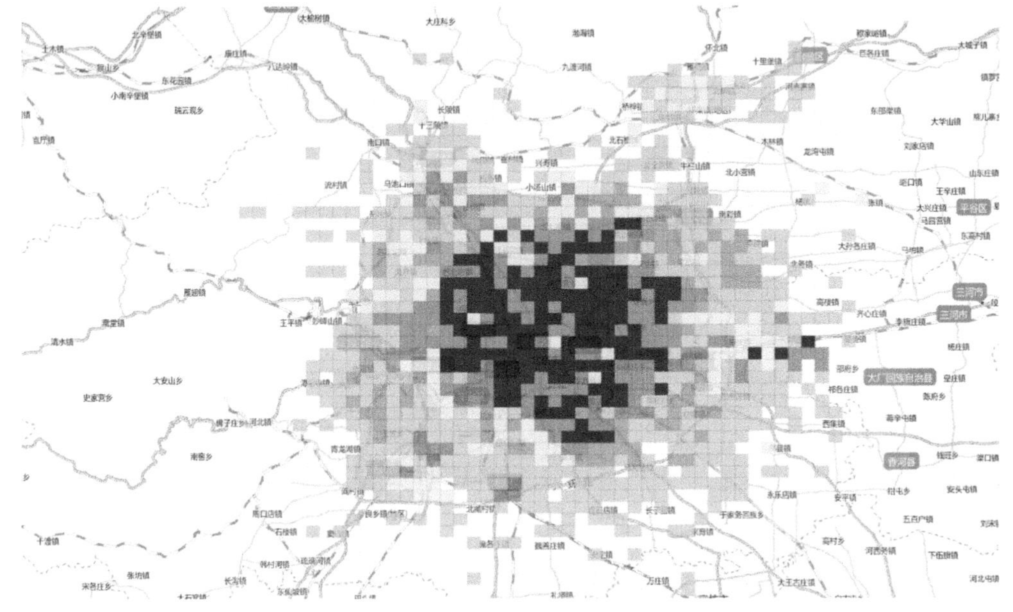

图 6-17 空间大数据聚合分析结果可视化

- **空间大数据分析服务调用及结果可视化** 通过调用 SuperMap iClient JavaScript 的 ProcessingService API，可以向 SuperMap iServer 发起分布式空间分析任务，包括：密度分析、叠加分析、点聚合分析等。完成后，SuperMap iClient JavaScript 能够对分析结果进行可视化，如图 6-17 所示。
- **流数据服务处理结果的可视化** SuperMap iServer 的流数据服务可以通过各种通讯协议，对来自互联网、移动互联网、物联网等的流数据进行采集、存储和分析。SuperMap iClient JavaScript 可以对流数据服务进行订阅。SuperMap iServer 通过 WebSocket 协议等将流数据推送至订阅的 SuperMap iClient JavaScript 客户端并进行可视化呈现，如图 6-18 所示。

SuperMap iClient JavaScript 的 Python SDK，利用 Python 语言简单易用的特性，可以获取云 GIS 产品和 SuperMap Online 的 REST API，并且能够与 Jupyter Notebook 深度结合，让大数据分析与可视化更加简单。

图 6–18 流数据服务结果的可视化

6.3.3.3 SuperMap iDataInsights

SuperMap iDataInsights 是一款用于地理数据洞察的 Web 应用软件，如图 6–19 所示，它可以接入 SuperMap iPortal 或者 SuperMap Online 整合的大量数据资源，在传统图表分析的基础上，引入和加强了地理分析能力，提供多源空间数据的接入、动态可视化、交互式图表、空间分析等能力。其特点是操作简单、可视化效果丰富、地理分析服务能力强大，有助于空间数据挖掘与价值发现，帮助优化与空间位置相关的业务。

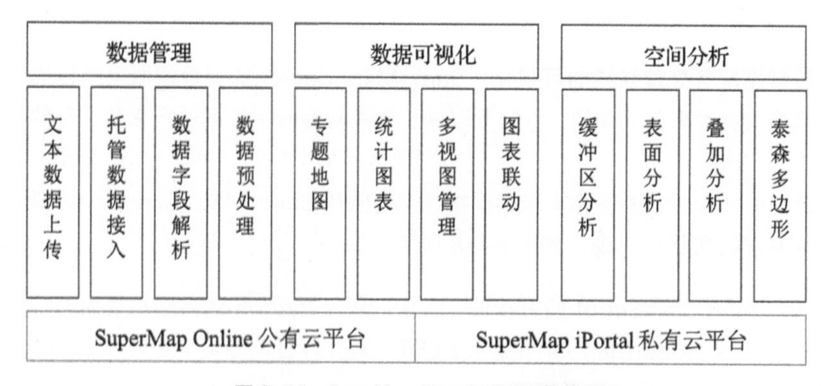

图 6–19 SuperMap iDataInsights 架构图

SuperMap iDataInsights 为空间大数据的分析和数据洞察提供了方便快捷的工具支持。相比专业的 GIS 应用系统，其交互式操作使用简单，无需配置和开发，更适合非 GIS 专业人员使用。相比专业的商业智能 (Business Intelligence，BI) 工具，它更加凸显地理空间分析的差异化优势，空间可视化能力更强；相比商业地理分析工具，它可以面向更多行业方向，市场和用户群更为广泛。

SuperMap iDataInsights 最大的特点是将多个维度的可视化视窗在同一页面中进行集中展示，其产品界面如图 6-20 所示。通过大量的专题地图（单值地图、范围分段地图、等级符号地图和热度图等）、统计图表（柱状图、折线图、矩形树图、饼图、条形图等）和空间分析（缓冲区分析、表面分析、叠加分析、邻近分析等），让数据信息一目了然。特别是提供了视图的联动功能，用于发现空间数据和属性数据之间的关联，对空间大数据进行充分挖掘和分析，洞察其背后的规律和价值。

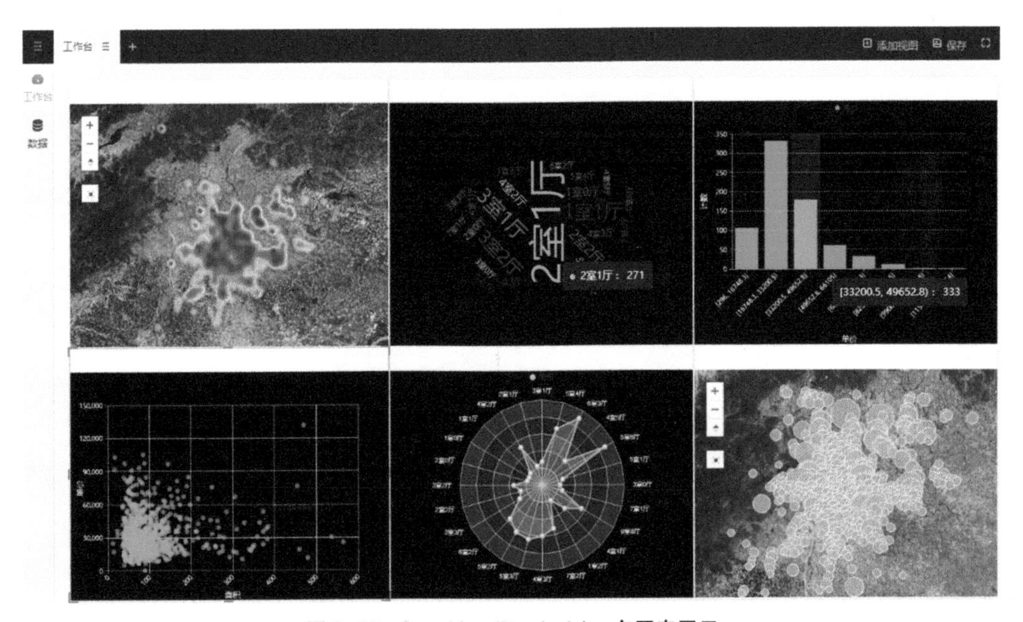

图 6-20　SuperMap iDataInsights 多图表展示

6.3.3.4 SuperMap iMobile

SuperMap iMobile 是一款移动 GIS 开发平台，具备专业、全面的移动 GIS 功能。它支持基于 Android、iOS 操作系统的智能移动终端，可以快速开发在线和离线的移动 GIS 应用。SuperMap iMobile 的功能如下。

- **空间大数据采集的入口**　空间大数据时代，用户面临的数据类别越来越多样，特别是移动互联网的发展，产生了大量含有位置信息的非测绘类型数据（包括社交媒体数据、手机信令数据、导航轨迹数据、城市摄像头监控数据和可穿戴设备数据等）。这些数据都要能够接入到大数据 GIS 平台。

  SuperMap iMobile 支持利用 GNSS 采集点、线、面数据，自动获取移动终端所在位置的坐标值，形成轨迹数据，如图 6-21 所示。同时，利用移动设备自带的摄像头等传感器，SuperMap iMobile 可以实现对包含地理位置的照片、音频和视频等多媒体信息的采集。

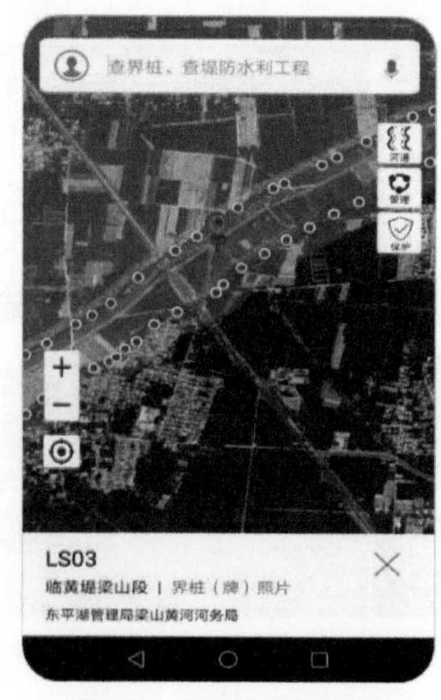

图 6-21　移动端的数据采集

- **空间大数据挖掘的移动端展示** SuperMap iMobile 支持热力图、格网热力图、密度图、聚合图、关系图等多种类型的可视化模型，如图 6–22 所示，既可以实现归档大数据挖掘分析后的静态可视化展示，又可以接入流数据处理结果，实现流数据动态监测和时态推演，对空间大数据进行深入挖掘，从而辅助决策。

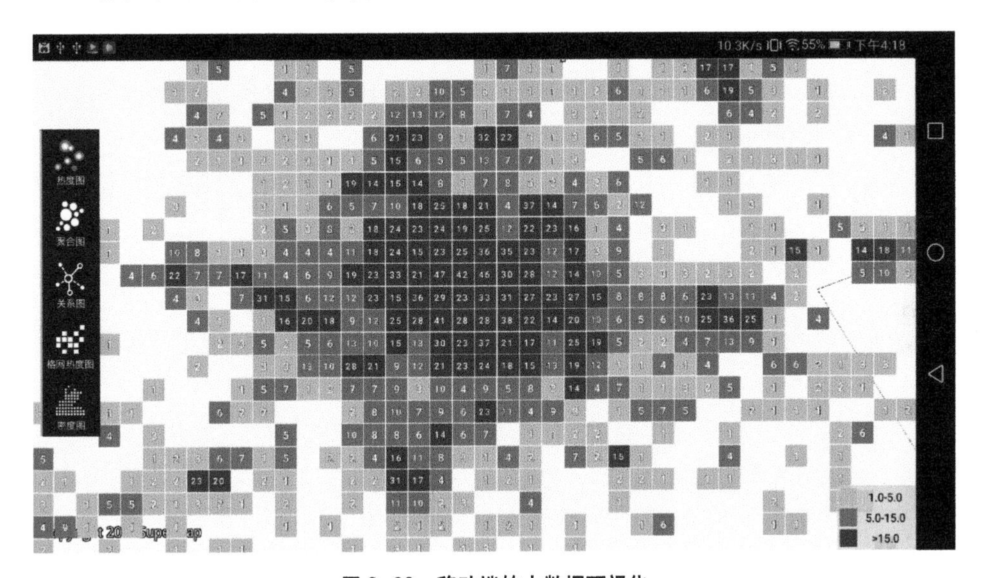

图 6–22 移动端的大数据可视化

SuperMap iTablet 是一款全功能移动桌面 APP，基于 SuperMap iMobile 开发，模块齐全，体验流畅，提供数据管理、外业数据采集和二三维空间分析等诸多能力。

6.4 本章小结

在大数据时代，SuperMap GIS 深度融合 IT 的分布式存储、分布式计算和流数据处理等技术，贯穿空间大数据全过程各个环节实现技术创新，全面提升了对空间大数据的支持能力，形成了全新的大数据 GIS 技术体系，并且提供了更加符合用户体验的大数据 GIS 基础软件。

大数据 GIS 基础软件包含多种产品形态，每个产品都具有典型的技术特征和功能，可以为不同的大数据应用场景提供综合的产品与技术方案。

参考文献

[1] 宋关福 . Service GIS 与面向服务的地理信息共享 [J]. 2009 中国地理信息产业论坛，2010.

[2] 宋关福 . 十年打造 SuperMap 三大技术体系 [OL]. CSDN，2011.3.

[3] 钟耳顺，胡中南，饶庆云，等 . 一种微服务架构可自动伸缩的 GIS 服务装置及其控制方法，CN106789308A[P]. 2017.

[4] 宋关福，钟耳顺，李绍俊，等 . 大数据时代的 GIS 软件技术发展 [J]. 测绘地理信息，2018，43(1)：1-7.

[5] 宋关福，钟耳顺，吴志峰，等 . 新一代 GIS 基础软件的四大关键技术 [J]. 测绘地理信息，2019， 44(1)：5-12.

[6] 曾志明，云惟英，卢浩，等 . 大数据 GIS 关键技术研究与实践 [J]. 测绘与空间地理信息，2017，40(z1).

[7] 王少华，钟耳顺，李睿，等 . 高性能 GIS 动态目标渲染引擎的设计与实现 [J]. 测绘与空间地理信息 , 2017, 40(s1).

[8] 王少华，钟耳顺，宋关福，等 . 空间大数据分析引擎的设计与实现 [J]. 测绘与空间地理信息，2017，40(z1).

[9] 钟耳顺，王尔琪，陈国雄，等 . 一种 GIS 软件中针对大数据的可视化管理方法，CN106599241A[P]，2017.

第 7 章　大数据地理信息系统应用

7.1　概述

大数据 GIS 技术已经应用于社会、经济和生活的多个方面，其应用新理念、新思路和新方法也不断涌现。大数据 GIS 不仅提供了管理和分析空间大数据的能力，也提升了对超大规模经典空间数据的存储与计算性能。本章选择一些大数据 GIS 在相关行业应用的代表性案例予以介绍，比如船舶大数据监控系统，测绘部门大数据业务系统，地图慧大数据选址平台，以及大数据 GIS 在其他行业中的应用，比如公共安全、通信、城市规划和网络舆情监控等。

7.2　船舶大数据监控系统简介

7.2.1　项目需求

船舶自动识别系统 (Automatic Identification System，AIS) 是以自组织时分多址为核心技术，用于水上交通和指挥岸和船、船和船之间通讯导航的系统。卫星 AIS 通过低轨道卫星上搭载的 AIS 接收机，接收船舶发送的 AIS 报文信息，并将其转发给卫星地面站，帮助地面机构实现对全球范围内船舶动态和静态信息的接收，进而实现对海上资产和设施的管理。船舶的动态信息包括其实际位置、船速、航向和改变航向率等，静态信息则包括船名、呼号、吃水、船舶尺度和危险货物等信息。

某运营商下属的卫星地面站负责接收全球船舶的 AIS 实时数据，希望利用这些数据，实现对全球船舶的实时位置监控以及对船舶业务信息的实时查询。具体包括两个方面：对每天 280 万艘船舶的实时位置数据进行存储与空间可视化分析，展示船舶的实时位置；对已有的包括 100 亿记录的存量数据实现高效存储和自定义检索；对半年以内约 16 亿条船舶数据按照每天、每小时进行时间分段，完成指定时间范围内船舶轨迹的实时绘制和自定义空间范围内船舶轨迹的实时绘制。

7.2.2 用户面临的问题

在未利用大数据 GIS 技术建立船舶大数据监控系统之前，地面站采用关系数据库进行数据存储，信息展示方法比较简单。这种方式在应对不断累积的存量数据和每天新生的增量数据时，面临如下问题。

- 每天接收的 280 万条船舶数据，随着时间推移累积成为海量数据。将这些海量数据存储在一张表中，读写效率相当低下，容易发生死锁等并发问题。
- 关系型数据库自身很难扩展,而且经常涉及多表关联查询,一旦涉及大数据量查询,性能极差。
- 在原有的软硬件环境下，只能查询局部地区的船舶信息，小比例尺查询经常会导致系统无响应，无法实现大范围的船舶位置查询。
- 采用传统的可视化方式，无法实现大数据量的船舶位置的可视化，不能满足业务部门对所有船舶的跟踪和热点区域船舶监控的可视化需求。

为解决上述问题，迫切需要利用大数据 GIS 技术建设船舶大数据监控系统。

7.2.3 系统设计方案

针对用户问题，船舶大数据监控系统在数据存储管理、查询检索和可视化三个方面进行了技术升级。

在数据存储管理方面，系统根据用户的不同需求选择不同的存储方式。首先，对于半年以内产生的、主要用于日常管理的约 16 亿条数据，可存储在 Elasticsearch 分布式数据库；对于被查询频次不高的数据，可存储在 HDFS 分布式文件系统；对于主要用于生成海量地图瓦片、对更新要求不高的地图底图数据，可存储在 MongoDB 分布式数据库或以文件方式存储在磁盘阵列中。

在数据查询检索方面，系统利用 Spark 集群进行数据抽稀和筛选预处理，生成每小时船舶最后位置的点数据集，发布成地图服务，供前端调用；Elasticsearch 负责 Spark 处理结果的数据持久化存储，并且为空间和属性检索提供支持。

在可视化方面，系统可区分小比例尺和大比例尺的可视化需求。小比例尺显示通过多进程预缓存瓦片提高响应能力，可以表达每小时船舶的最后位置；大比例尺显示利用 Elasticsearch 的范围索引实现实时检索。

船舶大数据监控系统的技术架构包括服务器端和客户端，如图 7-1 所示，全面融合了大数据 GIS 技术，包括空间大数据存储技术、空间大数据分析技术、流数据处理技术和空间大数据可视化技术。系统的功能包括实时监控、轨迹重建和统计分析等。

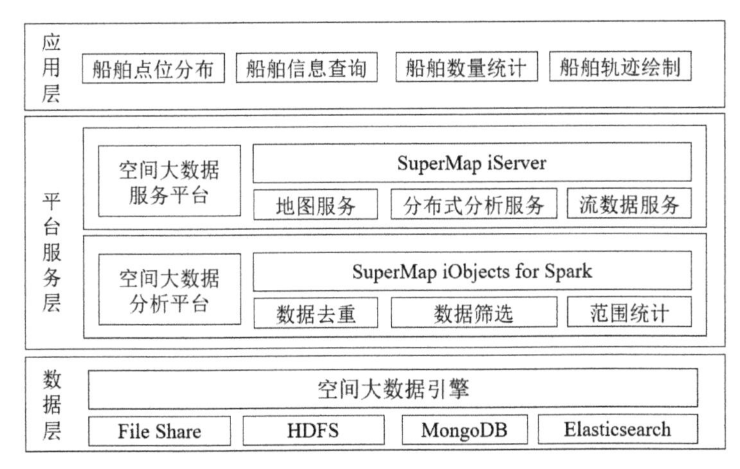

图 7-1 系统架构

7.2.3.1 实时监控

对于用户关注的 16 亿条记录，系统直接导入到 SuperMap iServer DataStore 集群所提供的 Elasticsearch 分布式数据库，用于流数据的高效存储和查询检索。通过 Elasticsearch 的分布式动态横向扩展机制以及分片技术，能够保证十亿以上级别记录的实时检索。

AIS 数据可能存在诸多质量问题，包括地理位置坐标缺失和字符乱码等情况，需要对其进行数据清洗等处理。这一操作主要通过 SuperMap iServer 的流数据服务 (streaming service) 来进行。

首先，通过流数据服务提供的适配多种接口和传输协议的输入连接器，接入船舶的实时数据。然后，利用该服务的处理引擎，包括过滤和处理两部分的能力对数据进行清洗。过滤环节包括属性过滤和空间过滤。其中，属性过滤可进行数值字段和文本字段过滤，空间过滤提供包含、相交、相离等空间关系的地理围栏等能力；处理包括船舶位置点与航线的匹配、路径轨迹纠偏等多种变换器函数。流数据服务通过预先对数据进行清洗、过滤和处理，为后续业务应用做好数据准备。

流数据服务也提供适配多种接口的输出连接器，通过输出连接器将处理过的数据写入 Elasticsearch，可实现历史数据存储。输出连接器支持将处理后的流数据接入到数据流服务 (dataflow service) 之中。用户可以通过 SuperMap iClient 的前端 Web API 调用地图服务，实现历史数据的存储、检索等功能，通过 SuperMap iClient 的流图层 (Stream Layer) 实现船舶数据的实时显示、目标监控、地理围栏、可视化等相关功能。

通过 SuperMap iServer 多进程预缓存，船舶实时位置数据可实现小比例尺可视化显示。图 7-2 则是在大比例尺下直接加载和显示船舶实时位置图。

图 7-2 大比例尺船舶位置可视化

7.2.3.2 轨迹重建

轨迹重建是根据时间信息对描述轨迹的位置点数据进行轨迹线的重建。应用这一功能，可对历史数据实现自定义区域内多时段的船舶位置查询和轨迹回放，如图 7–3 所示，同时还可实现对船舶轨迹的快速绘制。SuperMap iServer DataStore 提供了对流数据的高效存储功能，可以将船舶的实时位置信息存储其中。通过 SuperMap iServer 流数据服务的输出连接器，可以将处理后的船舶位置数据接入到数据流服务，再通过 SuperMap iClient 的流图层实现流数据轨迹重建。该功能还可以设置分割距离和分割时间，用于轨迹分段。

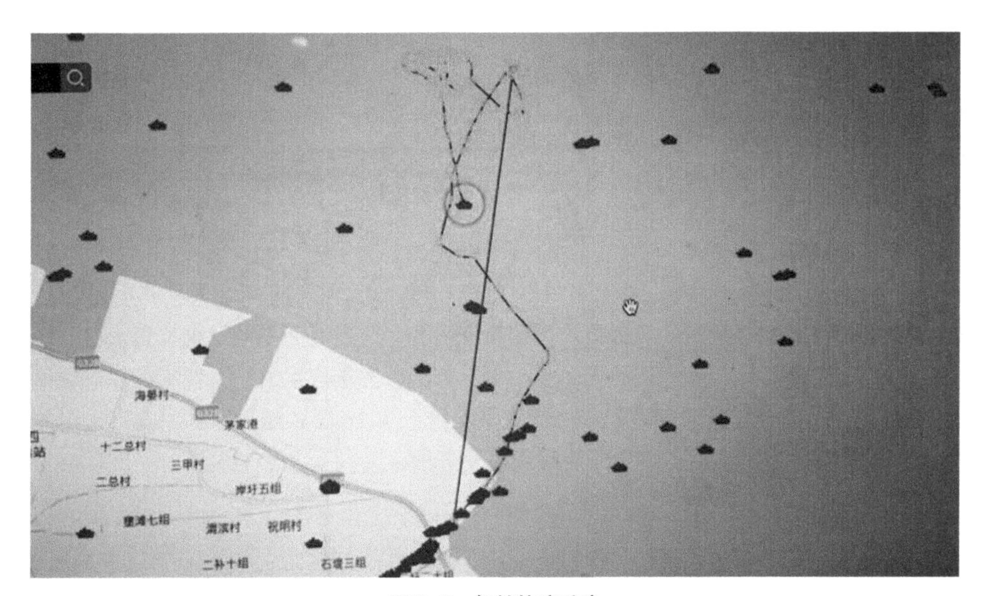

图 7–3　船舶轨迹重建

7.2.3.3 统计分析

SuperMap iServer 提供的分布式分析功能可以对由流数据积累成的存档大数据进行分析，并输出到 SuperMap 的各个终端产品进行动态显示。数据分析包括聚合分析和密度分析等。例如，可以分析敏感地区船舶的数量及分类，如图 7–4 所示，以实现对敏感区域的信息管理。

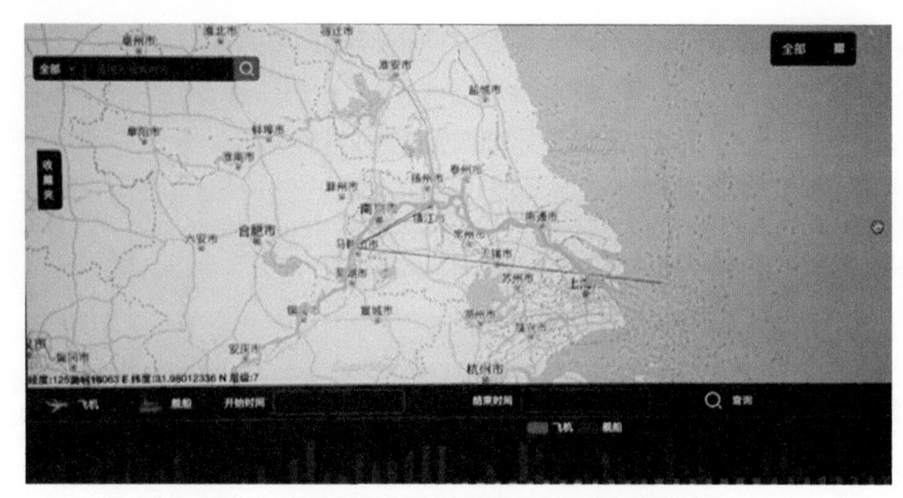

图 7–4　对敏感区域的船舶数量的统计和分布情况分析

7.2.4　系统应用效果

系统满足了用户对多时段船舶位置的查询和轨迹回放、通过时间轴动态模拟每天的船舶位置、对敏感区域的船舶数量进行统计和分布情况分析等多重应用需求，并具备以下性能指标：船舶实时位置的加载和查询响应时间小于 1 秒；从 16 亿条船舶数据中自定义时间范围进行多个船舶轨迹的实时绘制，绘制时间小于 2 秒。

7.2.5　后续应用

交通管理部门可以利用船舶的实时位置数据开展更多后续应用，将其作为交通空间大数据 [1] 的一部分进行分析与挖掘，其未来应用方向主要包括：船舶行为的知识发现、异常船舶行为的判断与预警等。

7.2.5.1　船舶行为的知识发现

船舶行为的知识发现，是指借助空间大数据分析技术对船舶 AIS 数据进行挖掘，发现船舶的分布、船舶航行行为的变化规律，并对船舶航行行为的变化趋势进行预测，超图集团与中科院计算所王飞博士团队合作完成的船舶轨迹大数据分析具体如下。

- **关键航行区域的提取与分析** 通过对 AIS 获取的船舶位置历史数据进行统计与分析，能够快速计算并分析出全球航运中的关键区域，包括码头、锚泊区、禁航区和航道等区域。分析结果可以反哺优化 AIS，结合 AIS 历史数据统计全球船舶交通密度，对全球范围内的 AIS 基站接收质量或者接收盲区进行评估，为 AIS 基站的补充和传输优化提供依据。
- **航运态势统计分析** 利用大数据 GIS 的空间大数据聚合统计方法，对覆盖全球的 AIS 数据进行统计，可以发现船舶的运行态势。利用大数据 GIS 划分地理网格，对每个网格一段时间内的船舶轨迹点的经过船次、行驶距离、停留时间和转向次数等指标进行统计，形成全球的船舶航运态势图。

还可以分时期和按船舶类型对航运态势进行进一步分析与挖掘。例如，可以对不同时期内全球渔船的轨迹进行态势分析，发现各国的渔业运营范围和运营习惯。甚至还可以对不同渔船的态势分布变化进行分析，判断全球渔场的变迁状况。

7.2.5.2 异常船舶行为的判断与预警

异常行为通常包括运动轨迹异常、属性异常和基础数据异常等。大数据 GIS 可以对运动轨迹进行分析，结合属性、基础数据的异常表现，以发现微观行为中的异常事件。

应用分布式技术，大数据 GIS 不仅可实现传统的业务功能，例如判断、描述船舶轨迹的方向、转向、加速和减速等行为，还能够实现过去无法实现的业务功能，例如从大规模的船舶行为中快速抓取异常船舶。

不同船舶的运行轨迹模式不同。船舶的轨迹形状能充分反映出船舶的行为模式。当船舶轨迹形状与船舶属性不匹配时，可以视为异常事件，比如走私渔船通常的轨迹路线与商船或者运输船有明显差别。

除了借助船舶的轨迹形状判断异常事件，还可以将轨迹数据与其他数据结合，实现对异常船舶行为的判断并预警。

结合地图数据，可以判断船舶位置跟历史轨迹是否相符，或者船舶位置是否偏离了航道。如果判断出船舶出现在不该出现的区域，包括进入水域之外区域、危险区域（如特殊气象、海盗、对峙事件等区域）、敏感区域，就可以对该船舶进行告警。

结合管理数据，可以判断船舶是否进入了禁止航行区域或者危险航行区域。如果判断出船舶出现在了相关区域，则可以进行预警。如果判断出船舶正在近海聚集或者远洋非正常聚集，则有可能是国际事件或者群体事件，需要第一时间发现并进行决策和处理。

7.3 测绘部门大数据业务系统简介

7.3.1 项目需求

当前，测绘部门获取的各种经典地理空间数据呈现出爆发式增长态势 [2]，主要表现在三个方面：第一，通过测绘技术获取的数据量越来越大，在地理国情监测、自然资源调查、不动产登记等多项重大项目的推进下，大量的测绘地理信息数据被获取；第二，新型测绘技术发展迅猛，新技术的运用使各类数据增长的速度越来越快；第三，伴随移动互联网的发展，各类终端设备提供的与位置相关的数据在不断增加。

《全国基础测绘中长期规划》提出，公共服务体系要从提供地理信息数据向提供综合性服务、定制化服务转变，从发挥基础先行作用向参与管理决策转变。面对测绘数据的快速增长、测绘能力提升的发展态势，以及服务方式转变等要求，测绘部门对数据的处理、存储、分析、发布、应用等提出了新的需求。例如，各单位经常遇到大量的数据处理需求（无论是应急测绘，还是日常的业务处理，均出现了千万级或者亿级对象的属性更新、叠加分析等工作），对软件处理数据性能的要求大幅提升。

这里以某省基础地理信息中心建设的大数据业务系统为例，介绍传统 GIS 技术应用遇到的问题以及大数据 GIS 技术（经典空间数据技术的分布式重构）应用后的效果。

7.3.2 用户面临的问题

该省基础地理信息中心已经通过质检并归档的数据如表 7-1 所示，主要包括基础地理信息数据库、应急专题数据库、地理国情普查库等，这些数据都存储在 Oracle Spatial 数据库和 FTP 共享文件库中，数据量非常大。但该单位过去的业务系统采用经典空间数据技术建设，存在一些问题，现举例说明。

表 7-1 某省基础地理信息中心存档的数据

序号	数据库名称				范围	大小
1	FTP文件型数据库	基础地理信息数据库	大地控制网 FTP 文件库		38 个测区	9.85 GB
2			数字划线图 FTP 文件库		12 188 幅	323 GB
3			数字栅格 FTP 文件库		12 188 幅	102 GB
4			数字高程模型 FTP 文件库		12 188 幅	27.9 GB
5			数字正射影像 FTP 文件库	APDOM	825 幅	321 GB
				RSDOM 分幅 1 万	11358 幅	10.86 TB
				分幅 2.5 万	1253 幅	
				分幅 5 万	1253 幅	
				整景	4504 幅	
6			目录数据库		目录数据 .gdb	67.1 MB
7		全省地质灾害应急专题数据库	1:2000 专用 FTP 文件库		130 个地灾点	72.2 GB
8			DOM 数据 FTP 文件库		APDOM96 个地灾点、RSDOM 分幅 94 个地灾点、整景 236 幅、空三加密 80 个地灾点、像控点 64 个地灾点	1000 GB
9			地质灾害应急影像地图 FTP 文件库		172 个地灾点	727 GB
10			地质灾害应急专题地图 FTP 文件库		205 幅（含附属文档）	34.6 GB
11			地质灾害应急专题 FTP 文件库			434 MB
12			三维景观数据 FTP 文件库		3 个地灾点	46.7 GB
13			应急专题 FTP 文件库		10 个应急专题	291 GB
14			目录数据库		地灾目录数据 .gdb	18.1 MB
15			多媒体数据 FTP 文件库		111 个地灾点	244 GB
16	Oracle Spatial	地灾库	应急 DLG		3 个子库 53 个图层	-
17		地理国情普查库			13 个子库	410 TB
18		交换共享数据库			133 个子库	-
19		公众服务平台数据库			31 个子库	-
20		矢量库			30 个子库	-
21		栅格库			36 个子库	-

以地类图斑的叠加分析为例，该数据约包含 4.5 亿条记录，分为专题数据 10 余类，专题类数据对象达 1 亿以上。经典空间数据技术对地类图斑的分析处理，一般是先按行政区划对数据进行分割，将分割后的数据以省或者市为单元进行分析处理，再将分析处理的结果合并。这种方式存在以下问题。

- 通过人工操作桌面 GIS 软件，将多种类别的数据按县级行政区划进行分割，处理结束后还需要将结果数据进行合并，耗费大量的人力和时间。
- 将分县处理的任务，通过人工复制的方法分配给多台计算机进行并行处理，不仅工作量大，而且容易出错。
- 全国的数据处理结果合并后，若要以图形形式对结果进行展示，则出图性能很低。
- 处理时效性差，完成单次处理需要 20 天左右的时间。

应用大数据 GIS 技术，可以解决上述问题，提升测绘行业的业务水平。

7.3.3 系统设计方案

该单位的数据具有体量大、种类多和计算复杂度高等特征，适合选择大数据 GIS 作为建设新业务系统的基础。大数据 GIS 从存储、分析计算和可视化等全过程，对经典空间数据技术进行了分布式重构，能够有效提高测绘业务的处理效率，并实现大范围、多口径的分析计算和数据挖掘。该单位新建设的大数据业务系统总体架构如图 7-5 所示。

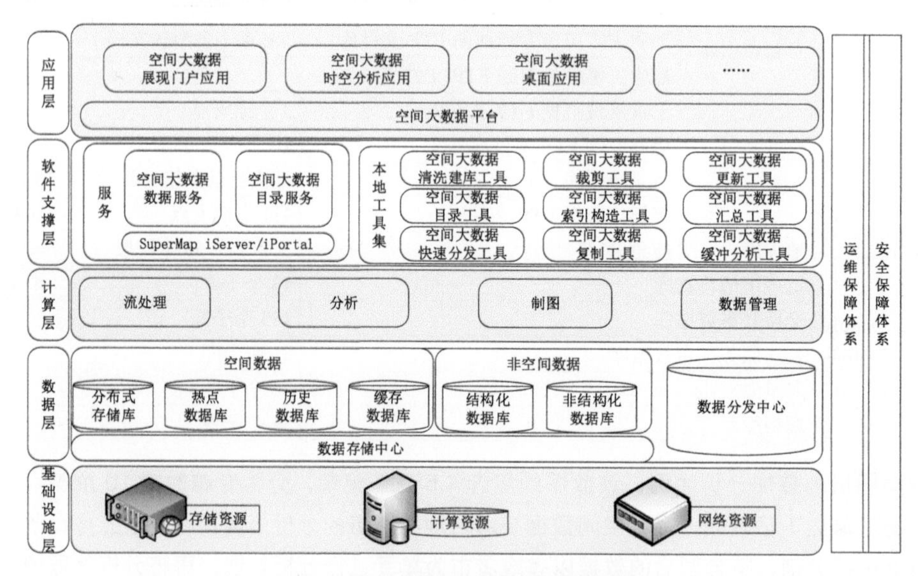

图 7-5　大数据业务系统总体架构图

系统分为基础设施层、数据层、计算层、软件支撑层和应用层五个层次。

7.3.3.1 基础设施层

基础设施层提供存储资源、计算资源、网络资源等软硬件基础设施，为系统运行提供保障。

7.3.3.2 数据层

数据层分为数据存储中心与数据分发中心。数据存储中心采用多数据库混合存储架构，对大量的静态矢量或者栅格数据进行存储，多用于查询分析等只读操作，选择 HDFS 分布式文件存储，保证分布式读取的性能。对于更新频繁而且经常被访问的数据对象 (多兼具读写操作)，采用 PostgreSQL 数据库存储，不仅可以提供良好的写操作，还能够提供更加友好的 SQL 访问方式。MongoDB 适用于非结构化数据如瓦片的存储。数据分发中心用于从数据存储中心提取需要对内或者对外分发的数据。

数据层利用各种分布式存储系统和空间大数据引擎实现对测绘地理信息数据的高效存储和管理，为测绘生产管理和科学决策提供支持，进而实现数据的检测、保护以及业务管理能力，从而实现有效、有序的管理。如图 7–6 所示。

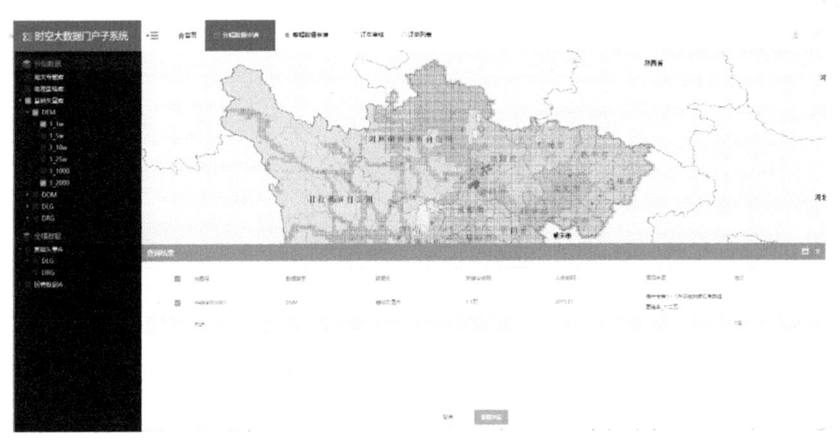

图 7–6 空间大数据管理

7.3.3.3 计算层

计算层的 SuperMap iObjects for Spark 空间大数据组件，从 GIS 内核扩展了适用于

Spark 的空间数据模型，不仅基于分布式计算技术重构了针对经典空间数据的分析算法，而且针对空间大数据研发了一系列新的分析算法。计算层的主要功能是完成大数据量下的分析与计算，包括数据叠加、数据裁剪、统计分析和空间分析等功能。

7.3.3.4 软件支撑层

软件支撑层对外提供服务与本地化工具。服务包括基于 SuperMap iServer 建立的分布式分析服务和以 SuperMap iPortal 为框架支撑的空间大数据资源管理服务两大类。本地化工具则包括数据清洗、建库、裁剪、复制、索引、更新、汇总、分析、分发等工具。

7.3.3.5 应用层

业务应用层提供多个应用软件，包含门户应用、时空分析应用、桌面应用、大屏展示应用等，还提供基于分布式架构的空间大数据平台。该平台能够记录空间数据的修改、变化等情况，当数据库中的数据修改后，原始数据保留进入历史数据库，整个数据库将以时间为主线，从而使得地理空间数据具备时态性，实现历史回溯功能。同时，该平台结合了空间大数据的自动学习算法，可以根据历史数据和时空演变规律，自动学习计算方法，挖掘数据随着时空推移的表达规律，并根据规律，实现历史推演和时空模拟功能。

7.3.4 业务流程与系统应用效果

系统从多个环节提升了对大规模经典测绘地理信息数据的处理性能，减少了人工环节，优化了业务处理流程，提高了工作效率。整个业务流程分为三个阶段：数据预处理、数据分析计算和数据可视化，如图 7-7 所示。

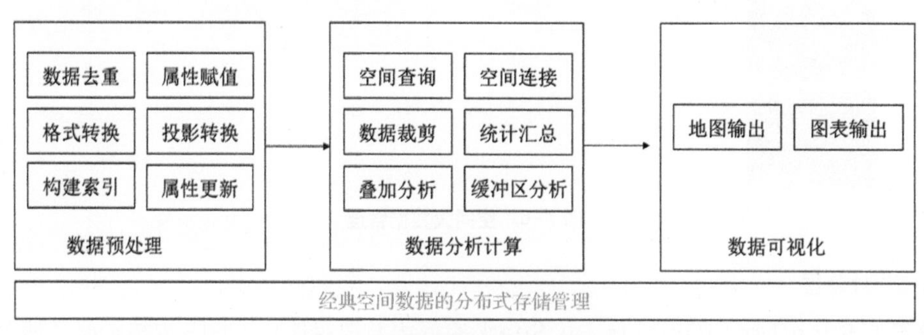

图 7-7 测绘业务分布式处理流程

7.3.4.1 数据预处理

根据不同类型的测绘地理信息数据及相关应用业务需求，数据预处理主要实现时空信息数据库、资源目录体系中各类数据的抽取、转换、清洗、更新和入库等功能，通过元数据规范数据质量定义、数据清洗规则定义、地址匹配规则定义、地址编码规则定义等，从而对数据特征实现完整解译，达到数据格式标准化、异常或重复数据清除、格式转换和空间匹配等目标。

7.3.4.2 数据分析计算

系统通过 SuperMap iServer 提供的大数据存储和分布式计算等功能，对经典测绘地理信息数据在 Spark 分布式环境中的管理，实现了对经典测绘地理信息数据的快速裁剪和分发，可快速裁切任意多边形内的数据，实现了对数据的索引构建、属性更新、属性赋值和统计分析等高效处理，不仅实现了数据处理的自动化，更大幅提升了处理的时效性。

以属性更新为例，如图 7-8 所示，对于千万级记录的批量属性更新，采用经典算法单节点运行需要 97 分钟，在三个节点的环境下采用经典空间数据技术的分布式重构算法只要 10 分钟，效率有近 10 倍的提升。

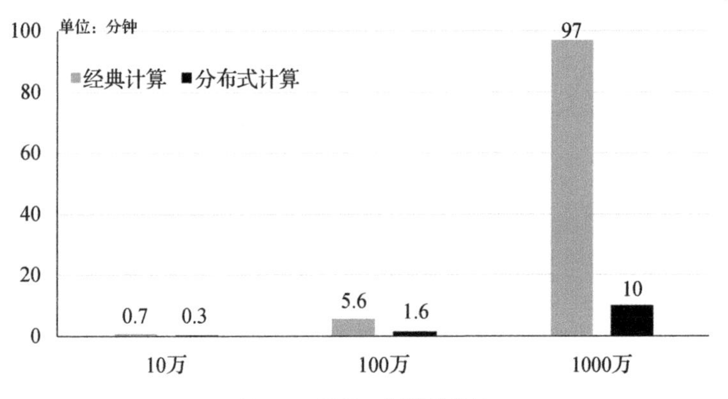

图 7-8 属性更新性能比较

再比如，对具有 2000 多万条记录的省级全覆盖地类图斑数据应用叠加分析功能，经典算法在一台 32 核 CPU、64 GB 内存的高性能服务器上，需要执行 42 分钟才能获得分析结果。而采用大数据 GIS 的分布式计算，在四台 4 核 GPU、16 GB 内存的计算节点上，仅用 2.1

分钟即可完成，性能提高了 20 倍，同时计算资源成本大幅降低。这也是应用大数据 GIS 技术解决测绘地理信息空间数据问题的核心价值的体现。

7.3.4.3 数据可视化

为更好地解决用户对空间数据即时更新、即时发布、高效浏览的要求，通过大数据分布式技术，有效整合分布式存储、矢量金字塔、分布式渲染和矢量瓦片等一系列先进技术，形成高性能分布式地图渲染技术方案，提供超大规模数据的地图免切片发布服务，实现经典空间数据的分布式可视化，提供地图和图表输出。

全新的分布式架构获得了理想的系统运行效果和访问体验：2400 万个地类图斑入库仅需 2.5 小时；提取该省境内某流域 500 米缓冲带植被覆盖（植被覆盖图层 1600 万图斑）5 分钟完成；植被覆盖图层 1600 万图斑，可以实现秒级出图，如图 7–9 所示。

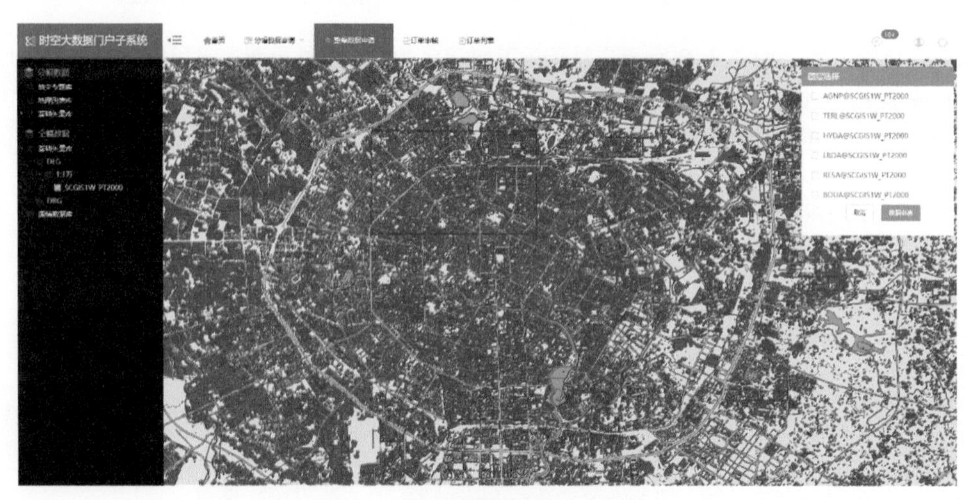

图 7–9　千万级数据的分布式可视化

7.4 地图慧大数据选址平台简介

通常情况下，选址需要基于企业经营目标、用户画像等多种因素进行综合考量，一经确定就难以变动。因此，好的选址可以让企业长期受益，提高业务绩效。地图慧大数据选址平台是以地图为载体，以商业大数据为基础，以大数据 GIS 平台为分析管理手段，在地图可视化平台上统一呈现、管理和分析商业大数据，提高选址的有效性。

地图慧大数据选址平台支持商业地产、商业银行、餐饮品牌店、连锁超市、O2O 服务商、专卖店、百货商场等多种类型的企业关于优质区域选择、产业环境评估和产品结构优化决策等解决方案的建设。

7.4.1 传统商业选址方法

传统的商业选址方法主要有人工选址和互联网选址两种方法，两种方法各有不足。

依靠人工选址的做法大致分为两种。一种是凭借个人喜好和主观感觉决定，一般倾向于选在繁华地带。另一种是用计数器蹲点数人流，以此来统计捕捉率，通过对比不同位置的打分表来评估。人工选址的方法要依靠大量的人工，直接带来成本压力，经验不足的经营者会耗费很多财力物力，而且难以客观地分析调研，可能会影响选址的成功率 [3]。

互联网选址方法借助互联网工具提升了选址的合理性，如利用互联网消费点评类应用来了解商场内餐饮商户的营业状况，通过社交朋友圈发布需求信息，通过生活分类信息网站等信息共享平台了解租金的情况，通过外卖和社群运营等方式进行引流，以此弥补位置偏僻导致的顾客少的问题。

借助互联网选址的方法能够获取更丰富信息量，也在一定程度上提高了选址决策的效率，但同样存在一些问题。例如，社交朋友圈求租到的位置未必符合客群定位。现代商业环境的变化影响着商圈内消费结构的变化，所以商圈内都是哪类消费人群，谁会来消费，他们的消费特征如何，这些因素仅仅通过网上的信息难以分析获得，而且商圈内竞品的数量和更新趋势等因素也无法及时有效地获取。

7.4.2 大数据选址方法

大数据选址方法在明确目标人群、明确消费场景的基础上，在大数据选址平台上选择各类大数据资源，以图层叠加的方式在地图上直观地查看分布情况，包括查看企业内部网点、竞品网点和目标客户等的空间分布，查看附近的零售商圈、公共交通站点和小区的人口分布等，也可以分析多个候选店址周边的商圈环境，综合得出各个店址的评估指数，为决策作参考。

大数据选址平台上的数据资源涵盖各类 POI、网民行为、消费能力、消费习惯、人口、经济、小区、房屋和商圈等大数据。在大数据基础上，大数据选址平台构建了一套精准的选址分析模型，如图 7-10 所示，可以快速准确地分析出什么类型的店开在什么地方可以挖掘到最大的用户群体，并且能够推荐周边的待租店铺，帮助用户快速选择出最符合条件的店铺位置。

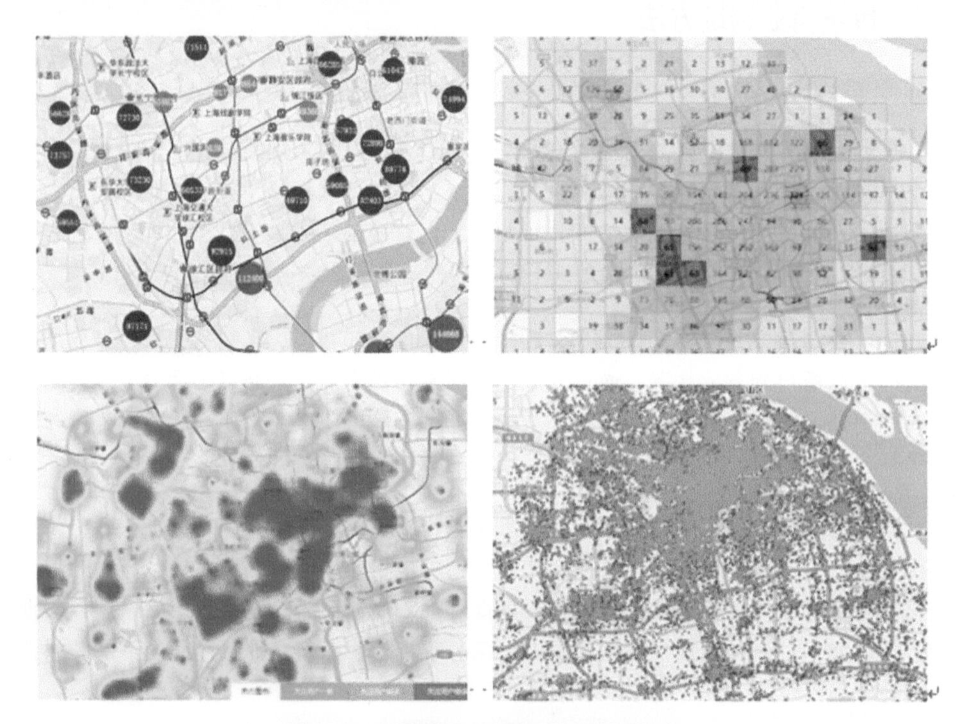

图 7-10　不同选址分析模型的可视化展示

大数据选址平台包含的资源及相关功能如下。

7.4.2.1　多源数据

包括地图数据、人口统计数据、位置客流量数据和顾客刷卡消费数据，实时定位数据及客户自有数据等。

- **地图数据** 地图数据包括：区域数据（如省级、地市级、区县级、乡镇/街道等行政区划数据）；道路/湖泊数据（如国道、省道、1～4级道路、高速道路、立交桥、铁路、河流湖泊等）；各类POI数据（如居民小区、酒店宾馆、商业设施、教育设施、公共交通、医院、金融保险、邮局、社会团体、公共设施等）；其他数据（如各类品牌数据、实时路况数据等）。
- **人口统计数据** 将全国各级行政区划以网格形式进行统计，主要数据分类包含常驻人口、户籍人口、流动人口、户数等，并以5年为间隔划分年龄人口、职业、教育水平、经济水平、资产登记和年收入等。
- **位置客流量数据** 以边长为250m的均匀网格覆盖整个城市区域，提供每一网格内各维度的人群特征属性，为进一步开展商业洞察、选址分析和潜客挖掘等提供数据基础。
- **顾客刷卡消费数据** 根据顾客刷卡消费数据，可以梳理出包括顾客的基本属性、消费偏好、消费次数、消费总额、信用等级等不同类型的客户信息，用于精准定义客户画像，帮助企业找到目标客户。顾客刷卡消费数据来源于中国银联，中国银联持卡人数约8亿，覆盖全国300多个城市，日处理交易笔数5200万笔，是一个丰富的刷卡消费数据源。
- **实时定位数据** 根据互联网地图公司地图App产生的海量实时定位数据，在一定程度上可以梳理出客群行为、顾客画像等数据，从而辅助多维度评估地块潜力，协助商业策划，预见地块的商业价值等。
- **客户自有数据** 企业客户自有的业务数据，包括企业网点/门店、业务区块、会员客户、潜在客户、竞争对手的同类信息等数据，可以以表格或者接口方式导入到大数据选址平台，实现多图层叠加分析，进行“一张图”可视化管理。

7.4.2.2 网点/片区管理

采用多个图层分别对企业现有网点/门店、业务区块、会员客户、潜在客户等以及竞争对手的同类信息以不同样式进行分类展示，可以清晰地看到分布情况，直观地了解各管辖范围内网点/门店的分布、密度、周边情况及服务人口以及对竞争对手同类信息的分析结果，为网点/门店分布的合理性评估和网点分布调整提供参考依据。

在片区管理方面，提供了自由划区、沿路划区和合并拆分等多种在线划区工具，并开放了智能划区接口，可以通过设置多种参数作为约束条件实现自动生成区划，如图 7–11 所示。对片区的可视化能够帮助了解自有网点、竞争对手网点的分布范围，确定服务重叠区，挖掘市场盲区。

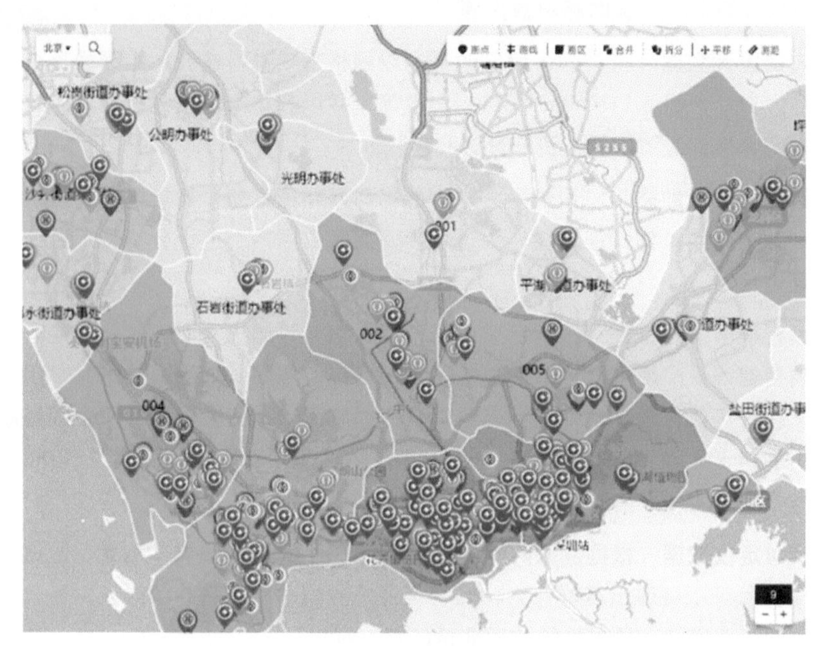

图 7–11　片区管理

7.4.2.3　商圈分析

商圈分析如图 7–12 所示，具体如下。

- 商圈人群分析：提供对商圈内人口和经济等各项指标数据的统计分析。
- 商圈用户分析：提供对商圈内用户行为特征的查询和统计。
- 商圈消费分析：提供商圈内用户的消费习惯和消费能力等。
- 商圈产业分布：提供商圈内店铺、企业、小区和学校等 POI 设施的分布情况。
- 商圈竞品分析：提供商圈内的竞品数量、店均覆盖人数和竞品市场规模等。

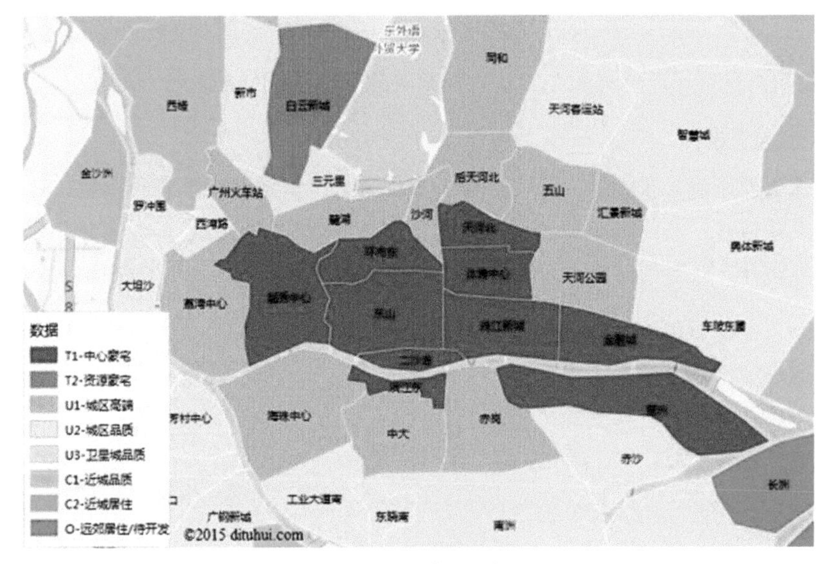

图 7–12　商圈分析

- 商圈交通分析：提供对商圈周边的道路属性、交叉路口和公交站等的综合分析。
- 商圈类型定义：结合各类设施，定义商圈类型，如商住区和办公区等。
- 商圈对比：对多个商圈内的数据进行对比评估。

7.4.2.4　选址位置评估

要对选定的地址进行评估，需要分析进入该区域的可行性。大数据选址平台利用区域矩阵分析进行这一评估。具体如下。

- 该位置辐射范围内的业务发展情况：基于自定义范围内的人口密度、年龄分布、教育水平、消费能力、网络行为、店均覆盖用户、竞品市场规模和市场预测等内外部信息，根据各项指标的权重占比进行评分估值。
- 该位置辐射范围内的产业成熟度：基于自定义范围内区县级各行业设施分布情况，分析该区域范围内的产业成熟度，根据各项设施占比权重进行评分。
- 该位置辐射范围内的交通环境：基于自定义范围内区县级道路属性、交叉路口、公交地铁站等交通环境，计算覆盖该范围的用户量及交通成本，结合权重进行评分。

- 评分权重调整：可以自行调整评分权重，并依调整后的权重进行重新评分。
- 位置对比：可以选择多个位置，依据以上条件进行打分排名。

7.4.2.5 选址位置推荐

在底层算法层面，结合多元回归分析、哈夫模型分析、聚类分析等多种模型，获取候选商圈情况。具体包括：商圈生成与分析、商圈内信息统计、商圈上色、商圈合并与分割、圆形或多边形商圈、商圈区域检索、选址候选地检索等，实现候选地自动抽出。

结合机器学习优化算法，融合不同类型的约束，根据空间、时间、交通资源、周围网点等约束信息逐渐缩小选址范围，结合目标商圈所关注的商业指标，最终得到优化后的候选位置。还可以展示出每个位置上的相关配套情况，包括周边配套公共设施、周边店铺人均消费水平、消费人群年龄分布、周边行业类型等。

7.4.2.6 可视化

如图 7-13 所示，以“一张图”的形式，将用户所有感兴趣的数据以专题图等可视化方式呈现出来，通过关键词、缓冲区、多边形等多种筛选条件的自由组合、数据移动等，针对选址需求，在一个城市内选出最优的、符合预期的店铺位置。

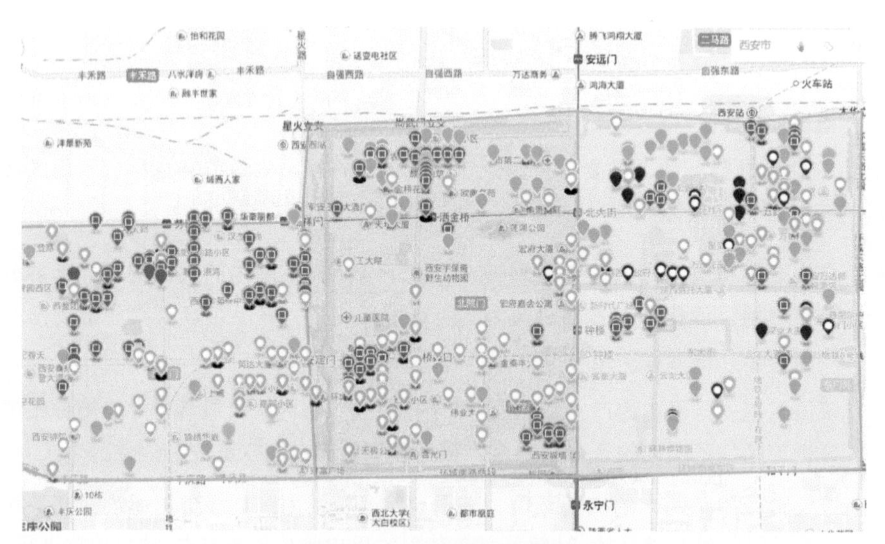

图 7-13 商业选址一张图

7.4.3 应用效果

在大数据时代，将各类商业数据与地理分析结合进行商业选址已经成为一种趋势。利用人口、经济、消费者购买力、竞争对手信息等商业相关的大数据，可以进行综合的市场分析，指导选择最佳位置，优化店铺网络，持续扩展贸易新领域，扩大商业区域，提高市场收益。大数据选址平台集成了各种商业数据、大数据 GIS 的分析模型和机器学习模型等资源和能力，推动商业选址的便捷化、自动化与智能化。

7.5 大数据 GIS 在其他领域中的应用

大数据 GIS 在公共安全、通信、城市规划以及网络舆情监控等领域也发挥着重要的作用。

7.5.1 公共安全

公安大数据主要由公安业务数据、基础地理数据、互联网数据等组成。利用大数据 GIS 技术，可以对公安大数据进行信息提取、分析计算和可视化，用于警情时空分布和时空演化、犯罪事件热点分析、关注对象的轨迹跟踪等多个公安业务领域，全面提升公安机关的整体工作效率。

公安大数据具有显性或者隐性的空间位置特征。利用地理编码技术可以有效地解决公安大数据的空间匹配问题，实现公安大数据中各个要素及要素关系的空间化；利用大数据 GIS 的空间分析与可视化能力，可以对各要素（如警情的时空分布和时空演化过程）进行可视化表达。

大数据 GIS 可以利用 110 接警数据进行警情密度分析，如图 7-14 所示，将犯罪事件（包含地址信息）快速成图，以可视化地图的形式进行展示。通过犯罪事件的密度分析，结合地图或者影像，可以直观查看犯罪高发的重点区域。还可以按时间维度动态查看不同时期犯罪重点区域的变化，为管辖区后续的警力调配、警员安排、巡视区域安全治理等提供决策。

图 7-14　警情密度分析效果图

大数据 GIS 也可以对目标车辆实时位置进行展示和状态信息查询，同时提供对关键区域状态的实时监控和预警支持。如当运钞车经过某个犯罪高发区域时，该区域就可以设置为“地理围栏”，当运钞车进入该区域内，押运人员就可以被实时提醒，加强警惕。后台服务器可以将与该地理围栏相关的位置状态进行实时详细的信息记录（如车辆进入、离开等），也可以按指定时间段对指定车辆的历史轨迹进行查询和轨迹回放，如图 7-15 所示，并结合更多的数据类别对车辆活动进行轨迹分析。

大数据 GIS 还可以集成视频识别技术与人脸识别技术等视频大数据技术，来分析监测车辆与人群的空间密度分布。还可以通过融合机器学习与 GIS 空间分析算法，大数据 GIS 可以提供更为专业的行业分析，如罪犯落脚点分析、犯罪群体分析等。还可以采用科学的算法和先进的图形化展示技术，借助物联网如摄像头信息、空间分析和三维分析结果，大数据 GIS 可将总体情况综合分析后实时展示在大屏幕显示系统上，如图 7-16 所示，全面、直观、多角度地反映整体警情形势，为各警种提供可视化辅助决策支持。

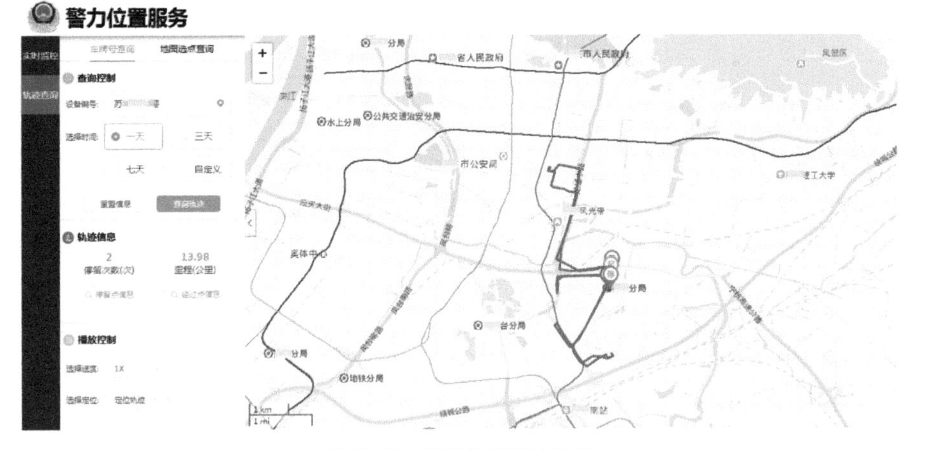

图 7-15 警用车辆轨迹回放

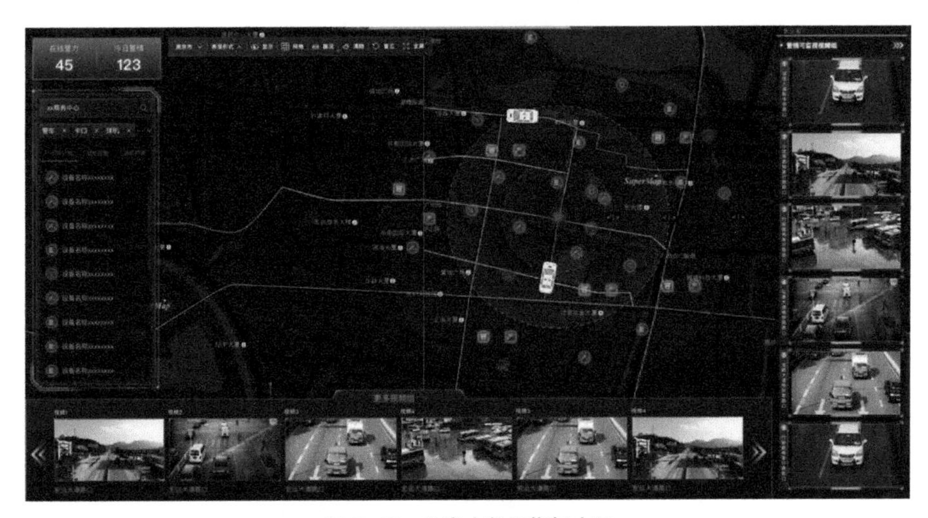

图 7-16 公安大数据指挥大屏

7.5.2 通信

在大数据时代，通信行业处于数据生产链条的重要环节 [4]。运营商可以利用大数据提升智能化水平，更加精准地洞察客户需求，提升行业信息化服务能力和水平，提供数据分析和挖掘相关的新业务与新服务 [5]。这意味着通信公司的大数据和信息资产具有巨大的潜在价值。大数据 GIS 在通信行业中有很多业务应用，这里以订单分析和投诉处理为例进行说明。

7.5.2.1 订单分析

运营商的订单管理系统积累了庞大的订单数据，并且在不断产生新的订单，数据总量不断增加。为了解订单的空间分布和在一定时期内（如年度）的变化情况，可以利用大数据 GIS 的空间查询、分析与可视化能力来实现。

原有订单管理系统只能采用列表的方式进行查询，不具备地图可视化功能，也无法显示订单的地域分布情况。并且，从数据中分析出各区域在一段时期内订单的变化情况，也比较困难。大数据 GIS 根据订单的地址，可以实现对订单数据的热力分析，如图 7–17 所示。其实现过程为：对全部订单的地址数据进行梳理，对于缺少坐标信息的历史订单，通过地址匹配功能实现坐标补缺；利用空间大数据分析技术，对订单数据进行热点分析，以热力图的方式进行可视化呈现。同时，大数据 GIS 还可以在地图上分析显示订单的动态变迁过程。这种模式，不仅在宏观上显示了订单及其分析结果，降低了订单统计、分析等任务的工作量，还更有力地支撑了通信运营的管理决策。

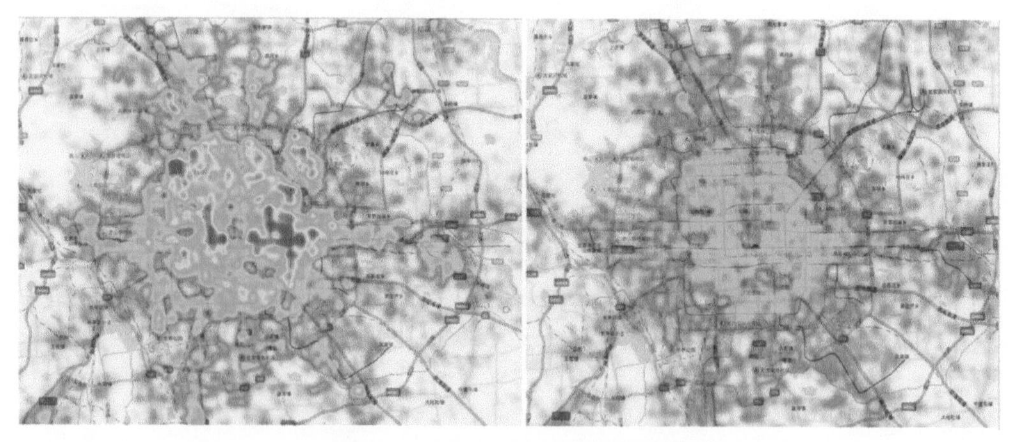

图 7–17 不同时段的订单地址热力图

7.5.2.2 投诉处理

通过通信网络，提供高质量的通信信号是通信运营商的生存根本。为了有效获取网络质量的相关信息，关注用户投诉是其中的一种方法，尤其是用户关于通信网络质量的投诉。因此，第一时间获取用户关于网络质量的投诉信息，及时解决相关的网络质量问题，一直是通信运营商关注的业务焦点。

为满足上述需求，大数据 GIS 提供了有效的手段，其过程为：将用户投诉信息中包含的地址数据进行地址匹配，得到每个投诉的坐标信息；通过热点分析，快速分析出投诉量比较大的地区，形成投诉热力图。同时，按照时间轴动态展示投诉分布变化情况，协助运营商从宏观上掌控全网的投诉情况和网络质量。根据热点分析的结果，运营商可以进行后期的网络维修、网络优化和基站建设等工作。

7.5.3 城市规划

城市规划是非常典型的 GIS 应用领域。大数据时代，更多源的大数据顺势而生，包括手机信令数据和车载 GNSS 数据等，成为城市规划新的数据源 [6]。

结合大数据 GIS 与相关大数据可以进行很多与城市规划有关的研究，如可以统计研究在居民小区、街道、组团等不同空间尺度下的人口、岗位分布情况，可得到各区域范围的职住通勤关系，对主城区及市域进行人群移动分析，可为城市交通规划提供数据参考和决策支持，以评估城市规划成效，提升城市规划的定量化、科学化水平。

7.5.3.1 人口职住分析

图 7-18 反映了某市 24 小时不同时刻手机信令数据的空间变化情况。可以看出，人口重心逐渐由中心城区沿道路向周边区域扩散。通过对比每月、每周、每天的手机信令数据的空间分布情况，可以分析出市中心城区及各区县人口居住地和办公地的活动区间。对比不同时刻数据的变化情况，综合城市建设布局，可以为城市道路规划建设以及公交路线规划提供基于大数据分析的依据。

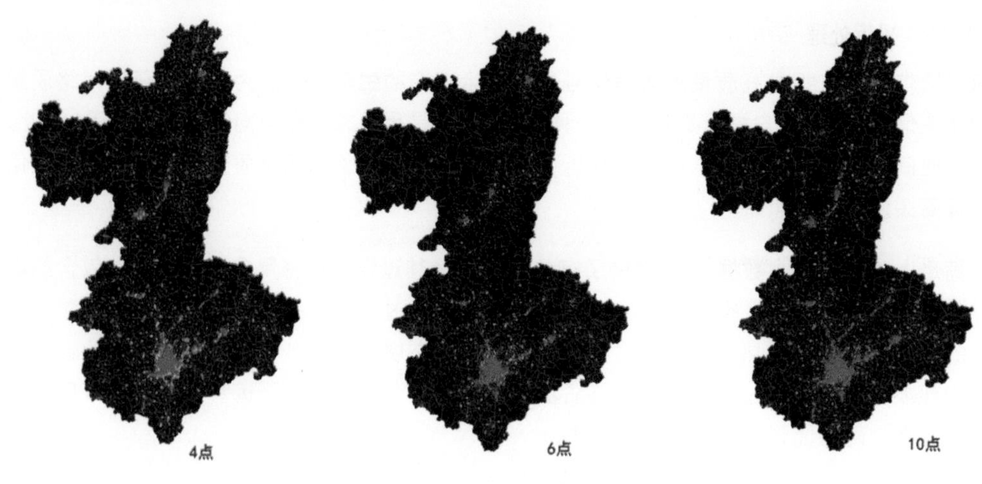

图 7-18　人口职住分析

7.5.3.2　人口聚集度分析

基于手机信令数据的人口聚集度分析，可分析出夜间和白天人口流入量最大的区域，分析出城市各个时间状态下人口聚集情况，从而了解城市人口准实时动态变化情况，为城市管理者提供可靠、有效的人口大数据，为城市应急、城市建设以及城市规划提供大数据参考。

7.5.3.3　人口分布规律分析

针对手机移动的实时位置信息，设置接收频次，实现数据的采集入库，同时综合每年的数据进行空间分析挖掘，再结合机主详细的个人信息和城市交通布局，可以分析出人口流入与流出的分布规律。

结合每年手机信令等大数据的变化规律，可以为城市规划提供决策支持。在规划阶段，根据城市历年人口变化，结合城市实时流动人口分析，可以预测未来人口增长布局，以便对城市总体规划及各项单元专题规划提供参考 [7]，同时也为后续评估规划的合理性和实施过程提供重要依据。

7.5.4　网络舆情监控

舆情指的是公众的意见、态度和情感等难以定量化的内容。在网络实名制的背景下，互联网大数据中的舆情数据是更真实的人口学和社会学研究素材，为多种统计分析提供数据基础。将舆情数据与空间位置等因素联系起来进行多维分析，能够让网络舆情的研究更加精准，提升舆情研究和服务的价值。

大数据 GIS 的空间分析能力可以为基于互联网大数据的舆情监控提供技术手段，如图 7-19 所示。对于舆情热点，舆情地图可以提供舆情传播的空间分布，结合人口结构和分布情况，能够更精准地绘制出受舆情影响的热点人群。舆情热点在不同地区的关注度，可以为政府等部门提供更加准确的舆论导向支持。

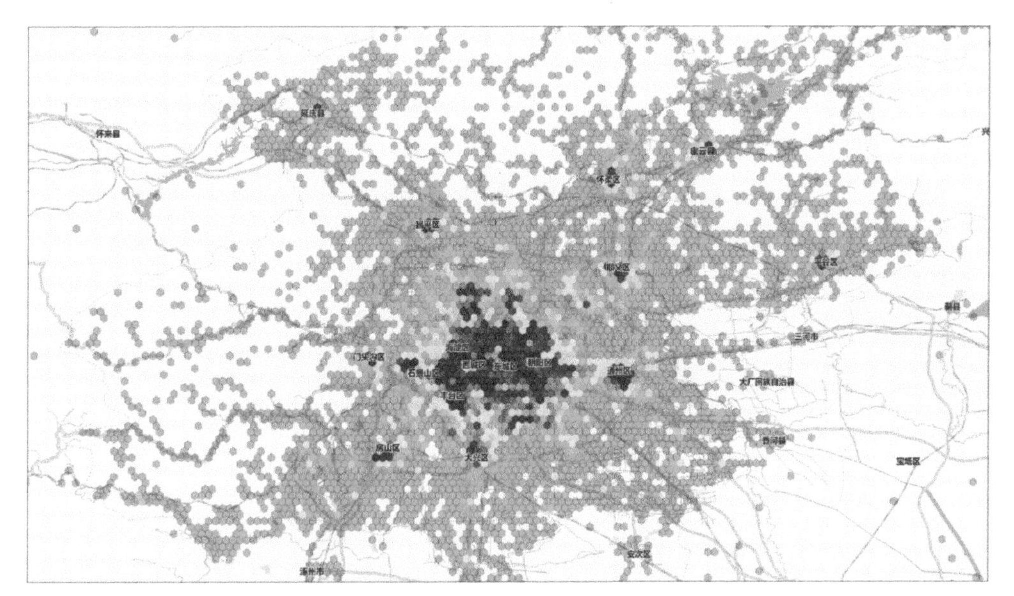

图 7-19　基于社交媒体关键词话题数据的聚合分析

7.6　本章小结

大数据 GIS 与不同行业的结合越来越紧密，大数据 GIS 的应用案例也越来越多。限于篇幅，本章只介绍了交通、通讯、商业等行业的大数据 GIS 典型应用案例。未来，同一行业应用会产生更多与大数据 GIS 结合的业务，或者因大数据 GIS 产生更多新的行业应用。大数据 GIS 与新技术的不断融合，还将为更多行业开辟新的业务点，带来更大的应用价值。

参考文献

[1] 马英杰 . 交通大数据的发展现状与思路 [J]. 交通工程 , 2014, 14(4):55-59.

[2] 金元浩，乔玉玲，房文杰 . 新型基础测绘数据生产与应用一体化实践 [J]. 测绘与空间地理信息，2017,，40(s1)：175-177.

[3] 张悦涵 . 基于多源数据的选址模型及其应用研究 [D]. 成都：电子科技大学，2015.

[4] 马继华 . 运营商的大数据，为何只能抱着金碗要饭吃？ http://www.sohu.com/a/50267635_115080. [2015-12-24].

[5] 智研咨询集团 . 2016-2022 年中国通信大数据市场运行态势及投资战略研究报告 . http://www.chyxx.com/research/201604/407088.html. [2016-4].

[6] 吴昊，彭正洪 . 城市规划中的大数据应用构想 [J]. 城市规划，2015， 39(9)：93-99.

[7] 李苗裔，王鹏 . 数据驱动的城市规划新技术：从 GIS 到大数据 [J]. 国际城市规划，2014，29(6)：58-65.

第 IV 部分　人工智能与 GIS

第 8 章　地理信息系统发展展望

8.1　概述

GIS 是一门结合地理科学与信息科学的综合性学科。二十一世纪以来，信息技术的快速发展推动着 GIS 技术的不断更新，使 GIS 成为 IT 的重要组成部分。如今，GIS 已经渗透到几乎所有涉及地理空间信息的领域，为政府和企业提供信息服务，并驱动着地理信息产业的快速发展。与此同时，GIS 正在通过互联网、移动互联网和物联网等媒介走向千家万户，为普通民众提供空间信息服务。

如图 8–1 所示，IT 每一次大的变革，都带动着 GIS 技术不断发展，云计算、大数据、物联网、人工智能 (Artificial Intelligence，AI)、增强现实与虚拟现实 (Augmented Reality/Virtual Reality，AR/VR)、自动化和区块链等技术，都是地理信息技术发展的驱动力 [1]。

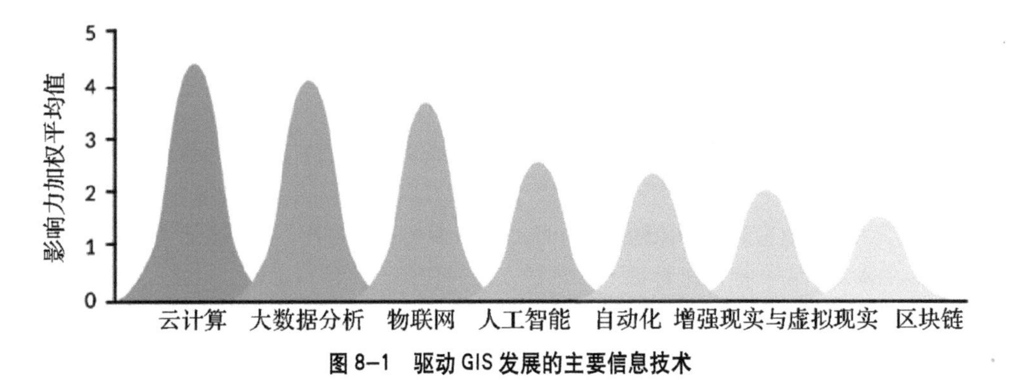

图 8–1　驱动 GIS 发展的主要信息技术

通过对影响 GIS 发展的各大信息技术进行简单分析，可以看到，云计算与大数据仍然是未来地理信息技术发展的重要技术驱动力。云计算为 GIS 提供了新的基础资源整合平台，极大地提升了数据资源和计算资源能力，也提升了数据安全性。以云计算为基础的大数据技术，改变了将经典空间数据作为 GIS 数据源的普遍认知，变革了地图制图方法，创新了 GIS 的技术形态，对 GIS 的发展产生了更为深远的影响。大数据 GIS 正处于快速发展的态势，空间大数据的分类，异构数据的处理，空间大数据与经典空间数据的融合，以及空间大数据的分析挖掘技术都有待进一步提升。空间大数据的应用，特别是在地理信息行业的应用，有着巨大的市场空间。伴随着云计算和大数据技术的发展，人工智能逐渐形成新的驱动力。

从 GIS 基础软件的发展来看，近年来和未来几年影响较大的几种技术分别是：跨平台 GIS 技术、新一代三维 GIS 技术、云 GIS 技术、大数据 GIS 技术、人工智能 GIS 技术和区块链 GIS 技术。如图 8–2 所示，截止到 2019 年，跨平台 GIS 技术和新一代三维 GIS 技术发展进入高级阶段，而云 GIS 进入中级阶段，大数据 GIS 技术、人工智能 GIS 技术和区块链 GIS 技术还处于相对早期的发展和应用阶段。

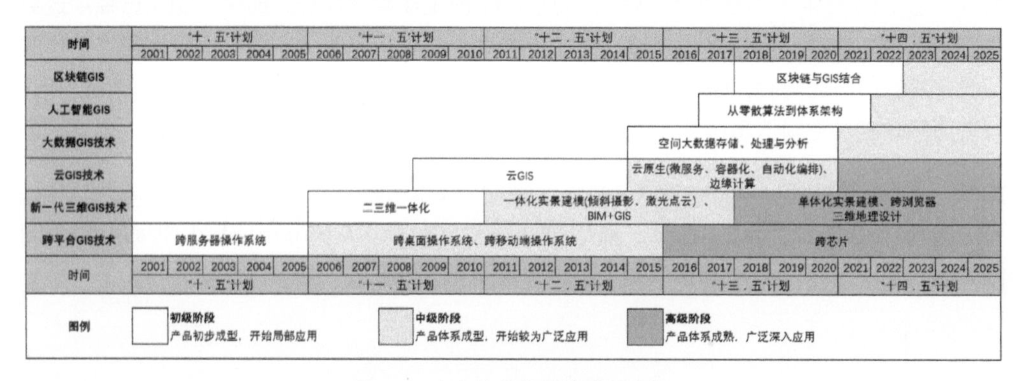

图 8–2　GIS 技术发展的重要阶段

继大数据 GIS 之后，人工智能 GIS 将是下一个发展热点。人工智能被视为与计算机、互联网相提并论的重大技术创新，可以为人类经济社会发展带来智能化和颠覆性的变革。人工智能已经成为时下研究的热门课题，成为 IT 企业发展的重要目标，也是国际竞争的新焦点。人工智能的潮流不可抗拒，将对 GIS 技术的发展和应用产生巨大影响，或将成为未来 GIS 发展最为重要的技术驱动力。

人工智能对 GIS 的影响非常广泛。在数据层面上，地理信息产业具有大量数据需要处理，人工智能尤其是深度学习可以提高信息提取的自动化能力和准确程度，提高数据库建设和更新的效率；在技术上，人工智能与 GIS 的融合，将极大地提升 GIS 对空间信息的智能化处理和空间分析能力，解决许多过去无法解决的问题，使 GIS 实现质的飞跃；在行业应用上，人工智能可以更好地实现自动化和智能化应用，提升 GIS 的应用效果。

人工智能与 GIS 的融合，实现智能化 GIS，这也将是 GIS 发展的下一个目标。展望未来，构建在云计算、大数据和人工智能基础上的多维动态的新一代 GIS，将在智慧城市和自然资源等众多应用领域发挥更为重要的作用。

8.2 人工智能浪潮

人工智能的研究和发展始于上世纪四十年代，以 1950 年艾伦·图灵发表有关“图灵测试”的划时代论文和 1956 年被达特茅斯会议正式命名为重要起点。自此之后的六十多年，人工智能走过了 1950—1960 注重逻辑推理的机器翻译时代，1970—1980 依托知识积累构建模型的专家系统时代，1980—2005 面向模型训练过程的机器学习时代，逐渐发展到了 2005 年开始的自主学习的认知智能时代 [2]。图 8-3 概括了人工智能的几个典型发展阶段。

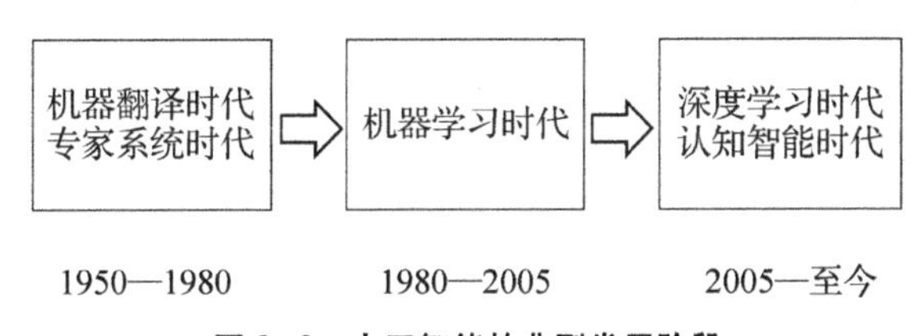

图 8-3 人工智能的典型发展阶段

根据《中国拥抱人工智能》[3] 一文，“开展人工智能研究与应用需要具备四大要素，即大量的数据、计算能力、领域专注和专家人才”。物联网、大数据和云计算技术的发展，为人工智能的发展提供了必要的条件。物联网为人工智能的感知层提供了基础设施环境，同时带来了大体量、多维度、全面持续的训练数据。大数据技术为训练数据的清洗、处理、整合和存储提供了核心技术支持，提升了深度学习算法的性能。而云计算为大规模并行和分布式计算带来了低成本、高效率的弹性运行环境，降低了总体成本。

大量的深度学习开源算法框架(包括 TensorFlow、PyTorch、Keras 与 MXNet 等)，已经被谷歌和脸书等知名互联网企业和专家学者广泛使用。来自于互联网、移动互联网和物联网的数据，实现了 TB、PB 甚至 EB 级多维海量多源异构空间大数据的积累，为 AI 模型训练提供了丰富的数据资源，进而产生了意想不到的应用。例如，利用建立在 OpenStreetMap 等在线网站不断产生的志愿者地理信息数据和云计算基础设施之上的深度学习网络，可以为非洲农村地区实现低成本、高精度的基础测绘，有力地支持大众化制图等地理信息技术的应用 [4]，如图 8-4 所示。

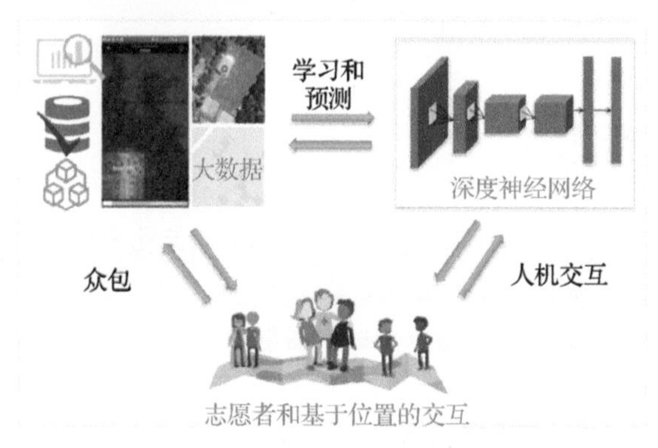

图 8-4　基于人工智能的大众化测绘模型示意图

目前我们已经具备了发展人工智能的良好的技术基础。2017 年 7 月我国发布了《新一代人工智能发展规划》[5]，将发展人工智能上升为国家战略，人工智能成为实现我国科技超越发展的重要途径。

人工智能研究方向可以被划分为多个子领域，涉及知识表示法、多智能体规划、机器人学等，这里对其中与计算机技术结合较为紧密、自身发展迅速、应用较为广泛的三个领域(图 8-5)进行介绍。

数据挖掘(Data Mining，DM)是一个跨学科的计算机科学分支。它是用机器学习、统计学和数据库的交叉方法在相对较大型的数据集中发现模式的计算过程。数据挖掘过程的总体目标是从一个数据集中提取信息，并将其转换成可理解的结构，以便进一步使用。其中涉及数据库和数据管理、数据预处理、模型与推断、兴趣度度量等过程，是知识发现(Knowledge Discovery in Database，KDD)的分析步骤，本质上属于机器学习的范畴。

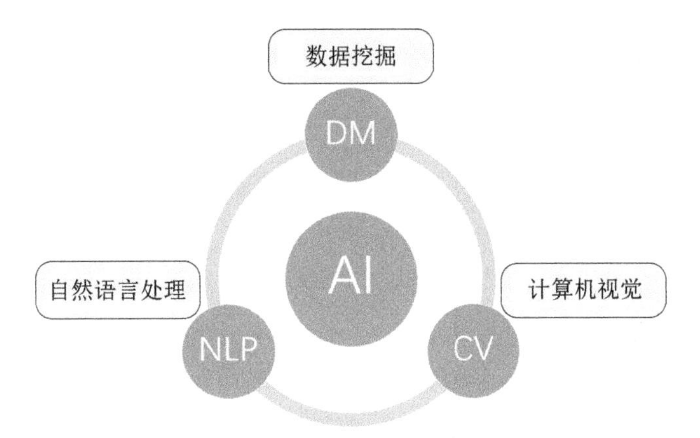

图 8-5　人工智能研究的三个代表性子领域

计算机视觉 (Computer Vision，CV) 是一门研究如何使机器“看”的科学，进一步说，就是指利用摄影机和计算机代替人眼，对目标进行识别、跟踪和测量，并用计算机进一步对图像进行处理，使其成为更适合人眼观察或者传送给仪器检测的图像。作为一门科学学科，计算机视觉研究试图创建能够从图像或者多维数据中获取信息的人工智能系统。

自然语言处理 (Natural Language Processing，NLP) 是人工智能和语言学领域的分支学科。此领域探讨如何处理及运用自然语言。自然语言认知是指让计算机理解人类的语言。自然语言生成系统可把计算机数据转化为自然语言。自然语言理解系统可把自然语言转化为计算机程序更易于处理的形式。

8.3　人工智能 GIS 研究

人工智能在地理学中的应用并非新生事物，目前已经发展出了许多重要的研究成果。十多年前威利 (Wiley) 就出版了《人工智能在地理学的应用》[6]，其中关于人工智能与 GIS 的研究非常多，特别是利用神经网络开展环境变化和遥感图像方面的研究。人工智能的发展，以及空间大数据的应用与普及，极大地推动了人工智能与地理信息技术的结合。近期兴起的地理空间人工智能 (Geospatial Artificial Intelligence，GeoAI)，将是地理空间信息领域开展人工智能应用的新起点。

GeoAI 是地理空间信息领域的一个特别学科，专注于应用人工智能来分析空间大数据。它也是一个新型的交叉学科，是高性能计算在人工智能领域中的具体应用。它使用机器学习特别是深度学习技术，结合数据挖掘技术，实现地理数据挖掘与知识发现。

2017 年，ACM SIGSPATIAL(国际计算机协会 ACM 关于 GIS 的学术讨论会) 将 GeoAI 作为重要议题，会议期间还举办了首次 GeoAI 国际研讨会，来自地理信息、计算机、工程和企业界的专家学者探讨了人工智能在地理数据挖掘和知识发现方面的最新发展 [7]。

人工智能为地理空间信息技术的变革提供了新机遇，也为解决地球环境等国际重大问题开辟了新途径，吸引了全球众多企业的关注 [8]。为普及 AI 在环境变化和自然资源管理方面的应用，微软启动了 AI for Earth 项目 [9]，希望让世界各地的组织或个人都可以应用人工智能技术来保护我们的地球。

在上一小节中，我们介绍了数据挖掘、计算机视觉与自然语言处理这三个人工智能的重要研究领域，国内外已有众多专家、学者在这三个领域进行 AI 技术与 GIS 技术结合的探索性研究，如图 8-6 所示，他们一方面将地理空间信息融入到数据挖掘、计算机视觉与自然语言处理研究当中，另一方面也借助这些 AI 技术来解决 GIS 应用问题。

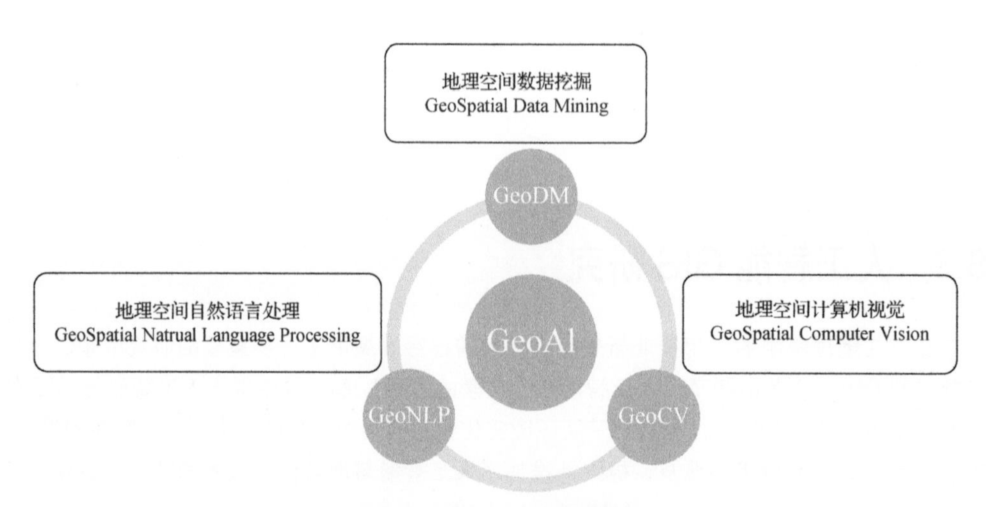

图 8-6 GeoAI 三大研究领域

8.3.1 数据挖掘

随着传感器、移动互联网等技术的快速发展，地理信息数据的采集工具从传统专业仪器转变为人人可以随身携带的便携终端。为此，美国科学家迈克尔·F. 古德柴尔德 (Michael F. Goodchild) 提出了“人人都是传感器”的志愿者地理信息的概念 [10]。这些新形式的泛在地理信息，经常以时空轨迹的形式，详细记录人类的生活与行为轨迹，为地理学研究个体行为模式提供了新的数据来源。

时空轨迹能够反映个体行为的时空特征，大量同类群体的共同模式反映群体特征。基于 AI 研究这些轨迹，为研究者深入理解社会活动特征提供更多可能，对新型智慧城市、智能交通、商业智能等行业应用具有重要意义。还有学者将深度学习用于精准路径预测与距离计算。相比传统 GNSS 数据的去噪方法，利用在大量合成数据上训练的卷积神经网络进行轨迹数据预测，可以显著减少真实轨迹与预测轨迹的距离误差。

8.3.2 计算机视觉

计算机视觉在 GIS 领域有两大用途：遥感图像识别与分类；导航地图的制作与更新。

8.3.2.1 遥感图像识别与分类

深度学习技术从机器学习的分类与识别工作中发展而来，近几年在遥感科学，特别是遥感图像识别与分类领域迅速成为研究热点，涉及图像预处理、基于像素的分类、目标识别和场景理解等方面。在这些研究方向中，深度学习在图像预处理和像素级分类上，大量训练集的获取成本问题还有待解决，但在目标识别和场景理解上已经取得了显著的研究成果，解决了以往难以从底层原始特征（通常是像素级）抽象为具有具体含义信息的难题。

目前常见的研究案例包括：遥感图像中的目标检测，土地利用类型的分割与分类，利用城市卫星图像结合土地利用数据预测城市扩张，利用影像自动更新空间数据等方向。

国际上已经有多个遥感专业公司采用 AI 技术处理遥感图像，如 Orbital Insight 开发了机器深层学习程序，提高了遥感数据分析的准确率；设在旧金山的 SpaceKnow，构建了一个人工智能系统，对绕地飞行的数百颗商业卫星的 PB 级数据进行处理与分析，用于追踪全球经济的发展趋势，提高全球经济信息的透明度；SpaceKnow 通过对成千上万的商业卫星图像进行分析，与遍布中国的 6000 多个工业区照片进行比较，并对一段时期内体现经济活动的视觉变化如有形库存和新建设施等进行评分，最终发布了中国卫星制造业指数 (China Satellite Manufacturing Index，SMI)，引起了国际金融界的高度关注 [11]。

8.3.2.2 航地图的制作与更新

人工智能在地图制图与数据更新方面的研究，成为计算机和地理信息科学领域的热门研究课题。尽管地图测量与制图技术已经非常成熟，但是在当前环境下，特别是随着自动驾驶技术的发展，人们对高精度地图有着巨大的需求，而且全球尚有许多道路还没有地图数据。制图是件非常枯燥又耗时的工作，即便已经有了航空影像，但人工制图仍然不可或缺，连 Google 这样的大公司都还需要通过人工来描绘地图。

为了解决上述问题，麻省理工学院 (Massachusetts Institute of Technology，MIT) 的计算机科学与人工智能实验室利用人工智能技术研发了一款道路制图工具 Road Tracer[12]。它可以利用航空影像和 GPS 进行道路制图，而且制图精度优于传统方法。它利用神经网络对航空影像的每一个像元进行识别，判断其是否为道路。研究人员使用北美和欧洲的 25 个城市的数据对其进行模型训练，进而利用其他 15 个城市的数据进行制图能力评估，发现其错误率低于传统方法，同时大幅降低了人工工作量。

百度在地图生产中也已经实现了人工智能化的转变，并且在百度的人工智能战略和无人驾驶生态中扮演着重要的角色。百度地图采用了影像深度学习、全景图像自动精准识别、多源数据自动化差分三大技术高效处理所采集的数据。从外业采集到内业处理的全过程中，人工智能技术已经让百度地图生产的自动化水平达到 80%，其中全景图像自动识别的准确率达到了 95%，包括道路特征、建筑物轮廓、道路标牌和警示牌、电子眼，以及道路两侧建筑物上的门牌号等在内的详细信息都可以被识别 [13]。

8.3.3 自然语言处理

GIS 领域的计算机机视觉则分为两类：基于机器学习的地理编码和结合地理学的地理知识图谱。

8.3.3.1 基于机器学习的地理编码

地理编码 (Geocoding) 是 GIS 与自然语言处理结合的一个重要方向。随着 Web 技术的发展，网络信息量激增。在搜索引擎查询中，大量的搜索请求都与地理信息和空间位置有关。近年来流行的地理信息检索 (Geographic Information Retrieval，GIR) 和基于位置的服务 (Location-Based Services，LBS) 都需要地理编码技术进行支持，而且地理编码能够将文本中的非结构化地理信息映射为结构化的地理信息，也已成为 GIS 领域的一个重要研究方向。

地理空间命名实体是具有地理位置特性的现实世界实体的标识符，主要包括 GIS 中各种自然和人文的地理命名，包括山川、河流与行政区划等。地理编码是对空间区域划分格网并对每一个区块编码，实现区块空间位置、空间数据与区块内属性信息的对应关系。地理编码与区块编码主要的区别是，地理编码对应具体的地理位置坐标而不是一个区块位置范围。目前国外的地理编码技术已较为成熟，中文地址的地理编码受到多种因素影响，比英语等语言本文描述的地址编码要复杂得多，其难点主要体现在中文的自然语言处理、中文地理实体识别、地名歧义和地址库匹配等方面。

在地理编码的应用方面，Google 的 PlaNet 可以说是一个非常有意思的 AI 应用系统，它可以快速判断照片在全球范围内的拍摄地点，实现对代表性物体的地理定位。PlaNet 通过机器学习算法不断学习和训练，让程序逐渐具备识别照片可能所在地点的能力。它的数据库目前拥有从互联网上获取的 1.26 亿张带有地理位置信息的照片，拥有超过 9000 万张带地理位置标签的街景照片。在对照片进行像素级分析的基础上，与照片库存储的数据进行像素比对，实现二者之间的最佳匹配，为用户提供照片拍摄地点。在利用 230 万张照片进行的测试中，PlaNet 识别照片拍摄地国家的准确率为 28.4%，识别照片拍摄地大洲的准确率为 48%。可以说，PlaNet 是人工智能在地理编码应用中的一种尝试 [14]。

8.3.3.2 结合地理学的地理知识图谱

Google 在 2012 年发布了知识图谱 (Knowledge Graph)，支持更复杂的自然语言查询 [15，16]。知识图谱相关的理论和概念其实在学术界早已存在，其本质是人工智能符号主义学派中知识工程的一个分支，以知识工程的语义网为理论基础，是一种基于图的数据结构。由于结合了机器学习、自然语言处理、知识表达与推理的最新成果，知识图谱在大数据时代受到学术界和工业界的广泛关注。通过构建知识图谱，不同种类的信息可以连接成由节点和边组成的关系网络，从而使知识可被用户访问 (搜索)，可被查询 (问答)，可被支持行动(决策)。

结合地理学和 GIS 的知识图谱研究包括地理实体及关系抽取、地理语义网、地理知识推理等多个方面。由于自然语言中描述地理实体的形式差异巨大,造成地理语义分析的难度较大,而地理知识图谱则有望成为从网络文本中采集和处理地理语义的有效手段,为 GIS 中虚拟地理场景构建、地理知识搜索和地理问答提供坚实的信息基础,是值得研究和关注的 GIS 与 AI 结合点。

8.4 人工智能 GIS 基础软件发展方向

人工智能是 GIS 技术发展的重要方向,将人工智能融入 GIS,是 GIS 基础软件发展的必然趋势。对于面向未来的 GIS 发展规划和策略,如何将 AI 融入 GIS,是地理信息技术领域的重要研究课题。

在现有 AI 技术发展和研究成果框架下,要在 GIS 基础软件中实现与 AI 的技术融合,发展智能化 GIS 基础软件,需要考虑更多的因素,譬如高性能弹性伸缩的云计算基础设施、面向数据挖掘的技术框架、机器学习和深度学习的算法与框架,以及多源异构空间大数据融合等,都是在 GIS 中形成 AI 能力的重要关键技术。图 8-7 展示了如何结合云计算、大数据和人工智能,发展智能化 GIS 基础平台软件的基本技术思路。

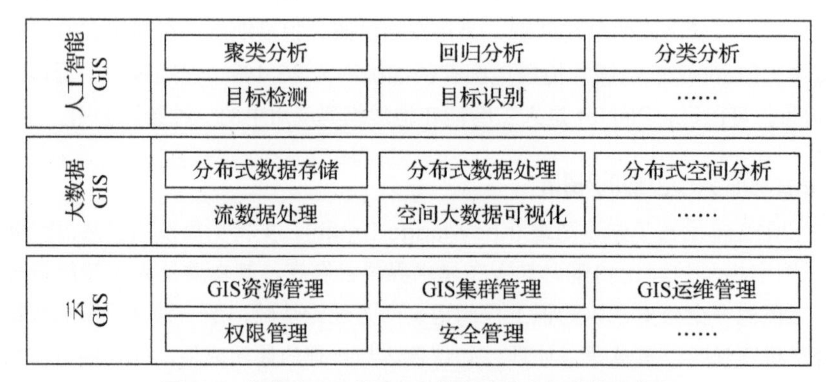

图 8-7　智能化 GIS 基础平台软件技术发展路线示意图

开展 AI 和 GIS 结合的研究将是 GIS 技术发展的下一个热潮。在人工智能 GIS 技术中，训练数据生产制作、机器学习和深度学习算法模型、机器学习和深度学习框架等均属于基础性的关键技术。

8.4.1 数据生产与处理

在 GIS 数据生产和处理领域，可以使用人工智能技术为测绘、动态监测等采集的数据进行智能化处理，包括识别和去除噪声与错误数据、自动填补和拟合缺失数据、辅助进行建筑物和道路等数据的矢量化提取等。

在地址要素识别方面，可以利用条件随机场 (Condition Random Field，CRF) 模型进行地理实体语义训练，进而利用训练后的模型从各种文本信息中识别地址要素。在遥感影像的目标检测方面，可以引入深度学习算法，进行大范围影像的高性能高精度检测和目标提取，包括提取影像中的飞机、舰船、储油罐等典型实体。

8.4.2 算法模型

机器学习算法包括很多种类型，可以根据其面向的不同场景进行大体分类。较为常见的是分类问题，如遥感影像的监督分类，该问题较适合使用决策树、支持向量机 (Support Vector Machine，SVM)、随机森林等算法进行求解。在 GIS 的分析应用中，经常涉及配送区域划分、服务区域划分等问题，此时可以使用聚类算法求解，包括 K 均值聚类、层次聚类、密度聚类等算法。

随着深度学习逐渐流行，GIS 平台也在尝试与深度学习算法结合，比如基于深度卷积神经网络 (Convolutional Neural Network，CNN) 的遥感影像地物提取、基于区域卷积神经网络 (Region Convolutional Neural Network，R-CNN) 的遥感影像目标检测等算法都可以服务于 GIS 应用。

8.4.3 基础框架

基础框架方面需要综合考虑业界主流应用和未来发展前景等因素。目前专家学者使用较多的框架是 Google 提供的 TensorFlow 框架，它适合大规模部署，支持跨平台部署，也支持移动端和嵌入式环境。

PyTorch 作为后起之秀，虽然技术特性没有 TensorFlow 丰富，但非常适合研究人员进行小型原型系统的构建。Keras 也是一个不错的选择，它随着 TensorFlow 进行分发，提供高层次的 API 支持，适合进行神经网络的快速实验。

当涉及大规模机器学习训练场景时，可以采用公有云平台的解决方案，如 Amazon AWS 和 Windows Azure 的机器学习服务，国内的阿里云也提供了 GPU 云主机，可以在其上构建大规模训练服务。

8.5 本章小结

IT 技术每一次大的变革，都极大地促进了 GIS 的技术创新和应用发展。通过简要分析影响 GIS 发展的主要 IT 技术，可以认为物联网、大数据和云计算仍是当下地理信息技术发展的主要驱动力，同时可以推断，正在兴起的人工智能浪潮将对 GIS 产生极其深刻的影响，人工智能 GIS 是未来 GIS 发展最为重要的方向。在分析人工智能包括数据挖掘、机器学习和深度学习在地理信息领域研究与应用的基础上，提出结合云计算、大数据和人工智能，发展智能化 GIS 基础平台软件的基本技术思路。可以展望，构建在云计算、大数据和人工智能基础上的多维动态的新一代 GIS，将在我国未来信息化建设中发挥更为重要的作用。

参考文献

[1] GeoBuiz 2018 Report Geospatial Industry Outlook and Readiness Index, Geospatial Media & Communications[EB/OL].https://geobuiz.com/geobuiz-2018-report.html.

[2] 中国人工智能创新应用 . 中国人工智能学会与罗兰贝格联合发布白皮书，2017 年 11 月.

[3] China embraces AI: A Close Look and A Long View, Dec., 2017, by Eurasia Group[EB/OL]. https://www.eurasiagroup.net/files/upload/China_Embraces_AI.pdf.

[4] DeepVGI – Deep Learning with Volunteered Geographic Information[EB/OL].https://www.geog.

uni-heidelberg.de/gis/deepvgi_en.html.

[5] 国务院关于印发新一代人工智能发展规划的通知，国发〔2017〕35号，2017年07月20日，http://www.gov.cn/zhengce/content/2017-07/20/content_5211996.htm.

[6] Openshaw,. *Artificial Intelligence in Geography*, New Jersey: Wiley, 1977.

[7] Artificial intelligence and GIS: Mutual Meeting and Passing, Voženílek, V. (2009): International Conference On Intelligent Networking And Collaborative Systems (INCOS 2009), pp. 279-284.

[8] Vopham T, Hart J E, Laden F, et al. Emerging Trends in Geospatial Artificial Intelligence (geoAI): Potential Applications for Environmental Epidemiology[J]. Environmental Health, 2018, 17(1):40.

[9] AI for Earth can be a Game-changer for Our Planet[EB/OL]. https://blogs.microsoft.com/on-the-issues/2017/12/11/ai-for-earth-can-be-a-game-changer-for-our-planet/.

[10] M. F. Goodchild. Citizens as Sensors: the World of Volunteered Geography. GeoJournal, 69(4):211–221, 2007.

[11] Doubtful of China’s Economic Numbers? Satellite Data and AI can Help[EB/OL]. https://qz.com/1251912/doubtful-of-chinas-economic-numbers-satellite-data-and-ai-can-help/.

[12] Massachusetts Institute of Technology, CSAIL. “An AI that makes road maps from aerial images.” ScienceDaily. 17 April 2018.

[13] 新华网，百度地图引领数据生产智能化革命 支撑互联网AI大变革，2017-11-27.

[14] Google’s Planet? Now Google Can Tell You Where A Photo Was Taken By Simply Looking At It[EB/OL]. https://www.inquisitr.com/2833046/googles-planet-now-google-can-tell-you-where-a-photo-was-taken-by-simply-looking-at-it/.

[15] Google Knowledge Graph Search API - Google Developers, https://developers.google.com/knowledge-graph, Dec 14, 2015.

[16] Sammi Merritt, February 15, 2016, What is Google Knowledge Graph? https://www.atilus.com/what-is-google-knowledge-graph/.

第 V 部分　大数据 GIS 部署与开发实战

扫码观看 SuperMap 视频资源

扫码阅读部署与实战

第 9 章　大数据 GIS 应用快速入门

9.1　概述

本章介绍如何基于 SuperMap GIS 9D(2019) 进行大数据 GIS 环境部署及二次开发。考虑到读者的技术基础不同，本章既提供适合学习研究的大数据 GIS 单机环境部署，也提供适合生产应用项目的大数据 GIS 集群环境搭建。本章将根据空间大数据 (存档数据、流数据) 和经典空间数据等不同应用场景，主要介绍单机环境下环境搭建、数据注册及空间分析等过程。

9.2　存档数据应用

本节从安装 SuperMap iServer 9D 入手，详细介绍如何搭建单机分布式计算环境，并实现存档数据点聚合分析与核密度分析的应用实践。

9.2.1　基础环境准备

1. Windows 环境下软件安装

从北京超图软件股份有限公司 (以下简称“超图软件”) 官网获取 SuperMap iServer 9D Windows 版产品，下载地址为 http://support.supermap.com.cn/DownloadCenter/DownloadPage.

aspx?id=1107。下载完毕后，直接解压缩即可。

在运行软件之前，需要配置许可。SuperMap iServer 9D 产品包中提供了 SuperMap License Center 许可工具，位于 %SuperMap iServer_HOME%\support\SuperMapLicenseCenter(%SuperMap iServer_HOME% 即 Windows 操作系统下 SuperMap iServer 解压缩的主目录）目录下。进入该目录，双击执行许可工具 SuperMap.LicenseCenter.exe，首次打开 SuperMap 许可中心，该程序会自动安装依赖的驱动，并默认安装一个 90 天的试用软许可。

配置完许可后，进入 %SuperMap iServer_HOME%\bin 目录，双击 startup.bat 启动 SuperMap iServer。服务启动完成后，使用浏览器访问 http://localhost:8090/，进行初始化配置操作。

2. Linux 环境下软件安装

从超图软件官网获取 SuperMap iServer 9D Linux 版产品（下载地址为 http://support.supermap.com.cn/DownloadCenter/DownloadPage.aspx?id=1091)。下载完毕后，放到 /opt 目录下，使用 root 用户进行解压，解压命令如下。

```
tar -zxvf [文件名]
```

解压完成后，进入 $SuperMap iServer_HOME/support 目录 ($SuperMap iServer_HOME 即 Linux 操作系统下 SuperMap iServer 解压缩的主目录)，进行依赖安装。

```
./dependencies_check_and_install.sh install
```

安装完依赖后进入 SuperMap_License/Support 目录，解压许可驱动文件。

```
cd SuperMap_License/Support
tar -zxvf aksusbd-2.4.1-i386.tar
```

解压完成后，进入解压后的驱动目录，执行安装驱动命令。

```
cd aksusbd-2.4.1-i386
./dinst
```

首次安装驱动，会默认安装一个 90 天的试用软许可。进入 $SuperMap iServer_HOME/

bin 目录，输入如下命令，启动 SuperMap iServer 9D。

```
./startup.sh
```

服务启动完成后，使用浏览器访问 http://[Linux 系统 IP]:8090/，进行初始化配置操作即可。

3. Token 申请

在进行分布式分析服务配置时，需要填写“关键服务 Token”，所以需要先申请 Token。

(1) 使用浏览器访问 http://localhost:8090/iserver/manager，输入初始化时设置的管理员用户名和密码，进入 SuperMap iServer 管理页面（图 9-1）。

图 9-1　SuperMap iServer 管理界面

(2) 点击当前登录用户下拉框内的“详细信息”（图 9-2）。

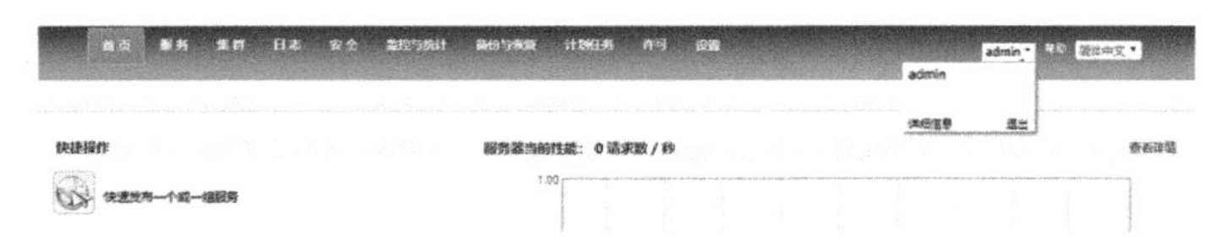

图 9-2　当前登录用户详细信息

(3) 点击当前登录用户下的“令牌”菜单，进入申请 Token 界面（图 9-3）。

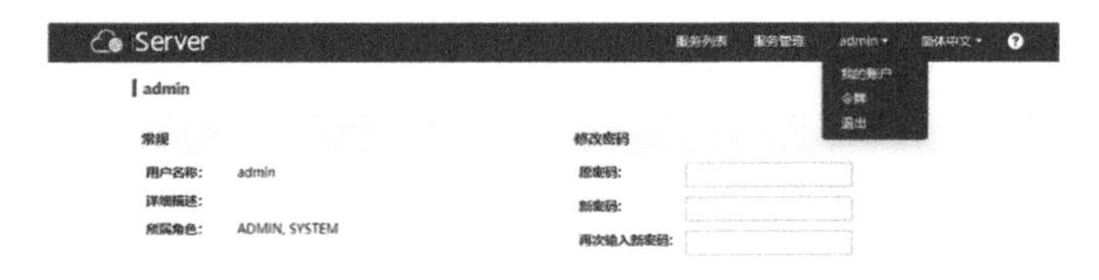

图 9-3　当前用户详细信息令牌菜单栏

(4) 如图 9-4 所示，“用户名”和“密码”填写 SuperMap iServer 初始化时设置的管理员用户名和密码，“客户端标识类型”选择“无客户端限制”，“有效期”根据情况来选择一个 Token 时限，点击“生成令牌”，即可查看到所申请的 Token，该 Token 信息需要保存，后续操作需要输入。

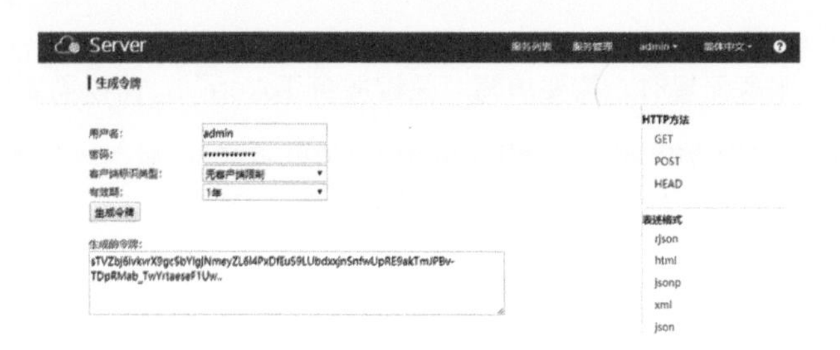

图 9–4　申请 Token

9.1.2　SuperMap iServer 分布式配置

使用浏览器访问 http://localhost:8090/iserver/manager，登录 SuperMap iServer 管理页面。

(1) 在选项卡中依次点击“集群” | “配置集群” | “配置 Spark 集群”，勾选“是否启用 Spark 集群”，选择“启用本机的 Spark 集群服务 (默认)”，点击“保存”按钮 (图 9–5)。

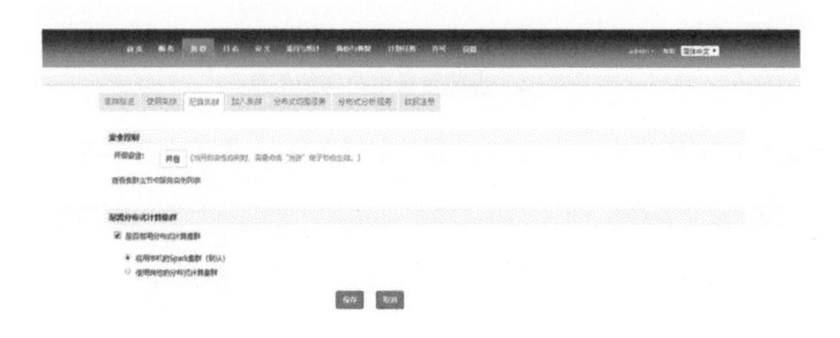

图 9–5　开启 Spark 集群

(2) 点击“加入集群”｜“添加报告器”，将以下地址“http://[本机IP地址]:8090/iserver/services/cluster”加入到其中，并勾选“报告器是否启用”与“是否分布式分析节点”，点击“确定”按钮，点击“保存”按钮(图9-6)。

图9-6 加入集群报告器

(3) 点击“分布式分析服务”，“关联服务地址”填写为http://[本机IP地址]:8090/iserver。“关联服务Token”，将之前申请得到的Token值，复制到该栏中，并点击“保存”按钮(图9-7)。

图9-7 关联服务Token

(4) 访问 http://localhost:8080/，查看 Spark 集群运行情况 (图 9-8)。因为是单机部署，所以 Workers 中只有一个节点。SuperMap iServer 内置 Spark 默认运行时内存为 4 GB，如果需要修改，可以打开 Spark-defaults.conf 文件中的 Spark.executor.memory 参数值，修改完毕后重启 SuperMap iServer 服务即可生效。Windows 所在位置为 %SuperMap iServer_HOME%\support\spark\conf\spark-defaults.conf。Linux 所在位置为 $SuperMap iServer_HOME/support/spark/conf/spark-defaults.conf。

图 9-8　Spark 集群服务页面

9.1.3　数据注册

使用 SuperMap iServer 9D 范例数据中的 newyork_taxi_2013-01_14k.csv 数据进行分析，在 SuperMap iServer 9D 完整包中，该数据默认已注册。数据存放在 %SuperMap iServer_HOME%\samples\data\ProcessingData\newyork_taxi_2013-01_14k.csv。

9.1.4　空间分析

下面主要介绍如何进行点聚合分析和密度分析。

1. 点聚合分析

点聚合分析属于格网汇总算法的一种应用场景。格网汇总用于计算空间对象的空间分布，并进行属性统计，空间对象可以采用点、线、面等类型表示。更多格网汇总算法，可以参考第4章中数据汇总类算子的介绍。

点聚合分析是针对点数据集进行分析并生成聚合图的一种空间分析作业。利用网格面或多边形面，对地图点要素进行划分，计算每个面对象内点要素的数量，作为面对象的统计值，也可以引入点的权重信息，计算面对象内点的加权值作为面对象的统计值；将面对象的统计值，按照数值大小排序，通过色带对面对象进行色彩填充。

(1) 使用浏览器访问 http://localhost:8090/iserver/manager，登录 SuperMap iServer 管理页面，点击选项卡“服务” | “服务管理” | “分布式分析服务” | distributedanalyst(图9-9)，点击“服务地址”中的超链接(图9-10)，点击 jobs(图9-11)，点击 spatialanalyst (图9-12) 进入“空间分析作业目录”(图9-13)，点击 aggregatepoints 进入“点聚合分析的作业列表”(图9-14)。

图 9-9 SuperMap iServer 管理服务页面

图 9-10 分布式分析服务

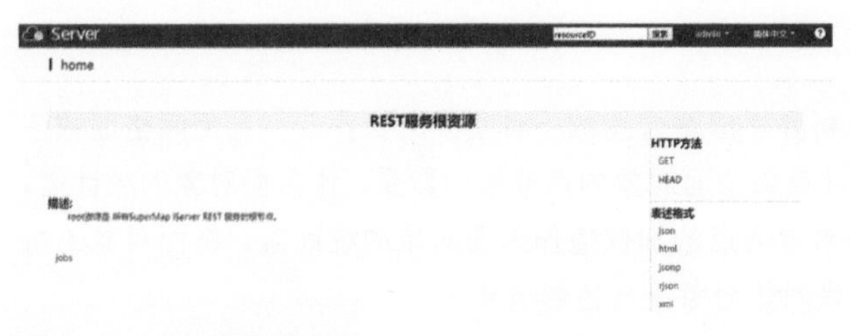

图 9-11　REST 服务根资源

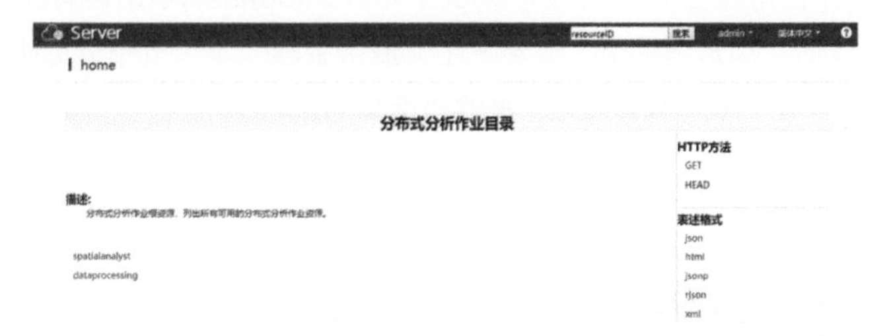

图 9-12　分布式分析作业目录

图 9-13　空间分析的作业目录

Server

home › jobs

点聚合分析的作业列表

正在执行任务:

应用ID	启动时间	状态	耗时	操作

已经完成任务:

应用ID	启动时间	状态	耗时

图 9-14　点聚合分析作业列表

(2) 点击“创建分析任务”按钮(图 9-14)，“源数据集”选择“samples_newyork_taxi_2013-01_14k”，“聚合类型”选择“网格面聚合”，“网格面类型”选择“六边形网格”，“格网大小”设置为“100m”，专题图颜色渐变模式选择“地形渐变”，点击“创建分析任务”按钮(图 9-15)。

图 9-15 创建点聚合分析作业

(3) 分析完成后，分析结果会自动发布成 SuperMap iServer 地图服务与数据服务(图 9-16)，可以在“地图列表”中，对生成的地图使用 iClient for JavaScript Tianditu.com 方式浏览(图 9-17)。从 2019 年 1 月 1 日起，访问天地图服务必须在天地图官网（http://lbs.tianditu.gov.cn/）申请开发 Key，否则无法显示天地图地图。如果需要显示天地图，可以先去官网申请 Key，然后通过 iServer 发布天地图服务，填写 Key，最后在使用 iClient 客户端进行大数据分析结果的展示。

Server　resourceID　搜索　admin　简体中文

home ▸ jobs

点聚合分析作业

任务信息

应用ID：442fac21_06da_43a7_b77c_f851452e608d	
数据输入路径：samples_newyork_taxi_2013-01_14k	聚合类型：网格面聚合
网格面类型：六边形网格	分析范围：输入数据的全幅范围
网格大小：100	网格大小单位：Meter
数字精度：1	
专题图分段模式：EQUALINTERVAL	专题图分段个数：0
专题图颜色渐变模式：TERRAIN	
分析结果存储路径：D:\SuperMap软件\iServer\9.1.2\supermap-iserver-9.1.2-win64-zip\webapps\iserver\processingResultData\Analyst\442fac21_06da_43a7_b77c_f851452e608d\summaryMesh.smwu	

进度信息

状态：	开始时间	持续时间	结束时间
FINISHED	2019-5-8 16:29:44	2秒	2019-5-8 16:29:48

地图列表

地图名称	浏览方式...	缩略图
summaryMesh_RecordCount_Map	for openlayers3 (with MVT), for Classic (with Vector Tile), Tianditu.com, iClient for Leaflet, for WebGL3D	

地图服务地址：http://192.168.15.26:8090/iserver/services/map-summaryMesh4/rest/maps

数据服务地址：http://192.168.15.26:8090/iserver/services/data-summaryMesh4/rest/data

图 9-16　分析成功界面

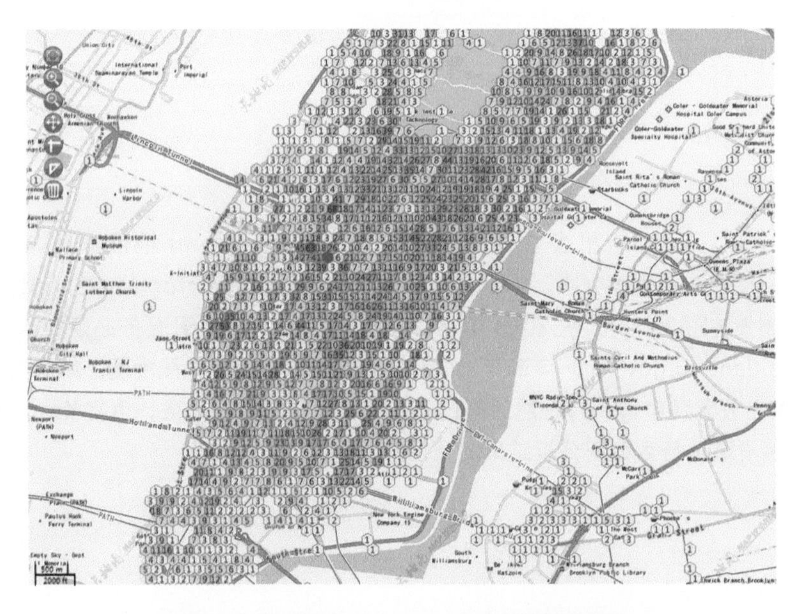

图 9-17　使用 Tianditu.com 方式浏览点聚合结果

2. 密度分析

密度分析是使用核密度分析算法计算数据的空间分布情况，与格网汇总不同，核密度分析算法会将周围邻域的影响纳入计算，并使用核函数来定量化地计算影响值。密度分析算子的更多介绍可以参考第 4 章模式分析类算子的详细说明。

(1) 使用浏览器访问 http://localhost:8090/iserver/manager，登录 SuperMap iServer 管理页面，进入“空间分析作业目录”(图 9–18) | 点击“density”进入“密度分析的作业列表”(图 9–19)。进入方式请参考“点聚合分析”小节。

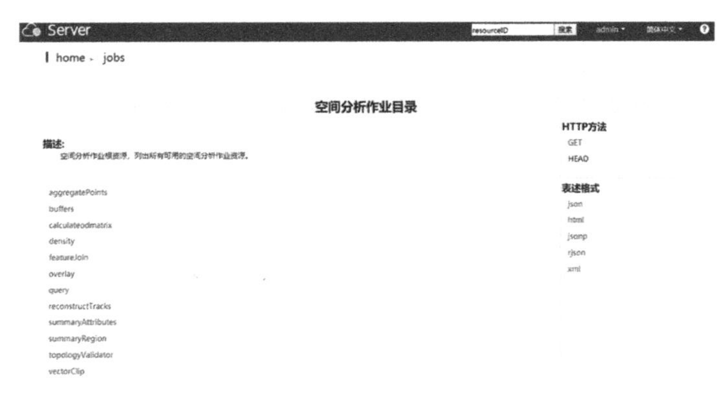

图 9–18　空间分析作业目录

图 9–19　密度分析作业的列表

(2) 点击“创建分析任务”按钮 (图 9–19)，“源数据集”选择“samples_newyork_taxi_2013–01_14k”,“分析方法”选择“核密度分析”,“网格面类型”选择“六边形网格”,“格网大小”设置为“50m”，“搜索半径”设置为“300m”，点击“创建分析任务”按钮 (图 9–20)。

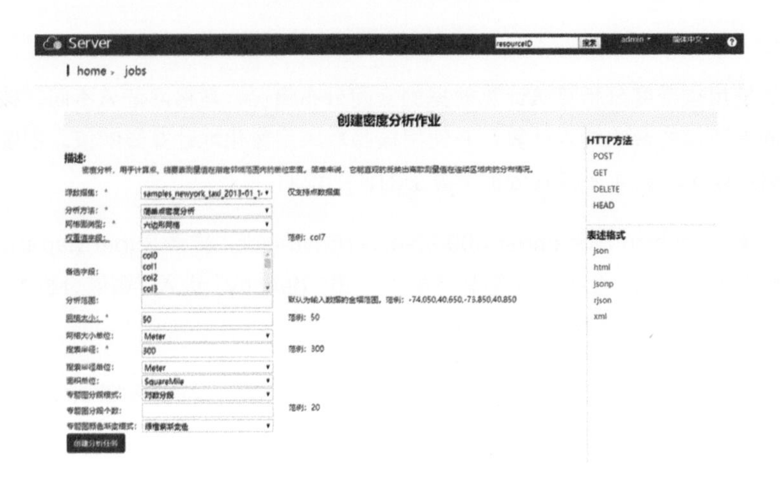

图 9-20　创建密度分析作业

(3) 分析完成后，分析结果会自动发布成 SuperMap iServer 地图服务与数据服务 (图 9-21)。可以在“地图列表”中，对生成的地图使用 iClient for JavaScript Tianditu.com 方式浏览 (图 9-22)。

图 9-21　分析成功界面

图 9-22　使用 Tianditu.com 方式浏览核密度分析结果

9.2　流数据应用

本节沿用单机 SuperMap iServer 环境，为读者介绍流数据处理的完整流程。所使用到的流数据应用资源包括工具和前端展示代码，请提前至超图软件官网进行下载。流数据应用资源下载地址：http://support.supermap.com.cn/DownloadCenter/DownloadPageaspx?tt=ProductAAS&id=133。如图 9-23 所示，通过模拟器定时读取 CSV 文件，将读取的信息发送给 SuperMap iServer 流数据服务 (Streaming Service)。

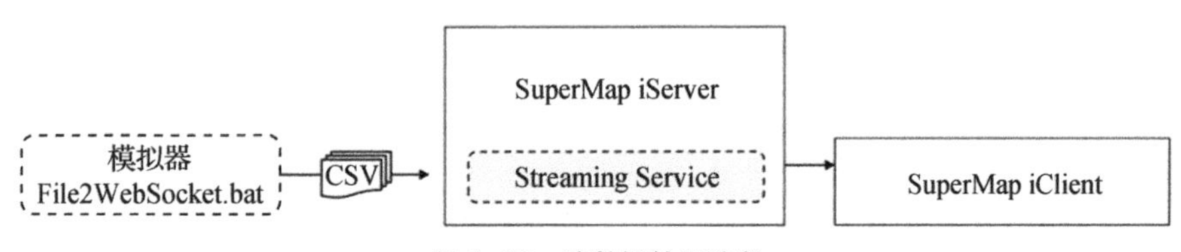

图 9-23　流数据处理流程

该服务将分析处理结果向 SuperMap iClient 客户端进行广播，当 SuperMap iClient 客户端订阅流数据服务后，即可自动接收服务器推送的数据。

为了便于读者在本地模拟流数据处理过程，在流数据应用资源中提供了流数据发送模拟器 (File2WebSocket.bat)(流数据应用资源 /Streaming/File2WebSocket.bat 文件)，通过模拟器直接从提供的数据中读取全球航班实时位置数据 (flights2w.csv)(流数据应用资源 /Streaming/flights2w 数据) 模拟流数据产生应用场景，该数据以 “,” 逗号分隔，其中包含航班旋转角度、航班号、航班当前时间的经纬度信息。

78,UAL2831,−168.78334,52.16667

62,MHO220,−155.78334,19.93333

48,ANZ28,−175.56667,−28.65

40,UAL99,−167.63333,−10.75

80,KAL35,−178.34415,43.22642

49,UAL870,−172.14999,−11.08333

80,AAL176,−177.64999,43.31667

9.2.1 流数据处理流程

1. 模拟发送流数据

如果服务器已经安装了虚拟化软件如 VMware Workstation 或者 Oracle VM VirtualBox，首先禁用掉除当前连接外的所有网卡，否则会影响 WebSocket 发送。

(1) 打开 File2WebSocket.bat 文件。

WebSocketServer.exe 8181 127.0.0.1 ./flights2w.csv 1000 2000

参数解释：

- 8181：WebSocket 服务端口。
- 127.0.0.1：IP 地址，因为是单机环境，填写本机地址即可。

- ./flights2w.csv：发送文件路径。
- 1000：间隔时间（单位：毫秒）。
- 2000：间隔时间内发送多少条。

(2) 编辑完成后，双击运行 File2WebSocket.bat（图 9-24），可以看到发送的服务地址为 ws://127.0.0.1:8181。

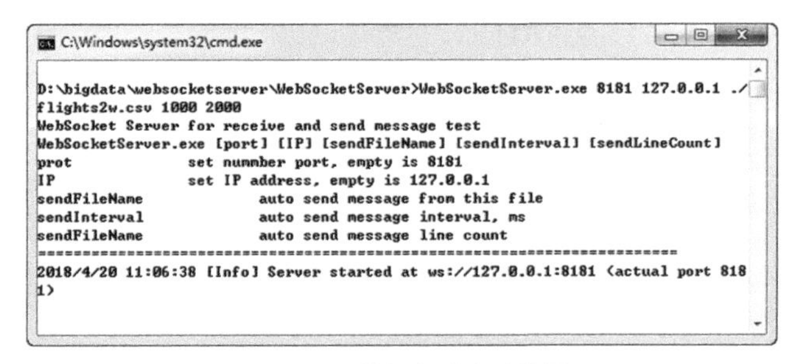

图 9-24 模拟发送实时数据

2. SuperMap iServer 配置流数据处理服务

(1) 确认 SuperMap iServer 已启动并已开启本地 Spark 分布式计算集群，并将本机加入集群，勾选“报告器是否启用”与“是否分布式分析节点”。如果只使用数据流服务，不需要开启分布式分析服务。如已开启分布式分析服务，由于 Spark 默认只能同时运行一个 Applications 应用（可以通过修改 Spark 配置文件，更改为同时运行多个应用，具体设置方法，可查询互联网上资源，这里只介绍最简单默认设置），可使用浏览器打开 http://localhost:8080/，将正在运行的 Running Applications 应用 Kill 掉。

(2) 如图 9-25 所示，使用浏览器访问 http://localhost:8090/iserver/manager，登录 SuperMap iServer 管理页面，点击“服务” | “概述” | “配置流数据服务”。

(3) 用鼠标将“接收器”中“WebSocket 接收器”拖到“节点编辑器”中（图 9-26）。鼠标单击“节点编辑器”中的“WebSocket 接收器”。“接收数据格式”选择“CSVFormatter”，“元数据”选择“StreamingMetadata”，“WebScoket 服务地址”填写“ws://127.0.0.1:8181”（图 9-27）。

图 9-25　配置流数据服务入口

图 9-26　WebSocket 接收器创建

(4) 点击图 9-27 中“元数据”上的 StreamingMetadata 标签，在随后显示的页面中，epsg 填写 4326，“id 字段名”填写 id，“接收数据类型”选择 POINT。由于原数据中有 4 个字段，所以“字段信息”添加 4 个 FieldInfo(图 9-28)。

图 9-27　WebSocket 接收器填写内容　　　　图 9-28　元数据配置

(5) 点击“FieldInfo-0”标签，根据航班数据内容“78,UAL2831,-168.78334,52.16667”从“FieldInfo-0”到“FieldInfo-3”依次填写表 9-1 中的内容。填写完成后，点击检查并返回 (图 9-29 ~图 9-32)。

表 9-1　字段元数据

字段信息	字段名称	字段来源	字段类型
FieldInfo-0	direction	0	INT32
FieldInfo-1	id	1	TEXT
FieldInfo-2	x	2	DOUBLE
FieldInfo-3	y	3	DOUBLE

图 9-29 FieldInfo-0 配置

图 9-30 FieldInfo-1 配置

图 9-31 FieldInfo-2 配置

图 9-32 FieldInfo-3 配置

(6) 将鼠标放到“元数据”的“StreamingMetadata”标签上，可以看到上一步的详细配置信息(图 9-33)，确认信息无误后，点击“检查并返回”按钮。

图 9-33 检查元数据配置内容

(7) 用鼠标将“发送器”中的“WebSocket 发送器”拖拽到“节点编辑器”中(图 9-34)，鼠标单击“节点编辑器”中的“WebSocket 发送器”，“结果信息格式”选择“GeoJsonFormatter”，“WebSocket 服务地址”填写如下内容：

ws://127.0.0.1:8800/iserver/services/dataflow/dataflow/broadcast?token=sTVZbj6ivkvrX9gcSbYlgpdaZpj97RenP49MIUDQl3bS1Jmjgz9ToaeFf0jaXKbPlE0rUnY3YbXPekG0sFwjkA..

该地址包含 Token 信息，注意，不要遗漏后面两个点。其中 Token 是需要申请的，申请方式参考“存档数据应用”中的内容描述，填写完成后“点击检查并返回”(图 9-35)。

图 9-34 WebSocket 发送器创建　　图 9-35 WebSocket 发送器填写内容

(8) 拖拽“节点编辑器”中的“WebSocket 接收器”右侧方块，将拖出的箭头指向“WebSocket 发送器”(图 9-36)，命名为“flights2wDemo”，点击“发布”按钮即可发布流处理模型，发布完成后显示流数据处理服务基本信息(图 9-37)。

图 9-36 拖拽接收器指向发送器　　图 9-37 流数据服务基本信息

(9) 打开模拟发送流数据窗口，可以看到数据在持续进行信息推送(图 9-38)，访问 Spark 地址 http://localhost:4040/jobs/，查看 Spark 运行状态是否正常(图 9-39)。

```
WebSocket Server for receive and send message test
WebSocketServer.exe [port] [IP] [sendFileName] [sendInterval] [sendLineCount]
prot            set number port, empty is 8181
IP              set IP address, empty is 127.0.0.1
sendFileName            auto send message from this file
sendInterval            auto send message interval, ms
sendFileName            auto send message line count
==================================================================
2019/5/9 9:02:09 [Info] Server started at ws://127.0.0.1:8181 (actual port 8181)
2019/5/9 9:13:54 [Debug] Client connected from 127.0.0.1:2057
2019/5/9 9:13:54 [Debug] 225 bytes read
2019/5/9 9:13:54 [Debug] Building Hybi-14 Response
2019/5/9 9:13:54 [Debug] Sent 129 bytes
Open!
2019/5/9 9:13:55 [Debug] Sent 61057 bytes
2019/5/9 9:13:56 [Debug] Sent 59213 bytes
2019/5/9 9:13:57 [Debug] Sent 60266 bytes
2019/5/9 9:13:58 [Debug] Sent 61966 bytes
2019/5/9 9:13:59 [Debug] Sent 61358 bytes
2019/5/9 9:14:00 [Debug] Sent 61057 bytes
2019/5/9 9:14:01 [Debug] Sent 59213 bytes
2019/5/9 9:14:02 [Debug] Sent 60266 bytes
2019/5/9 9:14:03 [Debug] Sent 61966 bytes
2019/5/9 9:14:04 [Debug] Sent 61358 bytes
2019/5/9 9:14:05 [Debug] Sent 61057 bytes
2019/5/9 9:14:06 [Debug] Sent 59213 bytes
2019/5/9 9:14:07 [Debug] Sent 60266 bytes
2019/5/9 9:14:08 [Debug] Sent 61966 bytes
```

图 9-38　模拟器推送数据

Spark Jobs

Active Jobs (1)

Completed Jobs (27)

图 9-39　Spark 接收模拟器推送数据

(10) 返回 SuperMap iServer“首页” | 点击“快速发布一个或一组服务” | 数据来源选择“数据流” | 服务名填写“dataflow”，此处名称与“WebSocket 发送器”中 WebSocket 服务地址定义的名称一致 (图 9-40 ~ 图 9-42)。

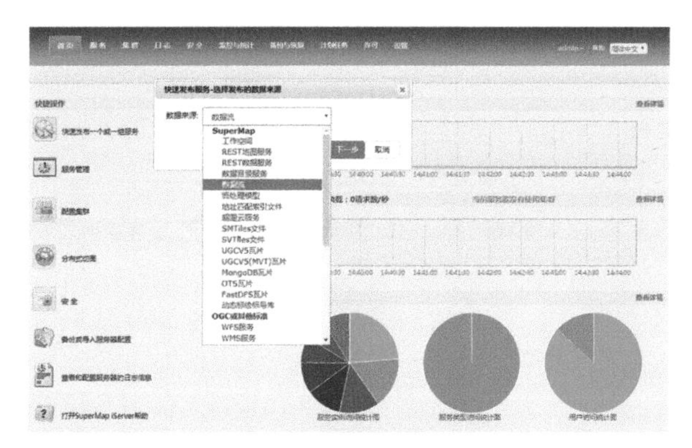

图 9-40　选择服务类别

快速发布服务-配置数据

服务名: * dataflow

上一步　下一步　取消

图 9-41　服务名填写

WebSocketClientSender

WebSocket 服务地址　ws://127.0.0.1:8800/iserver/services/dataflow/dataflow/broadcast?token=...

图 9-42　发送器中定义名称

(11) 流数据服务发布完成后，点击发布完成后界面上的“超链接”地址“dataflow/dataflow”(图 9-43)，点击“subscribe”(图 9-44)，点击“订阅”按钮，就能看到模拟器推送过来的详细数据内容(图 9-45)。下一步将介绍如何使用 Web 客户端进行展示。

图 9-43　流数据服务配置完成

如果服务器已经安装了虚拟化软件如 VMware Workstation 或者 Oracle VM VirtualBox，首先禁用掉除当前连接外的所有网卡，否则会影响 WebSocket 发送，也就无法接收到广播数据。

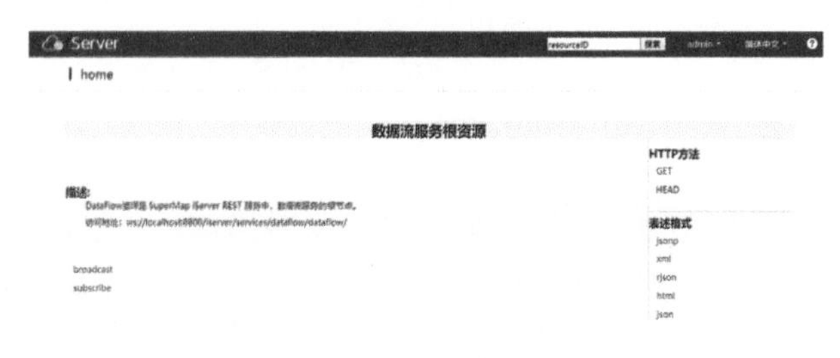

图 9-44　数据流服务根资源

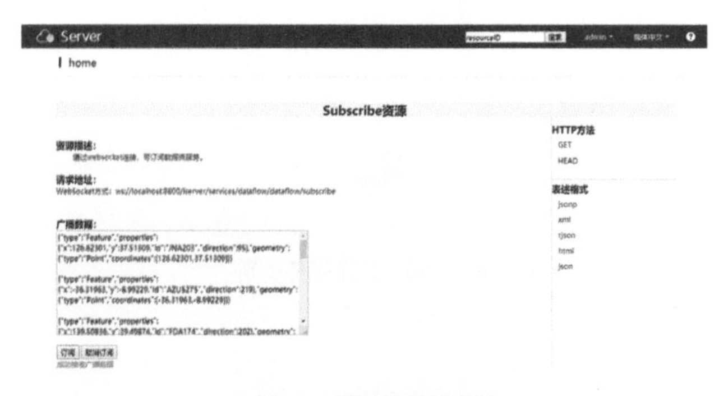

图 9-45　模拟器推送数据

9.2.2　流数据可视化展示

(1) 使用文本编辑器打开流数据应用资源中的流数据可视化示例代码文件 dataflowLayer.html(流数据应用资源 /Streaming/dataflowLayer.html 文件)，修改 Token 值，这里的 Token 值与配置的“WebSocket 发送器”中 WebSocket 服务地址 Token 完全相同(图 9-46)。

WebSocketClientSender

字段名	字段内容
节点名称	WebSocket发送器
节点描述	
结果信息格式	GeoJsonFormatter X
WebSocket 服务地址	ws://127.0.0.1:8800/iserver/services/dataflow/dataflow/broadcast?token=sTVZbj6ivkvrX9gcSbYlgpdaZ

返回　检查并返回

图 9-46　发送器中 token 地址

(2) 将修改后的 dataflowLayer.html 与 plane.png(在流数据应用资源 /Streaming/plane.png 文件中，可以自定义飞机的样式，按照提供的 PNG 图片大小进行更换)两个文件复制到 %SuperMap iServer_HOME%\iClient\forJavaScript\examples\openlayers 目录下，使用浏览器访问 http://localhost:8090/iserver/iClient/forJavaScript/examples/openlayers/dataflowLayer.html，就可以实时展示飞机所在位置与角度(图 9-47 ~ 图 9-49)。

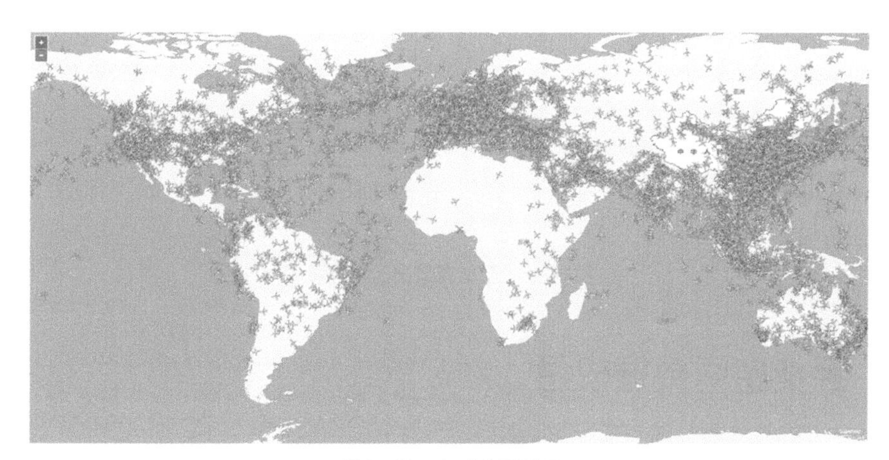

图 9-47　全球范围显示

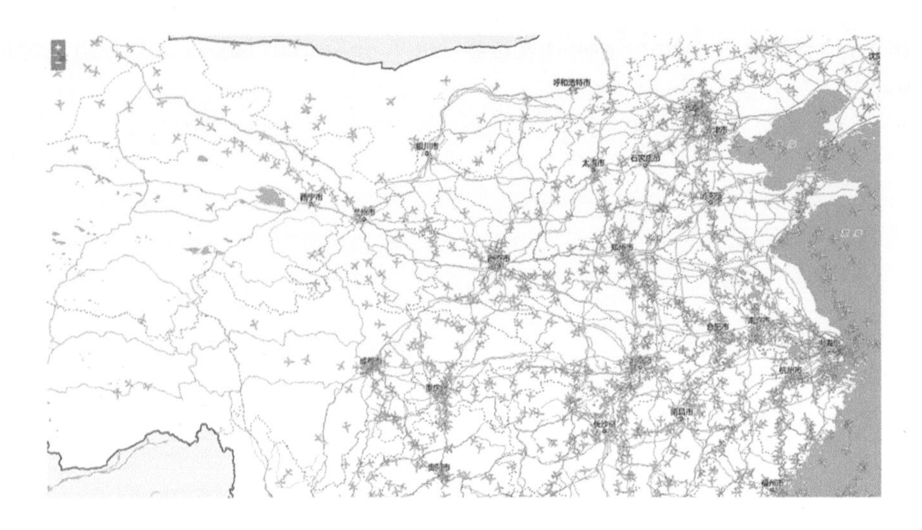

图 9-48　局部范围可显示基本航线

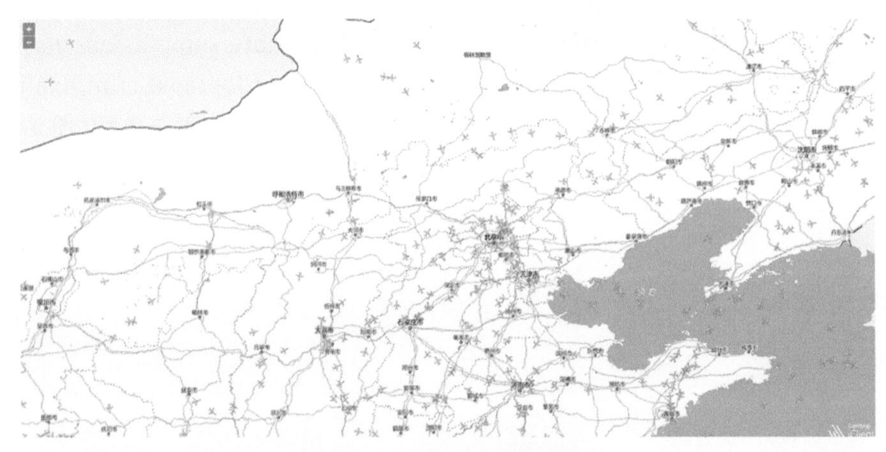

图 9-49　某城市航班实时信息

9.3　经典空间数据应用

本节利用存档数据应用章节所搭建的环境，实现对经典空间数据进行空间分析等操作。

9.3.1 数据注册

(1) 源数据集为包含 30 万对象的矢量面数据 (图 9-50)，裁剪对象数据集为需要裁剪的范围面 (图 9-51)。

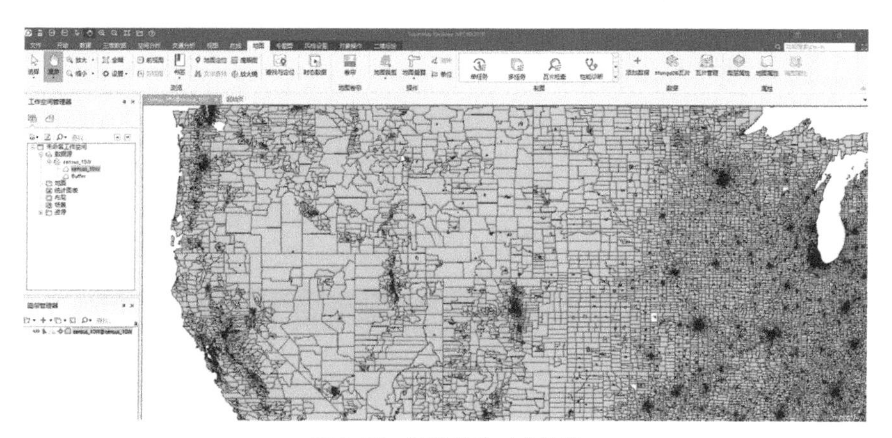

图 9-50 源数据集对象数量

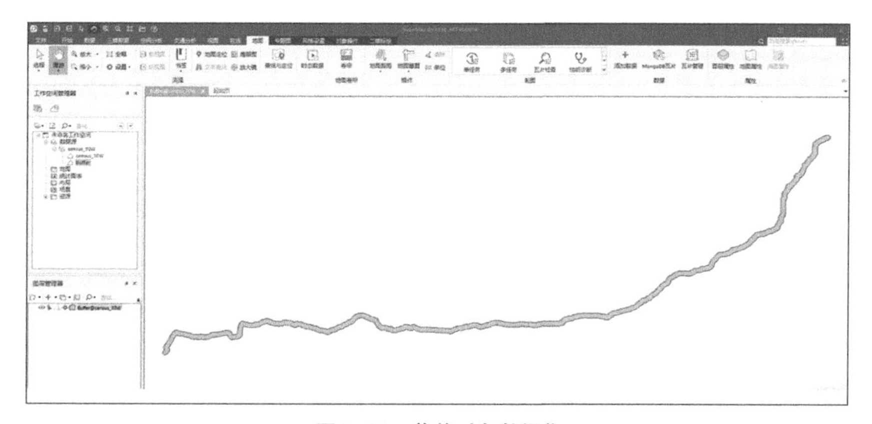

图 9-51 裁剪对象数据集

(2) 使用 SuperMap iServer 9D 将数据进行注册。通过浏览器访问 http://localhost:8090/iserver/manager，登录 SuperMap iServer 管理页面，点击选项卡“集群” | “数据注册”(图 9-52) | 点击“注册数据存储”按钮。

(3) 设置“存储 ID”，“数据存储类型”选择“大数据文件共享”，“文件共享类型”选择“共享目录”，“共享目录”填写数据存放文件夹所在地址 (如“D:\bigdata”)，最后点击“注册数据存储”按钮 (图 9–53)。

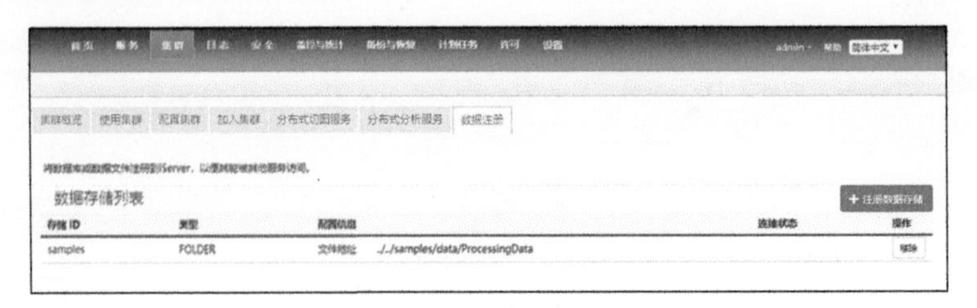

图 9–52　注册数据入口

图 9–53　数据注册

9.3.2　空间分析

(1) 使用浏览器访问 http://localhost:8090/iserver/manager，登录 SuperMap iServer 管理页面，进入“空间分析作业目录”(进入方式请参考 9.1 节“存档数据应用”的相关描述)，选择“vectorClip”进入图 9–54 所示的“矢量裁剪的作业列表”(图 9–55)。关于矢量数据裁剪的更多介绍，可以参考第 5 章经典空间数据的分布式处理章节中数据集裁剪算子详解。

(2) 点击“矢量裁剪的作业列表”页面右上角的“创建分析任务”(图 9–55)，将新注册的“clipDemo_census_30W_census_30W”设置为“源数据集”，“clipDemo_census_30W_Buffer”设置为“裁剪对象数据集”(图 9–56)，点击“创建分析任务”按钮执行分析任务。

图 9-54 空间分析作业目录

图 9-55 矢量裁剪分析作业列表

图 9-56 创建矢量裁剪分析作业

(3) 分析完成后，分析结果会自动发布成 SuperMap iServer 地图服务与数据服务 (图 9-57)，可以在“地图列表”中，对生成的地图使用 iClient for JavaScript Tianditu.com 方式浏览 (图 9-58)。

图 9–57 分析成功界面

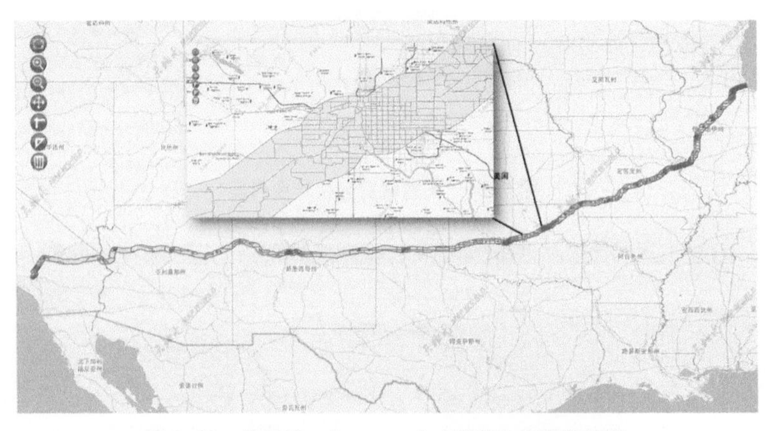

图 9–58 使用 Tianditu.com 方式浏览矢量裁剪结果

9.4 本章小结

本章以 SuperMap GIS 9D（2019）单节点环境部署为例，面向零基础读者提供大数据 GIS 应用的快速入门，介绍了存档数据、流数据以及经典空间数据等多场景的大数据 GIS 应用的快速环境部署和实践应用构建。

第10章　大数据GIS应用进阶

本章将主要介绍分布式存储环境搭建、利用SuperMap iServer 9D内置的Spark集群或将SuperMap iServer 9D嵌入到独立的Spark集群进行空间分析及SuperMap iObjects for Spark组件定制开发等内容。

单机环境可以实现大数据GIS场景的快速构建，适合进行大数据GIS技术的学习和预研。但在实际的大数据GIS应用项目中，若要实现TB以上级别数据或单表亿级记录的高效存储管理、分析计算以及低延迟的并发访问响应，就需要对大数据GIS系统的每一个技术环节实现分布式技术架构扩展。

10.1　HDFS分布式存储管理

当面临分析数据量较大、单磁盘读取性能较低的问题时，可以考虑将数据通过分布式存储技术进行管理。HDFS以其低成本、高容错、高吞吐量的技术特性，成为分布式存储架构的首选。本节将向读者介绍如何在Linux环境中部署多节点的HDFS(图10-1)。本书的测试节点为3个，但是在实际生产环境中，节点数可以依据情况进行扩展。

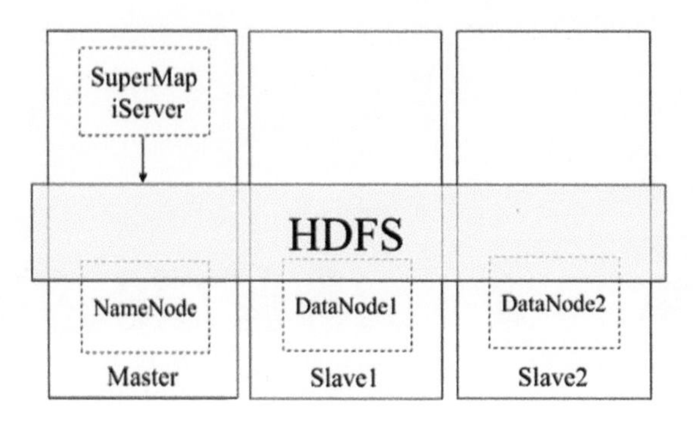

图 10-1　SuperMap iServer 对接 HDFS 的分布式存储架构

10.1.1　基础环境准备

准备三台 Linux 操作系统，将这三台机器简称为 master，slave1 和 slave2(表 10-1)。

表 10-1　基础环境说明

计算机名	操作系统	IP	配置 *
master	ubuntu14.04 server	192.168.20.122	4 CPU，8 GB 内存，100 GB 硬盘
slave1	ubuntu14.04 server	192.168.20.123	4 CPU，8 GB 内存，100 GB 硬盘
slave2	ubuntu14.04 server	192.168.20.124	4 CPU，8 GB 内存，100 GB 硬盘

* 该硬件配置仅为参考配置。如果读者通过虚拟化模拟该实践，资源设置较少时，可能会出现最终结果执行崩溃或者报错的问题，该提示同样适用于后续实践操作

1. 软件准备

- JDK 1.8.0 (jdk-8u131-linux-x64.tar.gz)
- Hadoop 2.6.5 (hadoop-2.6.5.tar.gz)
- SuperMap iServer 9D Linux 版，扫描二维码下载。

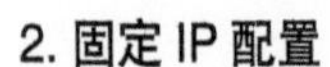

2. 固定 IP 配置

(1) 将 master 主机固定 IP，修改 /etc/network/interfaces 文件，该文件中 eth0 为网卡名称，读者需要依照自己的系统环境进行修订。

```
# The loopback network interface
auto lo
iface lo inet loopback
# The primary network interface
auto eth0
#iface eth0 inet dhcp
# 新增固定 IP 配置
iface eth0 inet static
address 192.168.20.122
netmask 255.255.255.0
gateway 192.168.20.1
```

(2) 修改完成后重启网络。

```
service networking restart
```

(3)slave1 与 slave2 进行同样如上操作，当三台机器固定 IP 后，master 机器可以使用 ping 命令测试网络连通性。

```
ping 192.168.20.123
ping 192.168.20.124
```

3. 开启 SSH

为了可以使用工具远程连接 Linux 操作系统，需要在 Linux 系统开启 SSH 服务。修改 /etc/ssh/sshd_config 文件，将以下三项设置为 yes 状态后保存退出。

```
PermitRootLogin yes
PermitEmptyPasswords yes
PasswordAuthentication yes
```

重启 SSH 服务。

```
service ssh restart
```

slave1 与 slave2 同样操作如上，实现远程连接 Linux 操作系统。使用 Xshell 5 工具，建立一个远程连接，如下。关于该工具以及 Xmanager，Xshell, Xftp 和 Xlpd 等软件产品的知识产权归 NetSarang 公司所有。本书在实践过程中都采用试用版本，读者请用正规渠道获取相关软件。

(1) 新建一个新连接 (图 10-2)。

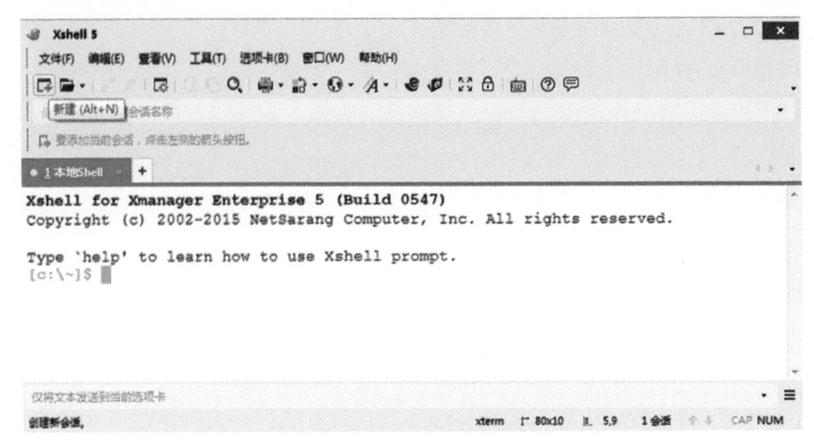

图 10-2　Xshell 新建一个连接

(2) 填写连接名称与需要连接的 Linux 的 IP 地址 (图 10-3)。

(3) 在“用户身份验证”选项卡中，填写 Linux 操作系统的用户名和密码 (图 10-4)，点击“确定”按钮，即可连接 Linux 服务器。

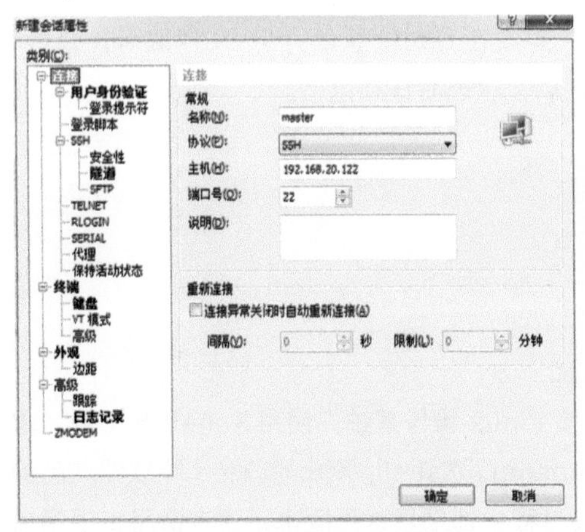

图 10-3　填写名称与 IP 地址

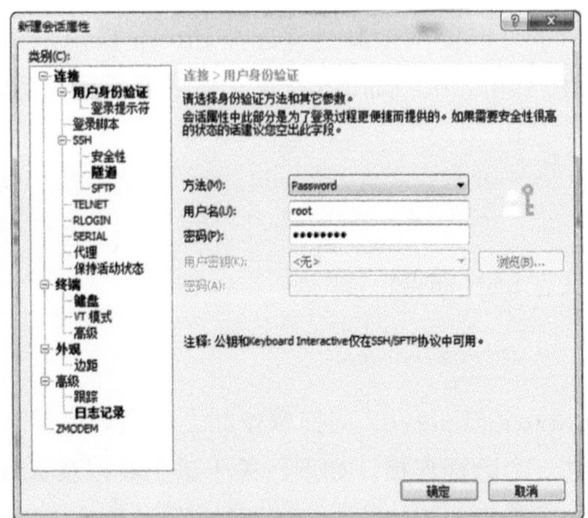

图 10-4　填写连接的用户名和密码

4. SSH 无密码登录配置

(1) 将三台相互网络连通的计算机名和 IP 写入 /etc/hosts 中。通过 Linux 的 Ping 命令测试网络可连通性。

```
127.0.0.1    localhost
#127.0.1.1    ubuntu14
# The following lines are desirable for IPv6 capable hosts
192.168.20.122 master
192.168.20.123 slave1
192.168.20.124 slave2
::1       localhost ip6-localhost ip6-loopback
ff02::1 ip6-allnodes
ff02::2 ip6-allrouters
```

slave1 与 slave2 也同样操作如上。

(2) 为方便操作，通过配置 SSH 无密码验证，实现各节点间的无密码通信访问。使用 ssh-keygen 生成密钥，其中的“‘ ’”表示两个单引号。

```
ssh-keygen -t dsa -P ‘’ -f ~/.ssh/id_dsa
```

此时，在 /root/.ssh 中生成了两个密钥文件：id_dsa 和 id_dsa.pub，其中 id_dsa 为私钥，id_dsa.pub 为公钥。

需要将 id_dsa.pub 追加到 authorized_keys 中，authorized_keys 用于保存所有允许以当前用户身份登录到 ssh 客户端用户的公钥内容：

```
cat ~/.ssh/id_dsa.pub >> ~/.ssh/authorized_keys
```

查看现在能否免密码登录 SSH：

```
ssh localhost
```

输入 yes 继续登录。完成后，输入 exit 退出 localhost。再次登录就不再需要密码。以同样的步骤在 slave1 和 slave2 机器上操作与配置。

slave1 中操作：

```
ssh-keygen -t dsa -P ‘’ -f ~/.ssh/id_dsa
```

slave2 中操作：

```
ssh-keygen -t dsa -P '' -f ~/.ssh/id_dsa
```

(3) 要实现各节点间免密码通信，需要将 slave1 与 slave2 中生成的公钥拷贝到 master 中，matser 再将该公钥追加到 authorized_keys。

slave1 中操作，将公钥拷贝到 master：

```
scp id_dsa.pub root@master:/root/.ssh/id_dsa.pub.slave1
```

slave2 中操作，将公钥拷贝到 master：

```
scp id_dsa.pub root@master:/root/.ssh/id_dsa.pub.slave2
```

在 master 中将公钥追加到 authorized_keys，并将合并后的文件分别拷贝到 slave1、slave2 节点中。

```
cat ~/.ssh/id_dsa.pub.slave1 >> ~/.ssh/authorized_keys
cat ~/.ssh/id_dsa.pub.slave2 >> ~/.ssh/authorized_keys
scp ~/.ssh/authorized_keys root@slave1:/root/.ssh/authorized_keys

scp ~/.ssh/authorized_keys root@slave2:/root/.ssh/authorized_keys
```

此时，master 与 slave1 和 slave2 通信时就不需要密码了，可以在 master 中进行测试。

```
ssh slave1
ssh slave2
```

5. JDK 安装

(1) 将 jdk-8u131-linux-x64.tar.gz 包，放到 /opt 下解压并重命名目录为 jdk。

```
tar -zxvf jdk-8u131-linux-x64.tar.gz
mv jdk1.8.0_131 jdk
```

(2) 配置 JDK 环境变量配置到 /etc/profile 中。

```
export JAVA_HOME=/opt/jdk
export JRE_HOME=/opt/jdk/jre
export CLASSPATH=$JAVA_HOME/lib:$JRE_HOME/lib
export PATH=$JAVA_HOME/bin:$PATH
```

(3) 使环境变量生效。

```
source /etc/profile
```

(4) 检查 JDK 是否生效，当看到下面输出时，表明 JDK 安装完成。

```
root@master:~# java -version
java version "1.8.0_131"
Java(TM) SE Runtime Environment (build 1.8.0_131-b11)
Java HotSpot(TM) 64-Bit Server VM (build 25.131-b11, mixed mode)
```

(5)slave1 与 slave2 也同样进行上述操作。

10.1.2 Hadoop 安装

(1) 将 hadoop-2.6.5.tar.gz 包，放到 /opt 下解压。

```
tar -zxvf hadoop-2.6.5.tar.gz
```

(2) 解压完成后，进入 Hadoop 目录。

```
cd hadoop-2.6.5
```

(3) 创建 tmp，dfs，dfs/name，dfs/node 和 dfs/data 目录。

```
mkdir tmp
mkdir dfs
mkdir dfs/name
mkdir dfs/node
mkdir dfs/data
```

(4)slave1 与 slave2 也同样进行上述操作。

10.1.3 Hadoop 配置

以下操作在 master 机器中的 hadoop-2.6.5/etc/hadoop 目录下进行。

(1) 配置 hadoop-env.sh。修改 hadoop-env.sh 文件，将 JAVA_HOME 配置项为 JDK 安装目录。

```
export JAVA_HOME=/opt/jdk
```

(2) 配置 core-site.xml。修改 core-site.xml 文件，添加以下内容，其中 master 为计算机名。/opt/hadoop-2.6.5/tmp 为手动创建的目录。

```
<configuration>
 <property>
   <name>fs.defaultFS</name>
   <value>hdfs://master:9000</value>
 </property>
 <property>
   <name>io.file.buffer.size</name>
   <value>131072</value>
 </property>
 <property>
   <name>hadoop.tmp.dir</name>
   <value>file:/opt/hadoop-2.6.5/tmp</value>
   <description>Abasefor other temporary directories.</description>
 </property>
 <property>
   <name>hadoop.proxyuser.spark.hosts</name>
   <value>*</value>
 </property>
 <property>
   <name>hadoop.proxyuser.spark.groups</name>
   <value>*</value>
 </property>
</configuration>
```

(3) 配置 hdfs-site.xml。修改 hdfs-site.xml 文件，添加以下内容，其中 master 为计算机名，file:/opt/hadoop-2.6.5/dfs/name 和 file:/opt/hadoop-2.6.5/dfs/data 为 Hadoop 安装手动创建目录。

```
<configuration>
<property>
   <name>dfs.namenode.secondary.http-address</name>
   <value>master:9001</value>
```

```
</property>
  <property>
   <name>dfs.namenode.name.dir</name>
   <value>file:/opt/hadoop-2.6.5/dfs/name</value>
</property>
<property>
  <name>dfs.datanode.data.dir</name>
  <value>file:/opt/hadoop-2.6.5/dfs/data</value>
  </property>
<property>
  <name>dfs.replication</name>
  <value>3</value>
</property>
<property>
  <name>dfs.webhdfs.enabled</name>
  <value>true</value>
</property>
</configuration>
```

(4) 配置 mapred-site.xml。复制 mapred-site.xml.template 并重命名为 mapred-site.xml。

```
cp mapred-site.xml.template mapred-site.xml
```

修改 mapred-site.xml 文件，添加以下内容，其中 master 为计算机名。

```
<configuration>
<property>
   <name>mapreduce.framework.name</name>
   <value>yarn</value>
 </property>
 <property>
  <name>mapreduce.jobhistory.address</name>
  <value>master:10020</value>
 </property>
 <property>
  <name>mapreduce.jobhistory.webapp.address</name>
  <value>master:19888</value>
```

```
</property>
</configuration>
```

(5) 配置 yarn-site.xml。修改 yarn-site.xml 文件，添加以下内容。

```
<configuration>
<!-- Site specific YARN configuration properties -->
<property>
  <name>yarn.nodemanager.aux-services</name>
  <value>mapreduce_shuffle</value>
 </property>
 <property>
  <name>yarn.nodemanager.aux-services.mapreduce.shuffle.class</name>
  <value>org.apache.hadoop.mapred.ShuffleHandler</value>
 </property>
 <property>
  <name>yarn.resourcemanager.address</name>
  <value>master:8032</value>
 </property>
 <property>
  <name>yarn.resourcemanager.scheduler.address</name>
  <value>master:8030</value>
 </property>
 <property>
  <name>yarn.resourcemanager.resource-tracker.address</name>
  <value>master:8035</value>
 </property>
 <property>
  <name>yarn.resourcemanager.admin.address</name>
  <value>master:8033</value>
 </property>
 <property>
  <name>yarn.resourcemanager.webapp.address</name>
  <value>master:8088</value>
 </property>
</configuration>
```

(6) 配置 slaves。修改 slaves 文件，将 3 台主机名加入其中。

```
master
slave1
slave2
```

10.1.4 Hadoop 集群配置

首先确保 slave1 和 slave2 机器已经安装并配置好 JDK，确保 salve1 和 slave2 已经在 /opt 目录下，解压 hadoop-2.6.5.tar.gz 文件，解压后目录为 /opt/hadoop-2.6.5。

因为 Hadoop 集群主节点和子节点配置一致，故可将配置文件复制到其他两台机器上：

```
cd /opt/hadoop-2.6.5/etc
scp -r hadoop root@slave1:/opt/hadoop-2.6.5/etc
scp -r hadoop root@slave2:/opt/hadoop-2.6.5/etc
```

通过上述操作，Hadoop 集群配置完毕，下一步将进行文件系统的格式化。

10.1.5 Hadoop 启动

(1)Hadoop 在首次运行时，需要格式化一个新的文件系统。在 master 中，进入 hadoop-2.6.5/bin 目录下，执行如下命令，完成格式化操作。

```
./hadoop namenode -format
```

(2) 进入 hadoop-2.6.5/sbin 目录下执行如下命令，完成 Hadoop 启动。

```
./start-all.sh
```

(3) 进入 hadoop-2.6.5/bin 下执行，出现 Live datanodes (3)，则说明 Hadoop 集群已经搭建成功。

```
root@master:/opt/hadoop-2.6.5/bin# ./hdfs dfsadmin -report
Configured Capacity: 87608119296 (81.59 GB)
Present Capacity: 44239667200 (41.20 GB)
DFS Remaining: 36698996736 (34.18 GB)
DFS Used: 7540670464 (7.02 GB)
DFS Used%: 17.05%
```

```
Under replicated blocks: 2
Blocks with corrupt replicas: 0
Missing blocks: 0
-------------------------------------------------
Live datanodes (3):
```

10.1.6 导入数据

(1) 将实验数据复制到 master 机器 /opt 下，进入 Hadoop 的 bin 目录。

```
cd /opt/hadoop-2.6.5/bin
```

(2) 创建一个用于存储数据的 input 目录。

```
./hadoop fs -mkdir /input
```

(3) 将范例数据导入 hdfs 中。

```
./hdfs dfs -put /opt/newyork_taxi_2013-01_14k.csv /input/
```

(4) 导入完成后，可以使用如下命令查看是否导入成功，如果上目录中存在以下文件，则表示导入成功。

```
./hadoop fs -ls /input
```

10.1.7 数据注册

在 master 机器上安装一个全新的 SuperMap iServer 9D。

(1) 在 master 机器上安装 SuperMap iServer 并配置许可。参考存档数据应用章节中基础环境准备、Linux 环境安装相关内容。

(2) 如图 10-5 所示，使用浏览器访问 http://localhost:8090/iserver/manager，登录 SuperMap iServer 管理页面，在选项卡中依次点击“集群” | “数据注册” | “注册数据存储”(图 10-6)，进入注册存储设置页面，设置“存储 ID”，“数据存储类型”选择“大数据文件共享”，“文件共享类型”选择“HDFS 目录”，“HDFS 目录”填写数据存放的 HDFS 地址“hdfs://192.168.20.122:9000/input”，“用户名”填写“root”(图 10-6)。

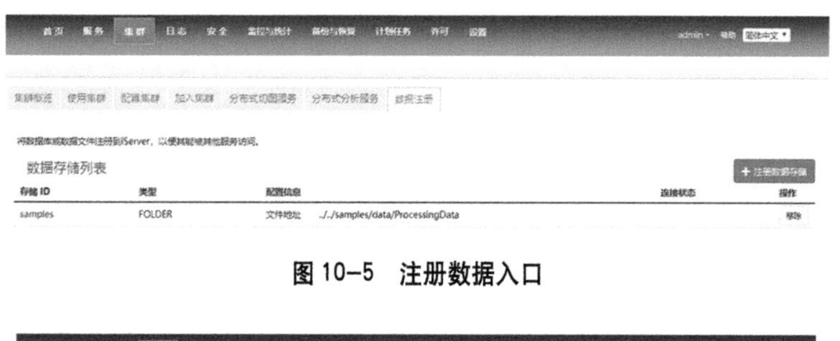

图 10–5　注册数据入口

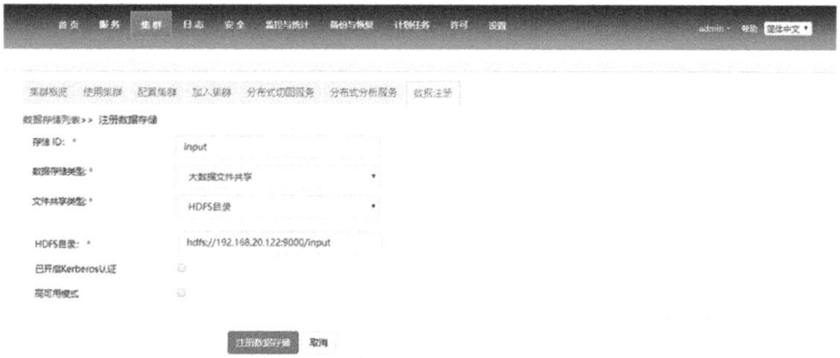

首页　服务　集群　日志　安全　监控与统计　备份与恢复　计划任务　许可　设置

admin　帮助　简体中文

集群概览　使用集群　配置集群　加入集群　分布式切图服务　分布式分析服务　数据注册

数据存储列表>> 注册数据存储

存储 ID: *　input

数据存储类型: *　大数据文件共享

文件共享类型: *　HDFS目录

HDFS目录: *　hdfs://192.168.20.122:9000/input

已开启Kerberos认证

高可用模式

注册数据存储　取消

图 10–6　注册 HDFS 中的数据

(3) 注册 CSV 文件，还需要设置地理信息标识。点击存储 ID(input)，进入“数据集列表”，点击 CSV 名称 (图 10–7)，指定 X 字段与 Y 字段 (图 10–8)，保存后若看到对勾，则表明注册数据成功 (图 10–9)。

图 10–7　点击数据集列表中的 CSV 名称

图 10-8　指定 X、Y 字段

图 10-9　注册数据成功

10.1.8　使用 SuperMap iServer 进行验证

(1) 验证前，需要为安装的 SupeMap iServer 9D 配置分布式分析环境。使用浏览器访问 http://localhost:8090/iserver/manager，登录 SuperMap iServer 管理页面。在选项卡中依次点击“集群” | “配置集群” | “配置 Spark 集群”，勾选“是否启用 Spark 集群”，选择启用本机的 Spark 集群服务 (默认)，点击“保存”按钮 (图 10-10)。

图 10-10　开启 Spark 集群

(2) 点击“加入集群” | “添加报告器” | 将以下地址加入到其中，并勾选“报告器是否启用”与“是否分布式分析节点” | 点击“确定”按钮 | 点击“保存”按钮 (图 10-11)。

http://[master IP 地址]:8090/iserver/services/cluster

图 10-11　加入集群报告器

(3) 点击“分布式分析服务”，“关联服务地址”填写为“http://[master IP 地址]:8090/iServer”。点击“关联服务 Token”里的超链接，进行 Token 申请 (Token 申请参考存档数据应用章节的相关内容。)。将申请得到的 Token 值复制到该栏，并点击“保存”按钮。如图 10-12 所示。

图 10-12　输入关联服务 Token

(4) 使用浏览器访问 http://localhost:8090/iserver/manager，登录 SuperMap iServer 管理页面，点击选项卡“服务”｜“服务管理”｜“分布式分析服务”｜“distributedanalyst”，点击“服务地址”中的超链接 | 点击“jobs”，点击“spatialanalyst”进入空间分析作业目录(图 10-13)，点击“aggregatepoints”进入“点聚合分析的作业列表”(图 10-14)。

图 10-13　空间分析作业目录

图 10-14　点聚合分析的作业列表

(5) 点击“创建分析任务”按钮 (图 10-15)，“源数据集”选择 HDFS 中的数据“input_newyork_taxi_2013-01_14k”，“聚合类型”选择“网格面聚合”，“网格面类型”选择“六边形网格”，“格网大小”设置为“300m”，点击“创建分析任务”按钮。

Server
home jobs
创建点聚合分析作业
HTTP方法
GET
POST
DELETE
HEAD
表述格式
json
jsonp
rjson
html
xml
描述:
源数据集: input_newyork_taxi_2013-01_14k 仅支持点数据集
聚合类型: 网格面聚合
网格面类型: 六边形网格
分析范围: 默认为输入数据的全幅范围。范例: -74.050,40.650,-73.850,40.850
网格大小: 300 范例: 100
网格大小单位: Meter 默认: Meter
权重值字段: 范例: col7
备选字段: StartTime EndTime X Y
统计模式: 可选的模式有: max,min,average,sum,variance,stdDeviation。
数字精度: 默认: 1
专题图分段模式: 等距离分段
专题图分段参数: 范例: 20
专题图颜色渐变模式:
创建分析任务

图 10-15　创建点聚合分析作业

(6) 分析完成后，分析结果会自动发布成 SuperMap iServer 地图服务与数据服务 (图 10-16)，可以在“地图列表”中，对生成的地图使用 iClient for JavaScript Tianditu.com 方式浏览 (图 10-17)。

图 10-16 分析成功界面

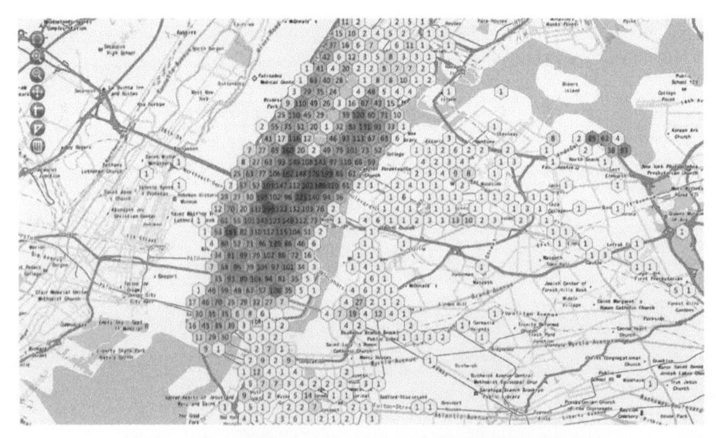

图 10-17 使用 Tianditu.com 方式浏览点聚合结果

10.2 SuperMap 内置 Apache Spark 集群的应用

使用 SuperMap iServer 9D，可以快速搭建基于 Spark 的分布式空间分析服务。但是当面临单节点分析数据量较大，分析时间较长而产生性能瓶颈等问题时，可以采用分析节点集群扩展的方式提高分析效率。

如图 10–18 所示，结合大数据 GIS 应用快速入门章节所搭建的环境，将 GIS 应用快速入门所搭建机器称之为 A 机器，另找一台机器称之为 B 机器。

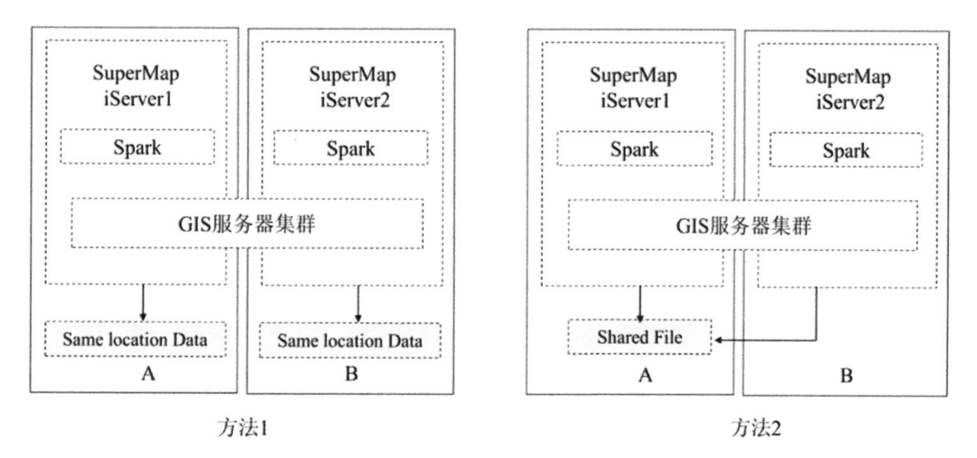

图 10–18 SuperMap iServer 集群的分布式分析架构

10.2.1 基于 Spark 框架的 SuperMap iServer 集群搭建

(1) 在 B 机器上，将 SuperMap iServer 9D 进行解压。

(2) 配置许可。

(3) 启动并初始化 SuperMap iServer 9D。

(4) 如图 10–19 所示，点击“集群” | “加入集群” | “添加报告器” | 将 A 机器 IP 地址加入到其中，并“勾选报告器启用与分布式分析节点”，点击“确定”按钮，点击“保存”按钮。

http://[A 机器 IP 地址]:8090/iserver/services/cluster

(5) 访问“http://[A 机器 IP]:8080/”查看 Spark 集群运行情况 (图 10–20)。可以看到 Workers 中有两个分析节点，一个是 A 机器上的，另一个是 B 机器上的。

图 10-19　节点 B 机器配置

图 10-20　Spark 集群信息

10.2.3　多节点数据使用

Spark 多节点集群分析时，数据如果存储在 HDFS 中，如图 10-21 所示，只需将 HDFS 中的数据注册到 A 机器的 SuperMap iServer 中（前文已介绍过如何将 HDFS 中的数据注册到 SuperMap iServer）。注册成功后，会出现图 10-22 那样的提示。

如果使用文件型数据进行分析，可以使用以下两种方式。

- 将 A 机器注册的数据，在 B 机器相同目录下放置一份相同的数据，B 机器上不需要再次注册数据。

图 10-21 A 机器共享目录数据注册

图 10-22 A 机器共享目录注册成功

- 在 Windows 环境下，将 A 机器数据所在的目录设置网络共享，取消局域网内需要使用用户名与密码的方式访问该目录（如果是 Linux 环境，需要搭建 NFS（Network FileSystem），相关搭建方式可以查询互联网上资源，本书只介绍最简单的 Windows 环境）。当确定 B 机器可以使用“\\[A 机器 IP]\\ 目录”名称访问数据后，在 A 机器上重新注册共享数据，然后使用新注册的数据进行大数据分析，B 机器上不需要注册数据。

10.2.4 使用 SuperMap iServer 进行验证

(1) 使用浏览器访问 http://localhost:8090/iserver/manager，登录 SuperMap iServer 管理页面，点击选项卡“服务” | “服务管理” | “分布式分析服务” | “distributedanalyst”，点击“服务地址”中的超链接，点击“jobs”，点击“spatialanalyst”，进入“空间分析作业目录”（图 10-23），选择“vectorClip”进入“矢量裁剪的作业列表”（图 10-24）。

(2) 点击“矢量裁剪的作业列表”页面右上角的“创建分析任务”，“源数据集”采用新注册的“gongxiang_census_100W_census_100W”,“裁剪对象数据集”采用“gongxiang_census_100W_Buffer”，点击“创建分析任务”按钮执行分析任务(图 10-25)。

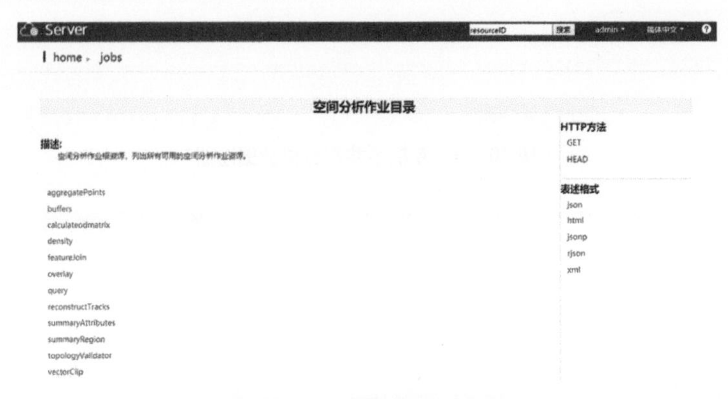

图 10-23 空间分析作业目录

图 10-24 矢量裁剪的作业列表

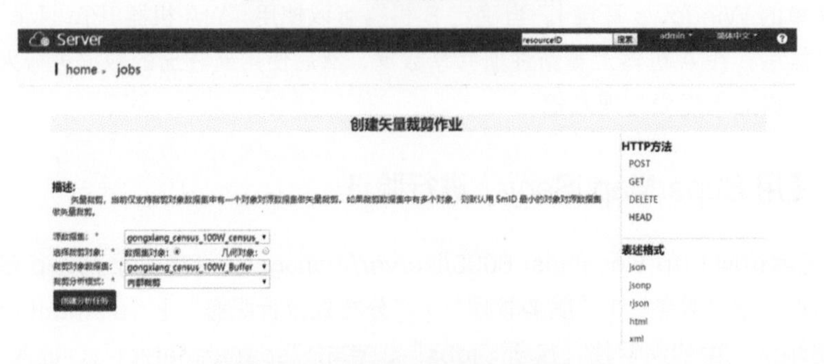

图 10-25 创建矢量裁剪分析作业

(3) 分析完成后，分析结果会自动发布成 SuperMap iServer 地图服务与数据服务 (图 10–26)。可以在“地图列表”中对生成的地图使用 iClient for JavaScript Tianditu.com 方式浏览 (图 10–27)。

Server　resourceID　搜索　admin　简体中文

home › jobs

矢量裁剪作业

任务信息

应用ID：03518813_f4a9_4bb8_9645_0c1695f43a93	源数据集：gongxiang_census_100W_census_100W
裁剪对象：数据集对象	裁剪分析模式：内部裁剪
裁剪对象数据集：gongxiang_census_100W_Buffer	
分析结果存储路径：D:\SuperMap软件\iServer\9.1.2\supermap-iserver-9.1.2-win64-zip\webapps\iserver\processingResultData\Analyst\03518813_f4a9_4bb8_9645_0c1695f43a93\vectorClipAnalystGeo.smwu	

进度信息

状态:	开始时间	持续时间	结束时间
FINISHED	2019-5-9 10:16:37	9秒	2019-5-9 10:16:48

地图列表

地图名称	浏览于...	缩略图
vectorClipAnalystGeo_RecordCount_43a93_Map	for openlayers3 (with MVT) , for Classic (with Vector Tile) , Tianditu.com , iClient for Leaflet , for WebGL3D	

地图服务地址：http://192.168.15.26:8090/iserver/services/map-vectorClipAnalystGeo2/rest/maps

数据服务地址：http://192.168.15.26:8090/iserver/services/data-vectorClipAnalystGeo2/rest/data

删除任务　返回任务列表

图 10–26　分析成功界面

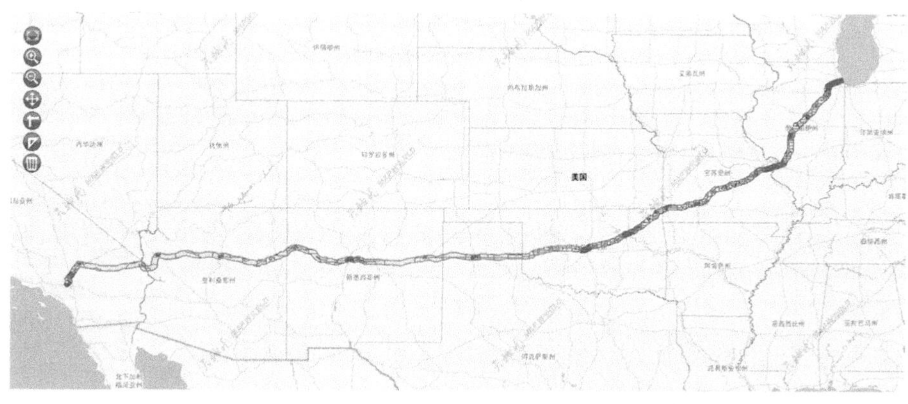

图 10–27　使用 Tianditu.com 方式浏览矢量裁剪结果

10.3 SuperMap 嵌入独立 Apache Spark 集群的应用

若已经搭建好了大数据基础平台，又不希望 GIS 模块单独运行一套独立的分布式计算环境，SuperMap iServer 9D 支持接入外部搭建好的 Spark 集群环境。但需要注意的是，外部的 Spark 版本需要与 SuperMap iServer 9D 内置的 Spark 版本保持一致，当前 SuperMap iServer 9D 使用的是 spark-2.1.0-bin-hadoop2.6。而且需要在其 Spark-env.sh 中配置 SuperMap iObjects 组件环境变量。本节将向读者介绍如何在 Linux 环境中部署多节点的 Spark。如图 10-28 所示。

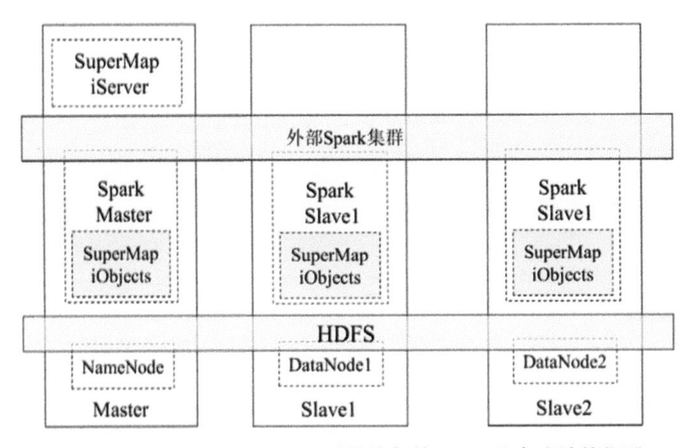

图 10-28　SuperMap iServer 对接外部的 Spark 分布式计算集群

10.3.1 SuperMap iObjects 配置

从超图软件官网获取 SuperMap iObjects for Java 的 Linux 组件包（下载地址：http://support.supermap.com.cn/DownloadCenter/DownloadPage.aspx?id=1112）与 SuperMap iObjects for Spark 组件包（下载地址 http://support.supermap.com.cn/DownloadCenter/DownloadPage.aspx?id=1113）。

在 master 中操作如下。

(1) 在 /opt 下新建一个用于放置 SuperMap iObjects for Java 相关类库的文件夹。

```
mkdir /opt/iObjectsJava
```

(2) 将 SuperMap iObjects for Java 包放到 /opt/iObjectsJava 下进行解压。

```
tar -zxvf [ 解压文件 ]
```

(3) 在 /opt 下新建一个用于放置 SuperMap iObjects for Spark 相关类库的文件夹。

```
mkdir /opt/iObjectsSpark
```

将 SuperMap iObjects for Spark 包中 lib/com.supermap.bdt.core-9.1.2.jar 文件，放到 /opt/iObjectsSpark 中。

slave1 与 slave2 重复如上操作。

10.3.2 Apache Spark 安装

将继续使用 HDFS 分布式存储环境，安装 Spark。

在 master 中操作如下。

(1) 将 spark-2.1.0-bin-hadoop2.6.tgz 包放到 /opt 下解压。

```
tar -zxvf spark-2.1.0-bin-hadoop2.6.tgz
```

(2) 将 Spark 环境变量配置到 /etc/profile 中。

```
export SPARK_HOME=/opt/spark-2.1.0-bin-hadoop2.6
export PATH=$JAVA_HOME/bin:$SPARK_HOME/bin:$PATH
```

slave1 与 slave2 重复如上操作。

10.3.3 Apache Spark 配置

(1) 在 master 机器配置 spark-env.sh。进入 spark-2.1.0-bin-hadoop2.6/conf 目录，复制 spark-env.sh.template 并重命名为 spark-env.sh。

```
cp spark-env.sh.template spark-env.sh
```

编辑 spark-env.sh 文件，添加以下内容（相关参数可以根据自身环境进行灵活设置）。

```
export JAVA_HOME=/opt/jdk
export SPARK_MASTER_IP=192.168.20.122
export SPARK_WORKER_MEMORY=4g
export SPARK_WORKER_CORES=4
export SPARK_EXECUTOR_MEMORY=4g
export HADOOP_HOME=/opt/hadoop-2.6.5/
export HADOOP_CONF_DIR=/opt/hadoop-2.6.5/etc/hadoop
export SUPERMAP_OBJ=/opt/iObjectsJava/Bin
export LD_LIBRARY_PATH=$LD_LIBRARY_PATH:$SUPERMAP_OBJ:/opt/jdk/jre/lib/
amd64
export SPARK_CLASSPATH=$SPARK_CLASSPATH:/opt/iObjectsSpark
```

(2) 配置 slaves。复制 slaves.template 并重命名为 slaves。

```
cp slaves.template slaves
```

修改 slaves 文件，将 3 台主机名加入其中。

```
master
slave1
slave2
```

10.3.4 Apache Spark 集群配置

首先，确保 slave1 和 slave2 机器已在 /opt 目录下，已解压 spark-2.1.0-bin-hadoop2.6.tgz，并已将 Spark 环境变量配置到 /etc/profile 中。

因为 Spark 集群主节点和子节点配置一致，故将配置文件复制到其他两台机器上。

```
cd /opt/spark-2.1.0-bin-hadoop2.6
scp -r conf root@slave1:/opt/spark-2.1.0-bin-hadoop2.6
scp -r conf root@slave2:/opt/spark-2.1.0-bin-hadoop2.6
```

10.3.5 Apache Spark 启动

(1) 在 master 机器进入 spark-2.1.0-bin-hadoop2.6/sbin 目录下执行如下命令，启动 Spark。

```
./start-all.sh
```

(2) 浏览器访问如下地址，看到 Workers 有 3 个节点时，则表示 Spark 集群已经搭建成功 (图 10–29)。

http://192.168.20.122:8080

图 10–29　外置 Spark 集群搭建成功

10.3.6　使用 SuperMap iServer 接入外部 Apache Spark 集群

使用之前在 master 上搭建好的 SuperMap iServer 环境。

(1) 浏览器访问 http://localhost:8090/iserver/manager，登录 SuperMap iServer 管理页面，点击选项卡“集群”｜“配置集群”｜“配置 Spark 集群”，选择“启用其他 Spark 集群服务”，在“集群地址”栏中填写 Spark 集群服务 IP 端口 (图 10–30)。

图 10–30　接入外部 Spark 集群服务

(2) 使用浏览器访问 http://localhost:8090/iserver/manager，登录 SuperMap iServer 管理页面，点击选项卡“服务”｜“服务管理”｜“分布式分析服务”｜“distributedanalyst”，点击“服务地址”中的超链接，点击“jobs”｜点击“spatialanalyst”，进入“空间分析

作业目录”，点击“aggregatepoints”进入“点聚合分析的作业列表”(图 10-31)。

图 10-31　点聚合分析作业列表

(3) 点击“创建分析服务”按钮，在“创建点聚合分析作业”(图 10-32) 中“源数据集”选择 HDFS 中的数据“input_newyork_taxi_2013-01_14k”，“聚合类型”选择“网格面聚合”，“网格面类型”选择“六边形网格”，“格网大小”设置为“300m”，点击“创建分析任务”按钮。

图 10-32　创建点聚合分析作业

(4) 分析完成后，分析结果会自动发布成 SuperMap iServer 地图服务与数据服务 (图 10-33)，可以在“地图列表”中，对生成的地图使用 SuperMap iClient for JavaScript Tianditu.com 方式浏览 (图 10-34)。

Server resourceID 搜索 admin 简体中文

home › jobs

点聚合分析作业

任务信息

应用ID：20d5bf6e_7a17_4873_bbca_2d63fa74571e	
数据输入路径：input_newyork_taxi_2013-01_14k	聚合类型：网格面聚合
网格面类型：六边形网格	分析范围：输入数据的全幅范围
网格大小：300	网格大小单位：Meter
数字精度：1	
专题图分段模式：EQUALINTERVAL	专题图分段个数：0
专题图颜色渐变模式：GREENORANGEVIOLET	
分析结果存储路径：D:\SuperMap软件\iServer\9.1.2\supermap-iserver-9.1.2-win64-zip\webapps\iserver\processingResultData\Analyst\20d5bf6e_7a17_4873_bbca_2d63fa74571e\summaryMesh.smwu	

进度信息

状态：	开始时间	持续时间	结束时间
FINISHED	2019-5-9 10:23:17	2秒	2019-5-9 10:23:21

地图列表

地图名称	浏览于...	缩略图
summaryMesh_RecordCount_Map	for openlayers3 (with MVT), for Classic (with Vector Tile), Tianditu.com, iClient for Leaflet, for WebGL3D	

地图服务地址：http://192.168.15.26:8090/iserver/services/map-summaryMesh7/rest/maps

数据服务地址：http://192.168.15.26:8090/iserver/services/data-summaryMesh7/rest/data

删除任务 返回任务列表

图 10-33 分析成功界面

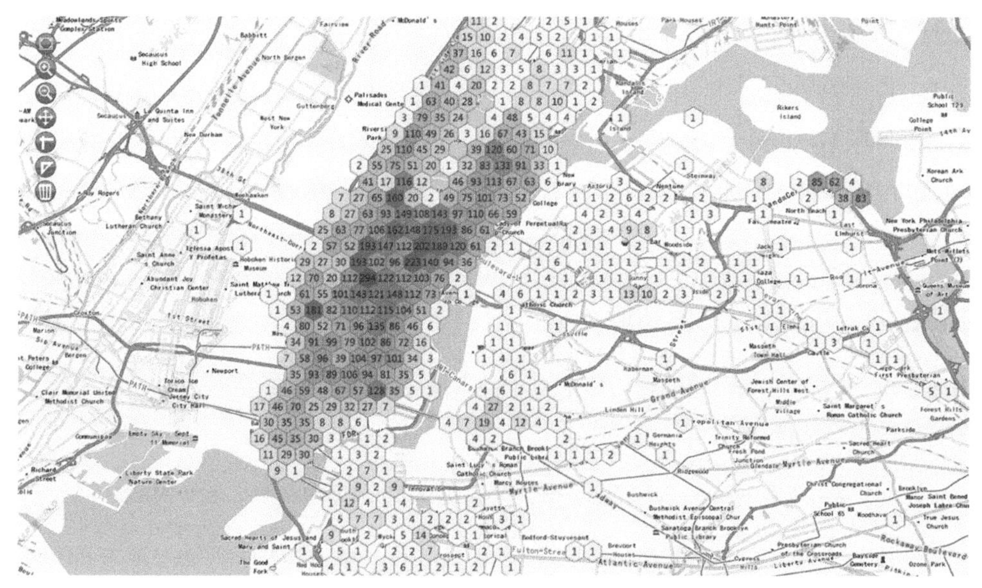

图 10-34 使用 Tianditu.com 方式浏览点聚合结果

10.4 SuperMap iObjects for Spark 组件定制开发

SuperMap iObjects for Spark 是 SuperMap iObjects Java 产品的扩展模块。该模块的主要目标是帮助用户进行便捷高效的分布式处理与分析，为用户提供完整的数据模型和丰富的功能。用户可以轻松地使用已提供的接口完成自己的业务需求。当用户希望基于底层编写代码的方式处理数据时，可以使用 SuperMap iObjects for Spark 组件开发相应的功能。

10.4.1 基础环境准备

本节主要介绍使用 Scala 语言在 Windows 环境下进行 SuperMap iObjects for Spark 的开发，并将开发的程序打包上传到 Linux 环境中，使用上节搭建的外部 Spark 集群环境运行。本节所使用的第三方相关软件来自于官网的试用版本，涉及的软件如下：

- SuperMap iServer 9D
- Scala (scala-2.11.8.zip)
- IntelliJ IDEA Community (idealC-2018.1.win.zip)
- JDK 1.8 (jdk1.8.0_15164.msi)

其中使用到的 SuperMap iObjects forSpark 组件包，在 SuperMap iServer 9D 产品包中已提供。

10.4.2 搭建 Scala 开发环境

(1) 从 Oracle 官网下载 JDK 包 jdk1.8.0_15164.msi，双击进行安装，默认安装在 C:\Program Files\Java 下。

(2) 从 Scala 官网下载 scala-2.11.8.zip 后，将文件放到 D 盘根目录下进行解压。

(3) 下载 IDE 工具，这里使用 IntelliJ IDEA 工具进行 Scala 开发，下载地址为 https://www.jetbrains.com/idea/download/#section =windows。选择免费的 Community 版 (.zip)

进行下载 (图 10–35)。

图 10–35　官网下载 zip 包

(4) 下载完成后解压。进入解压后的 bin 目录，双击运行 idea.exe 启动 IntelliJ IDEA。

ideaIC-2018.1.win\bin\idea.exe

(5)IntelliJ IDEA 默认不包含 Scala 开发语言，因此需要为其添加 Scala 插件。选择 “Configure” | “Plugins” (图 10–36)。

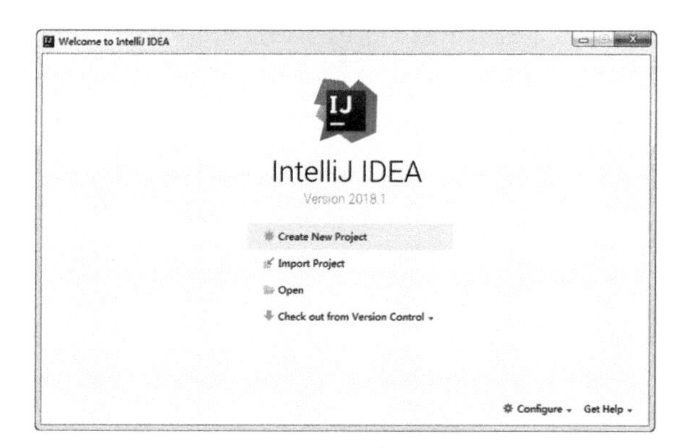

图 10–36　配置中选择插件

(6)Scala 插件安装。Scala 插件有两种安装方式：一种是在线安装；另一种是先下载 Scala 离线插件包，再进行安装。

如果选择在线安装。选择“Install JetBrains plugin…”，搜索 scala，点击 Install 进行在线安装(图 10-37)。

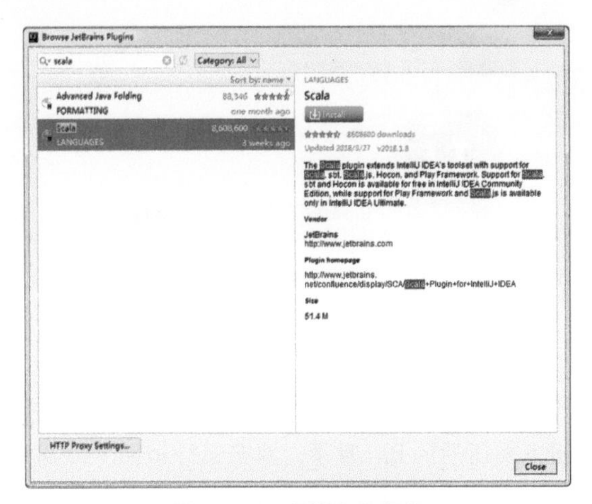

图 10-37　在线方式安装

如果离线包安装。首先确定需要下载 Scala 插件离线包版本，如图 10-37 可见，需要下载 v2018.1.8 版本，然后访问 Scala 插件下载地址 (http://plugins.jetbrains.com/plugin/1347-scala)，选择相应的版本进行下载(图 10-38)。

Download plugin　　Stable | eap | nightly

VERSION	COMPATIBLE BUILDS	UPDATE DATE	
2018.1.8	181—182	Mar 26, 2018	DOWNLOAD
2018.1.7	181—182	Mar 21, 2018	DOWNLOAD
2017.3.15	173.1751—174	Mar 15, 2018	DOWNLOAD
2017.3.14	173.1751—174	Mar 15, 2018	DOWNLOAD
2018.1.6	181—182	Mar 13, 2018	DOWNLOAD
2018.1.4	181—182	Mar 05, 2018	DOWNLOAD
2018.1.3	181—182	Feb 20, 2018	DOWNLOAD
2018.1.1	181—182	Jan 16, 2018	DOWNLOAD
2017.3.11.1	173.1751—174	Jan 12, 2018	DOWNLOAD
2017.3.11	173.1751—174	Dec 15, 2017	DOWNLOAD

图 10-38　选择指定的版本下载

将下载完成后的 scala-intellij-bin-2018.1.8.zip 包放到 idealC-2018.1.win\plugins 目录，关闭当前插件安装界面，选择“Install plugin from disk…”，选择刚才上传

的 scala-intellij-bin-2018.1.8.zip 进行安装（图 10-39 和图 10-10），安装完成后会重启 IntelliJ IDEA。

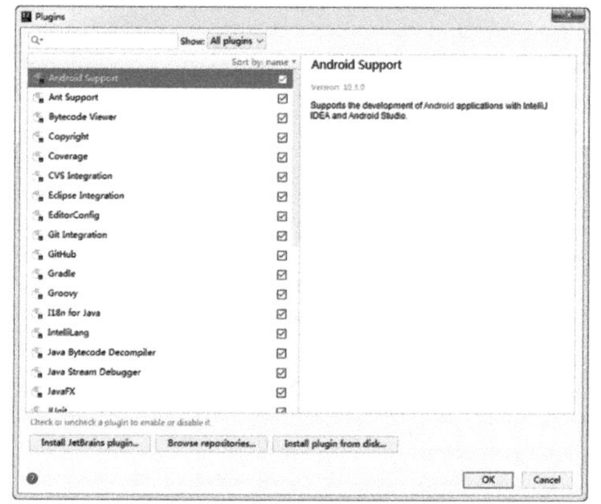

图 10-39　选择本地方式安装

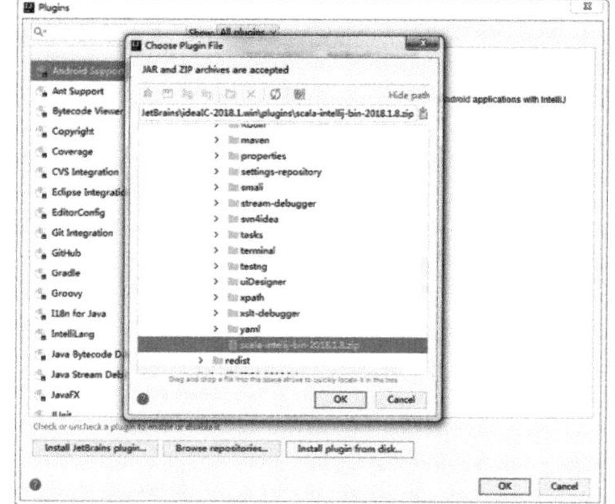

图 10-40　安装离线 Scala 包

10.4.3　检验 Scala 环境

通过编写 Scala 版的 Hello World 例子，检验是否搭建好 Scala 开发环境。

(1) 创建一个新的工程（图 10-41）。

(2) 选择 Scala | IDEA，点击 Next 按钮进入下一步（图 10-42）。

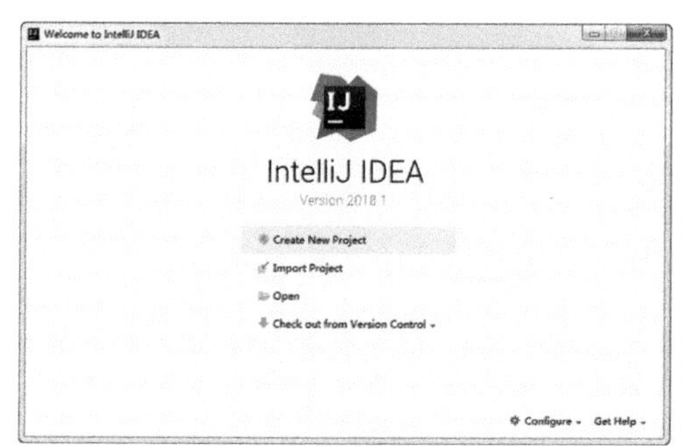

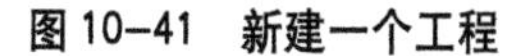
图 10-41　新建一个工程

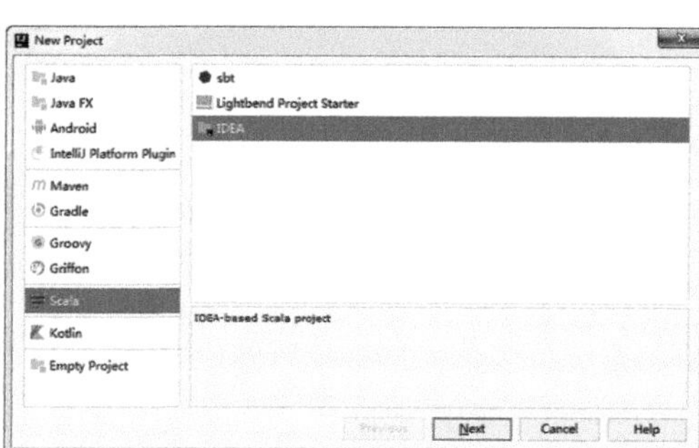

图 10-42　选择 Scala IDEA

(3) 默认是没有配置 JDK 和 Scala SDK 的，需要手动进行配置。其中，JDK 选择 New…，选择 JDK 路径 (JDK 默认安装在 C:\Program Files\Java\jdk1.8.0_151) | 保存。Scala SDK 选择 Create… | Browse…，选择解压 Scala 路径后的 scala-2.11.8。

(4) 保存后，可以看到 JDK 和 Scala 都能正常识别。可以给工程起名为“QueryDemo”，点击 Finish 按钮完成创建 (图 10-43)。

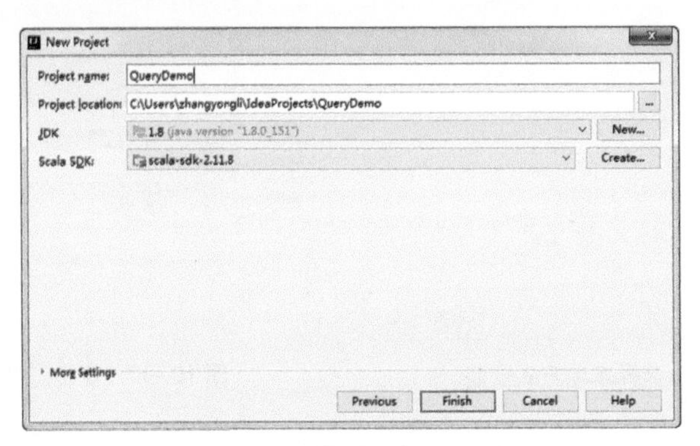

图 10-43　配置 JDK 和 Scala SDK

(5) 在 src 文件夹上右击，创建一个 Scala Class(图 10-44)，起名为 HelloWorld，Kind 选择 Object。

(6) 添加如下代码后，保存 HelloWorld 程序文件。

```
object HelloWorld {
  def main(args: Array[String]): Unit = {
      println(“Hello World”)
  }
}
```

(7) 在新建的 HelloWorld 文件右击，选择 Run ‘HelloWorld’运行 (图 10-45)。

(8) 当看到控制台有 Hello World 字样输出时 (图 10-46)，则说明 Scala 开发环境已经搭建完成并可供后续使用。

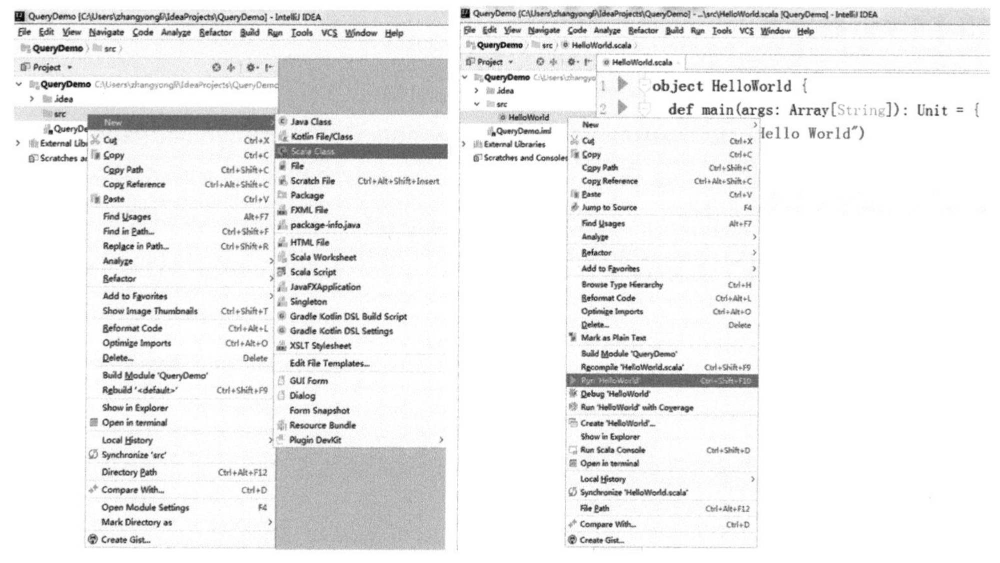

图 10-44 创建 Scala Class 文件　　　　图 10-45 Scala 文件右键选择运行

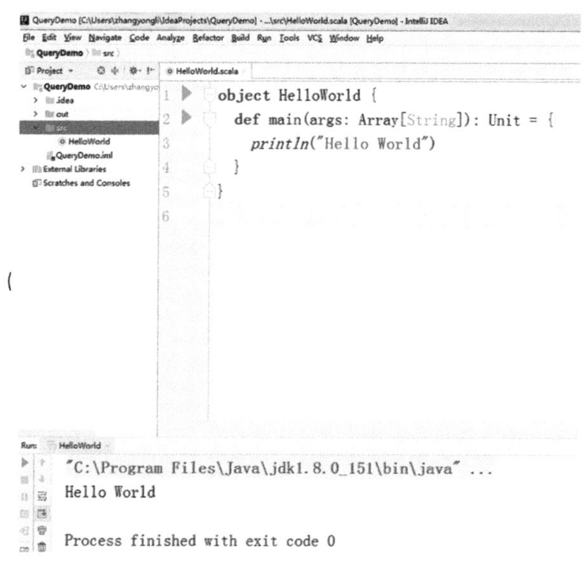

图 10-46 Hello World 输出

10.4.4 数据导入

本节采用HDFS分布式存储中的数据，使用SuperMap iDesktop .NET 9D工具（下载地址为http://support.supermap.com.cn/DownloadCenter/DownloadPage.aspx?id=1095），将一个包含10万条记录的小区面数据与一条包含高速公路的缓冲区面数据导出成SimpleJson格式（图10-47）。另外，一个面数据导出为SimpleJson格式后，包含2个文件，文件后缀分别为.json和.meta，因此两个面数据导出为SimpleJson格式后包含4个文件。

(1) 将导出的4个文件复制到master机器的/opt目录下，进入Hadoop的bin目录。

```
cd /opt/hadoop-2.6.5/bin
```

(2) 创建一个用于存储数据的queryData目录。

```
./hadoop fs -mkdir /queryData
```

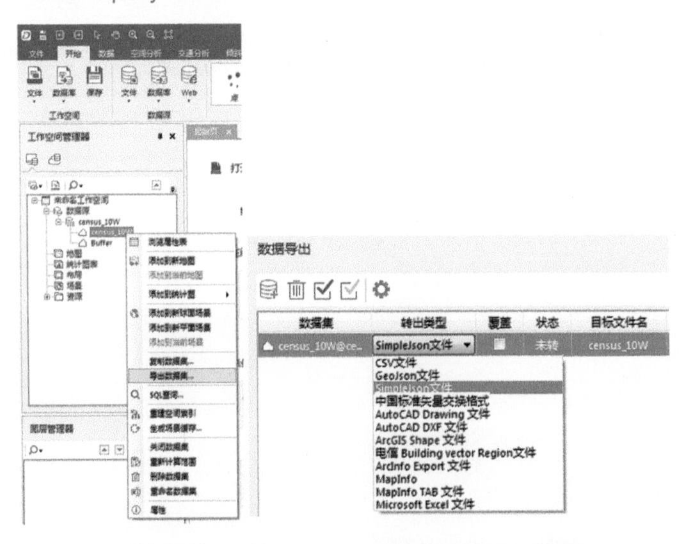

图10-47 SuperMap iDesktop 导出SimpleJson格式

(3) 将数据导入hdfs中。

```
./hdfs dfs -put /opt/census_10W.json /queryData/
./hdfs dfs -put /opt/census_10W.meta /queryData/
```

```
./hdfs dfs -put /opt/Buffer.json /queryData/
./hdfs dfs -put /opt/Buffer.meta /queryData/
```

(4) 导入完成后，可以使用如下命令查看是否成功导入，如果目录中有4个文件，则表示导入成功。

```
./hadoop fs -ls /queryData
```

10.4.5 使用 SuperMap iObjects for Spark 组件开发

利用 SuperMap iObjects for Spark 组件进行分布式分析与计算的二次开发，其编程的基本流程为：数据读取，数据处理与分析，结果输出。

以查询功能的开发为例，其实现思路如下。

(1) 从 HDFS 中获取查询对象和被查询对象。

(2) 将两个对象进行查询操作。

(3) 将查询结果对象，保存成 UDB 文件进行存储。UDB 文件是采用 SuperMap SDX+ 空间数据引擎管理，用于地理空间数据存储的文件型格式。

这里使用 SuperMap iObjects for Spark 产品，通过 Scala 语言实现对上述查询功能的开发，步骤如下。

(1) 在查询功能开发前，需要将之前创建的 QueryDemo 工程中添加 Spark 与 SuperMap iObjects for Spark 相关依赖 jar 包，jar 包可以从所搭建的单节点的 SuperMap iServer 9D 中获取。

点击 File | Project Structure | Global Libraries（图 10-48），通过 Java Library 添加一个目录和一个 jar 文件后，点击“保存”按钮。

- com.supermap.bdt.core-9.1.2-17225.jar 文件 (%SuperMap iServer_HOME%\support \iObjectsForSpark\com.supermap.bdt.core-9.1.2-17225.jar)
- SPARK_HOME/jars 目录 (%SuperMap iServer_HOME%\support\spark\jars 目录)

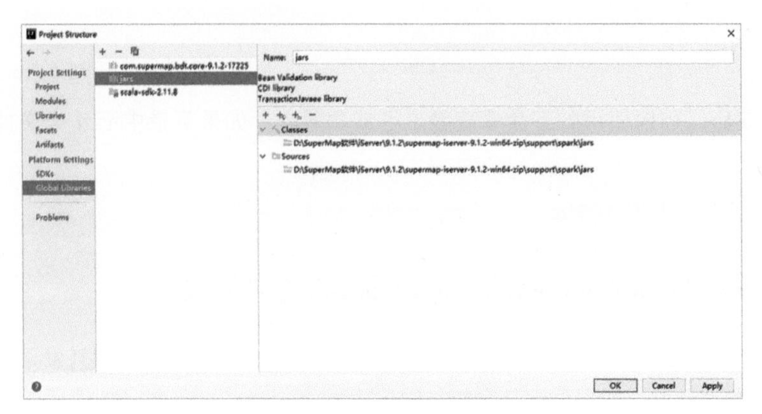

图 10-48　添加分析依赖

(2) 在 src 文件夹上点击右键，创建一个 Package 包，填写包名 com.demo，点击 OK 按钮 (图 10-49)。

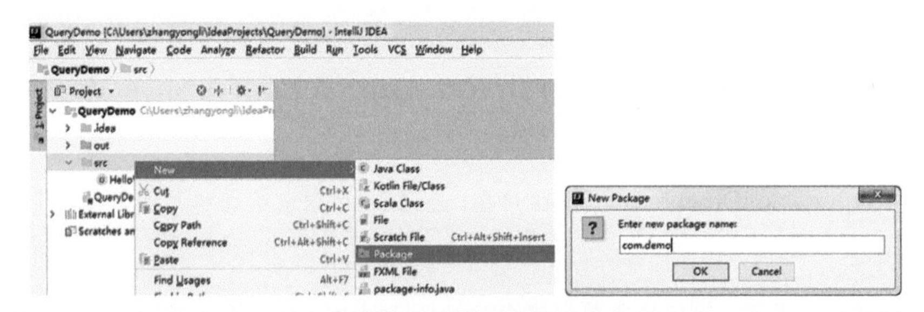

图 10-49　创建 Package 包

(3) 在新创建的 Package 文件夹上点击右键，创建一个 Scala Class，命名为 queryGeometryDemo，Kind 选择 Object，添加如下代码。

```
package com.demo
import com.supermap.bdt.io.sdx.SDXWriter
import com.supermap.bdt.io.simplejson.SimpleJsonReader
import com.supermap.bdt.operator.{SpatialQuery}
import com.supermap.bdt.operator.Operator.{RelIntersect}
import org.apache.spark.{SparkConf, SparkContext}
```

```
object queryGeometryDemo {
  def main(args: Array[String]): Unit = {
    val conf = new SparkConf().setAppName( "queryGeometryDemo" ).
setMaster( "local[*]" )
    //spark 程序入口实例化
    val sc = new SparkContext(conf)
    // 查询对象
    val queryRDDPath = "hdfs://192.168.20.122:9000/queryData/Buffer.json"
    val queryRDD = SimpleJsonReader.read(sc, queryRDDPath)
    // 被查询对象
    val queriedRDDPath = "hdfs://192.168.20.122:9000/queryData/census_10W.json"
    val queriedRDD = SimpleJsonReader.read(sc, queriedRDDPath)
    // 查询分析
    val outputRDD = SpatialQuery.compute(queryRDD,queriedRDD,RelIntersect,true,true,
false,null)
    SDXWriter.writeToUDB(outputRDD, "D:\\bigdata\\queryResult.udb", "queryResult",
blockingWrite = true)
    println( "完成" )
  }
}
```

(4) 在 queryGeometryDemo 文件点击右键，选择 Run 运行 (图 10-50)。

图 10-50　运行裁剪代码

(5) 执行完毕后，在 D:\bigdata 可以看到分析生成的结果文件 queryResult.udb 与 queryResult.udd。如果当前机器有 SuperMap iDesktop .NET 9D，可以使用 SuperMap iDesktop .NET 9D 将 udb 打开进行查看 (图 10-51)。

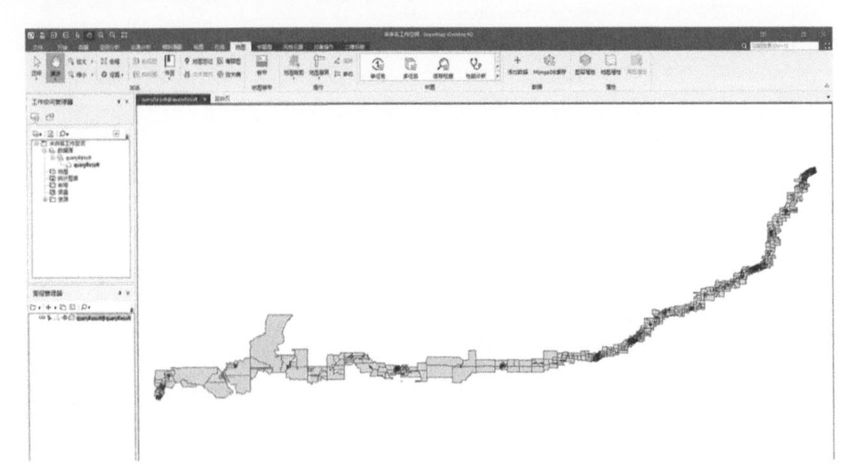

图 10-51　SuperMap iDesktop .NET 9D 查看分析结果

10.4.6　程序打包上传到 Apache Spark 集群环境运行

(1) 修改 queryGeometryDemo 代码，将输出数据集的路径改为 Linux 系统上的路径。

```
//windows 输出查询结果路径
SDXWriter.writeToUDB(outputRDD, "D:\\bigdata\\queryResult.udb", "queryResult",
blockingWrite = true)
//Linux 输出查询结果路径
SDXWriter.writeToUDB(outputRDD, "/opt/queryResult.udb", "queryResult",
blockingWrite = true)
```

(2) 点击 File | Project Structure… | Artifacts(图 10-52)，点击绿色 + 号图标新建 Jar，选择 From modules with dependencies…(图 10-53)。

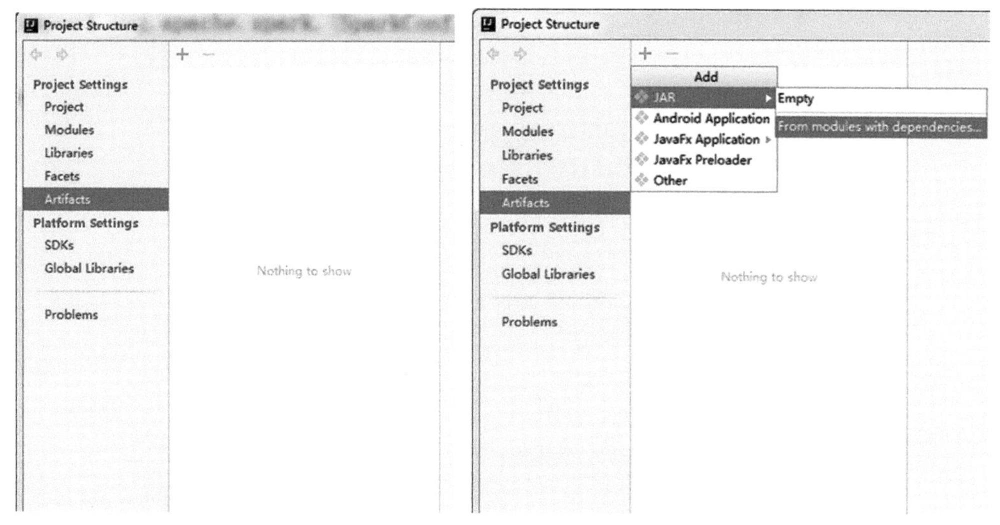

图 10-52　项目配置　　　　图 10-53　添加 JAR

(3) 如图 10-54 ~图 10-55 所示， Main Class 选择 queryGeometryDemo，点击 OK 按钮后弹出所示内容，确认无误后点击 OK 按钮 (图 10-56)。

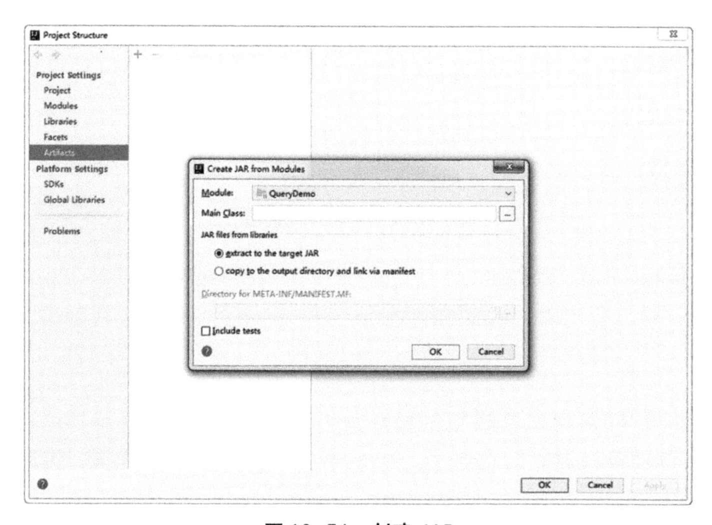

图 10-54　创建 JAR

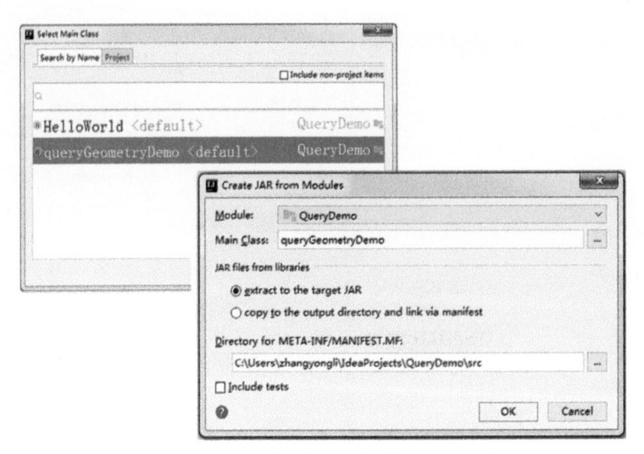

图 10–55　选择需要运行的 Main 程序

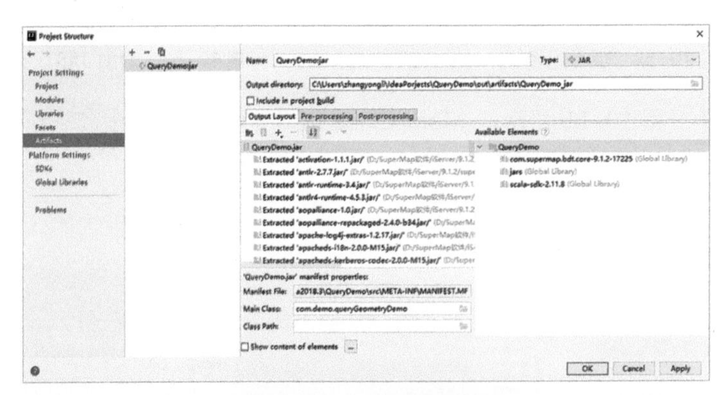

图 10–56　确认打包内容

(4) 选择菜单 Build | Build Artifacts… | 选择 Build。构建成功后可以在 out 目录中找到打包后的 jar 文件，在文件上右键选择 Show in Explorer，在磁盘中找到该文件（图 10–57 和图 10–58）。

(5) 将 QueryDemo.jar 文件上传到 Linux 系统 master 主机的 /opt 目录下，执行删除签名命令。不执行删除命令，运行时会显示“invalid signature file digest for manifest main attributes”签名无效。

```
zip -d QueryDemo.jar META-INF/*.RSA META-INF/*.DSA META-INF/*.SF
```

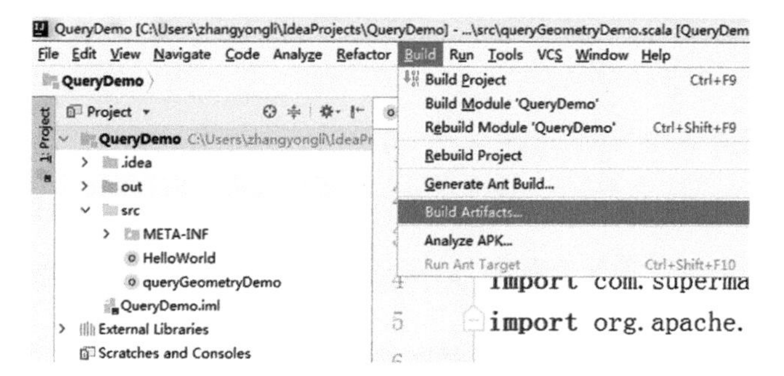

图 10-57　构建文件

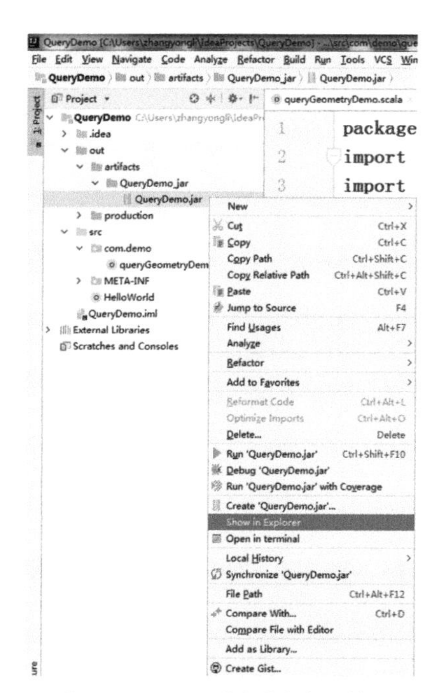

图 10-58　显示磁盘上打包文件

(6) 进入 Spark bin 目录。

```
cd /opt/spark-2.1.0-bin-hadoop2.6/bin
```

使用 spark-submit 命令，将打包的程序提交到之前搭建的外部 Spark 集群环境中。

```
./spark-submit --master spark://localhost:7077 --class com.demo.queryGeometryDemo /
opt/QueryDemo.jar
```

执行成功后，可以查看 /opt 目录下是否有新生成的 2 个文件。

```
ls -al /opt/queryResult*
```

如果想直接在 Linux 上查看文件内容，可以下载跨平台桌面 SuperMap iDesktop Java 9D，下载地址为 http://support.supermap.com.cn/DownloadCenter/DownloadPage.aspx?id=1104，打开这两个文件进行查看，其结果与在 Windows 上使用 SuperMap iDesktop .NET 9D 打开的结果是一致的 (图 10-59)。

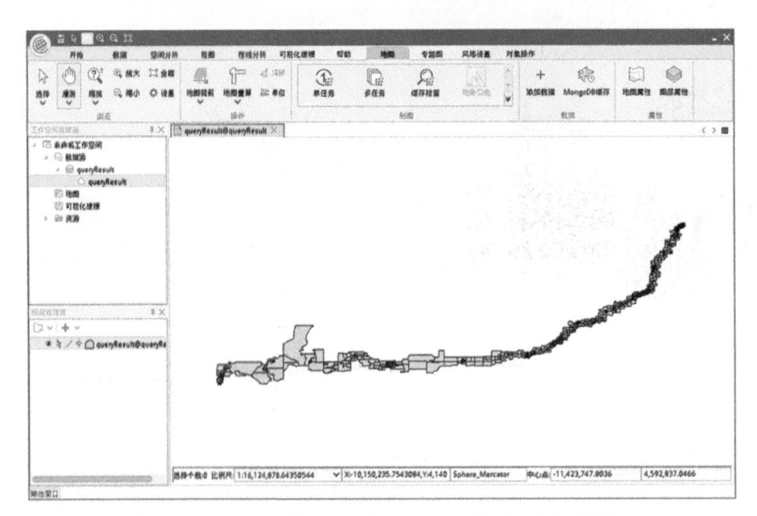

图 10-59　SuperMap iDesktop Java 9D 展示分析结果

10.5　本章小结

本章为大数据 GIS 的应用进阶，以 SuperMap GIS 9D（2019）为例，为读者介绍了在实际应用建设项目中，大数据 GIS 不同技术环节如分布式存储、分布式计算等，实现分布式集群构建的过程，并提供了空间大数据基础组件的开发指导，帮助读者更加深刻地理解大数据 GIS 实际应用项目的技术实现路径。